中等职业教育规划教材

U0212147

化验室
组织与管理

第四版

◎ 马桂铭　主编

HUAYANSHI
ZUZHI YU GUANLI

化学工业出版社

·北京·

本书是在《化验室组织与管理》（第三版）的基础上，根据相关的标准、规范的最新版本修订而成。

本书分别就化验室的组织、技术装备（含建筑、室内设计）、安全和质量四大管理的内涵，从硬件（物质）、软件（管理）等方面进行深入的讨论。并用一定篇幅介绍了一些新的实验室设施和常规化验室建筑和通风柜的设计原理和方法。

本书为中等职业教育工业分析与检验专业的教材，也可作为其他相关专业的教学用书或参考书，对企业化验室及其他实验室的管理和实验人员的进修也很适用。

图书在版编目（CIP）数据

化验室组织与管理/马桂铭主编. —4 版. —北京：化学工业出版社，2019.1（2024.6重印）

中等职业教育规划教材

ISBN 978-7-122-33330-8

Ⅰ. ①化… Ⅱ. ①马… Ⅲ. ①化学实验-实验室-组织管理-中等专业学校-教材 Ⅳ. ①O6-31

中国版本图书馆 CIP 数据核字（2018）第 268025 号

责任编辑：王文峡　　　　　　　　　　装帧设计：刘丽华
责任校对：王　静

出版发行：化学工业出版社（北京市东城区青年湖南街 13 号　邮政编码 100011）
印　　装：大厂聚鑫印刷有限责任公司
850mm×1168mm　1/32　印张 12　字数 297 千字
2024 年 6 月北京第 4 版第 5 次印刷

购书咨询：010-64518888　　　　　售后服务：010-64518899
网　　址：http://www.cip.com.cn

定　　价：39.00 元

前言 >>> FOREWORD

《化验室组织与管理》第三版于 2008 年出版，一晃十年了。在过去的十年里，我国经济建设有了巨大的发展，成为世界第二大经济体，"中国制造（Made in China）"几乎渗透到世界的各个角落。

"中国制造"的产品目前尚多属于中、低端，且"不符合"率几乎达 30%，这和从事质量检验化验室有千丝万缕的关联：由于种种原因，中国生产企业的化验室很多仍然处于相当不完善状态，还有不少小微企业连像样的化验室都没有，很难保证生产出合格产品。指望一个不完善的化验室，能够对企业的生产质量控制提供充分的控制数据，实在是强人所难。

为了进一步推动中国社会和经济发展，提高人民生活水平，国家提出了"中国制造 2025"制造业产业升级和"一带一路"区域经济合作倡议，以尽可能快的速度把中国发展成为"制造强国"进入"一流国家"。这对于生产型企业和企业化验室是一个很大的挑战。而且，最新的"实验室认可"标准，又新增加了"公正性"的要求，是要面对的新挑战。化验室组织与管理任重道远。

本教材经过多次修订，组织结构已经比较成熟，所以本次修订主要是依据：CNAS-CL01：2018《检测和校准实验室能力认可准则》（ISO/IEC 17025：2017）、《质量管理体系 基础和术语》（ISO 9000：2015）及系列标准、《常见危险化学品的分类和危险性公示 通则》（GB 13690—2009）、《危险货物分类和品名编号》（GB 6944—2012）和《中华人民共和国安全生产法》（2014）以及《危险化学品安全管理条例》（2013）等新法规、新标准，对一些章节的具体内容进行必要的调整和补充。

限于作者水平，本次修订仍然未必完善，不妥之处望各位读者批评指正。谢谢！

编　者

2018 年 8 月

　　化验室管理是一门运用现代管理理论，研究组织和开展化验室活动，使之取得高成效的新兴应用学科，是实验室管理学的一个分支。

　　由于历史原因，中国工业企业化验室的管理一直处于分散的个别经验管理状态，缺乏有理论指导的专门人才，对化验室的建设和科学管理方法缺乏系统的认识，并因此制约了化验室功能的充分发挥。

　　为了迅速改变这种情况，适应国家现代化建设的要求，化工部教育司决定在中等专业学校工业分析专业中设置《化验室组织与管理》这门课程，并于1990年5月制订了该课程的教学大纲，组织了教材编写工作。

　　根据教学大纲的要求，本书共分七章，包括绪论、化验室组织管理、化验室建筑要求与设施、化验室技术装备管理、化验室安全技术、化验室的质量管理和化验室在企业技术进步中的地位和作用等内容，分别阐述了化验室的组织、技术装备、安全和质量四大管理的内涵、管理原理和管理方法。为适应企业建设化验室的需要，用一定篇幅介绍了化验室建筑和通风柜的设计原理和实际设计知识。本书还在适当章节中选择介绍了近年来国内外有关管理理论、管理技术和科学技术方面的新概念、新进展，以扩展学生视野。根据内容需要，书中配有数量较多的插图，利于学生掌握。

　　本书由广州市化工学校马桂铭担任主编，并编写了第一、二、三、四、六章，新疆化工学校孟世瑞编写第二、五、七章，马桂铭负责统稿并选编附录。1993年10月教材编委会在扬州召开了审稿会，参加审稿人员有杭州化工学校柳珍珠、福建化工学校张利勋、江西化工学校陈志超和扬州化工学校李学美等，并由柳珍珠担任主审。

　　由于中国实验室管理理论仍处于建设阶段，化验室管理的研究刚刚起步，编写此书尚属初步尝试，难免有错误与疏漏之处，敬请读者批评指正。

编者

1994年3月

第二版前言 >>> FOREWORD

《化验室组织与管理》第一版的出版，对职业教育"工业分析与检验"专业学生知识面的扩展，以及就业以后在日常工作中促进化验室管理，发挥了应有的作用。同时也得到了一些从事化验室组织与管理工作人员的认可。

《化验室组织与管理》第一版出版至今已八年。随着世界经济的发展，中国的实验室管理正在向世界先进水平靠近；近些年来，与实验室有密切关系的国际标准和国家标准的陆续制订（或修订），对实验室的建设和管理也提出了新的要求，原教材的某些内容就显得有些陈旧。另外，由于第一版没有同类教材可以借鉴，加上编写经验不足，某些内容显得有些凌乱，或者讨论得不够透彻。因此，有必要对第一版《化验室组织与管理》教材进行修订。

这次修订根据教学和实际使用中的反馈意见，在保持实用性的基础上，以中国实验室国家认可委员会（CNACL）依据《实验室认可管理办法》（CNACL 101—99）的规定、制定《实验室认可准则》（CNACL 201—99）认可资格的相关条款为依据，并根据"化验室（检测实验室之一）"的自身特点，结合"GB/T 19000—ISO 9000：2000系列标准"的规定，以及中国加入世界贸易组织（WTO）的现实对中国的产品质量管理要求等相关因素的影响，对化验室的组织与管理的全过程的相关内容进行了全面修订。

经过修订的《化验室组织与管理》一书，文字更加浅显易懂，内容也更加充实、更加全面，结构更加条理化，实用性更强。不但适合教学需要，还便于自学和应用于实际管理工作。

由于客观原因，本次修订仍然可能存在缺点和不足，甚至谬误，敬请读者批评指正。

编者

2002 年 3 月

　　2002 年出版的《化验室组织与管理》第二版，是在中国加入世界贸易组织（WTO）的大环境下，以中国企业和企业化验室将要面临的问题——如何与国际接轨以及在新形势下如何提高中国企业化验室水平为出发点，进行了必要的补充所进行的修订。为了适应社会发展的需要，《化验室组织与管理》第二版比第一版增加了篇幅，内容进行了充实。然而，第二版修订时，中国加入世界贸易组织还不到一年，很多情况有待观察和实践，很多方面仍有待探索。

　　现在，中国加入世界贸易组织已六年，其间，我国为了适应世界贸易组织的要求，在很多方面努力与世界接轨，陆续修订了一些规范和标准。本书第二版所引用的依据，也有由于某些标准、规范修订而显陈旧。为了使教材更加贴切社会需要，本教材根据相关的标准、规范的最新版本作了相应的修订，以求使学生能够学习到最新的知识，适合社会的需求。为了更好地说明问题，在教材中还适当地引入一些社会上发生的事件作为"佐证材料"。

　　这次修订的基本依据是《中华人民共和国产品质量法》、CNAL/AC01：2005《检测和校准实验室能力认可准则》（ISO/IEC 17025：2005）、ISO 9000：2005 系列标准、GB 6944—2005《危险货物分类和品名编号》等规范和标准。

　　为了便于使用，本次修订对第四章做了较大修改，其他部分保留原来的章节次序和结构，仅对课文采取适当增加和充实教学内容的方式进行修订。

　　限于作者水平，本次修订不妥之处，请各位读者提出意见和建议，万分感谢！

编者

2007 年 12 月

目录 >>> FOREWORD

第五章 化验室质量管理 /242

参考文献 /366

绪　论 >>>

　　"化学是 21 世纪的中心科学"这个当今世界科学界的共识已经深入人心。

　　现代社会生产不但大量使用化学品，而且在生产方式上，化学方法也逐步成为主导，尤其是在高新科技层面上，离开了化学几乎可以说是一事无成。无论是航天技术、电子技术、通信、医疗、环保……甚至人民群众的日常生活中的食物保鲜、食品加工、文化生活、文艺演出等，都与化学有千丝万缕的关系。

　　现在全球化学品年产量已经突破五亿吨，而且还在以高于 GDP 的增长速度增长（年增长速度约 4％）。目前，全球已经开发的化学品有近千万个品种，其中经常流通的已经超过 10 万种，总产值逼近 2 万亿美元，而且还在以每年超过 1000 个新品种的速度在递增。为了满足后续生产和应用的需要，每一种化学品都有一定的质量要求，需要通过技术检测对它们的生产过程和最终产品的品质加以控制和确认。而且随着科学技术的不断发展，人们对化学品的质量要求越来越高，尤其是为适应高新科技研究和生产发展所需要的化学品，有极高的质量要求，检测和控制更是不可缺少的过程和手段。

　　另外，人类在发展中不断地"改造"着地球，同时也在不断地受到地球的反作用，经验和教训使人们认识到必须保护环境，因此，人们也需要了解和掌握必要的环境信息，自然也需要各种各样的检测和分析手段来获取。

随着人类社会的发展，以理化检验方法为基本检测手段的"分析化验"已经成为现代社会生产和环境保护工作必不可少的重要环节。事实上，分析化验不仅对化学各学科和化学工业的发展起着重要作用，而且与国民经济的非化工产业各部门以及化学学科以外的其他科学技术的发展过程都有着密切的关系。

上至大气层污染监测、外太空探索；下至土壤成分、灌溉水质、农肥、农药、植物生长及营养和毒性物质的研究、地壳深层地质及海底环境研究；大至宇宙物质组成、全球环境保护、环境整治和综合利用的研究；小至人体组织、体液或血液分析、基因研究、微生物乃至病毒构成；远至科学技术的未来发展研究、科学定理原理的探讨、人类未来生存条件的探索；近至工业生产的产品质量控制和检验等，可以说分析化验是现代人类认识和改造客观物质世界的不可缺少的工具，也是人们认识物质变化规律与指导生产实践的"火眼金睛"。以理化检验工作为核心任务的"化验室"（包括各种称谓的"理化分析实验室""检验室"）在社会上正日益显示出其重要地位。不但石油、化工、冶金、轻纺、医药、食品、建材、机械、电子等产业部门离不开化验室，一些非产业部门如商业、医疗卫生、物流等机构也如此，相关的监督管理机构更是不言而喻，它们分别根据各自的业务需要建立了各种不同类型的化验室，并在国民经济的发展和社会生产中发挥着其应有的作用。

随着中国经济不断与世界经济体系融合，以及中国在本世纪初加入"世贸组织（WTO）"，为了适应市场对产品质量的需求，作为产品质量检验的重要阵地的企业化验室，在生产企业中的地位也得到加强和巩固。随着中国成为世界重要经济体，中国推动"一带一路"（"丝绸之路经济带"和"21世纪海上丝绸之路"）区域经济合作倡议，以及"中国制造2025"的中国制造业产业升级，以实现制造强国的目标推进，中国的整个社会生产水平和社会生产力将进一步提升。人们对中国制造的产品的总体质量必将有更高的要求和预期，同时也对中国的生存环境、食品安全、健康保障、社会安全保障等切身利益提出更高的要求，作为"肩负分析测试责任"的化验室的"技术作用"和社会责任就具有更重要的意义。在以往的基础上如何进一步提高化验室的水平和能力，以满足社会发展的需要，是新经济时期"化验室组织和管理"工作的重要任务。

由于本教材主要面向"产业性"职业学校学生，所以偏重于产业性企业的化验室工作的论述，其相关的管理方式也适用于"非产业性"的化验室，因此本教材对促进相关的非产业部门的化验室的组织与管理水平的提高同样具有参考意义。

第一节　化验室管理的发生和发展

一、化验室及其在社会发展中的地位和意义

纵观宇宙，物质的性质始于其内因，要掌握物质的变化规律，首先需要了解物质的组成。同样的道理，产品的优劣也源于产品的内部组成和结构，而内部组成和结构又受制于产品的材料、加工方法、加工质量和生产环境等诸多因素。

1. 化验室的产生及其基本任务

人们根据不同需求组建了不同的实验室，包括各种基础研究实验室，工业、技术开发应用实验室，在特定的研究、应用领域中发挥着各自的作用。为配合科学研究成果鉴定、质量控制和鉴别而组建的"校准和（或）检测实验室"，作为为社会提供校准（检测）有效数据的特殊技术群体，包括运用各种科学方法对物质或物体的组成进行各种各样的测试，以求了解和掌握物质或物体的组成和结构的科学工作及其机构——"理化检验"和以"理化检验"为基本检测手段的"化

验室"也同时异军突起，分布于世界各个角落，几乎是只要有人类从事生产的地方都有它的踪影。

由于运用化学方法进行检验容易引起人们关注，而运用物理方法的检验则因没有特殊的征兆而常被人们忽略，结果人们常"见字释义"地把"化验室"直接理解为"化学检验室"。事实上，"化验室"在不少测试项目中大量使用了"非化学"的检测手段，而其他没有称为"化验室"的涉及检验工作的实验室，也都在运用着化学手段进行试样的测试或样品的处理，它们之间在称呼上的差异可以说仅仅是"习惯"而已。"中国实验室国家认可委员会"❶ 根据国际惯例，把从事检测工作的实验室和从事校准工作的实验室归并为"实验室"的一个特定的类型"检验和校准实验室"进行管理，实现了实验室分类"与国际接轨"的做法就是很好的证明。如今，"化验室"已经成为现代社会生产的重要组成部分。

在实际运作过程中，企业化验室一方面作为企业产品质量的检验部门，以"第一方"的姿态对自己企业的产品质量作出评价，对用户负责；另一方面又以"第二方"的姿态出现，对外部供应的原材料进行验收检验和鉴定，确保企业的正常生产和质量控制，对自己的企业负责。更有一些社会机构建立的化验室，以第三方姿态出现，在社会上充当鉴定、仲裁角色，为维护社会公众利益服务。"化验室"在现代社会生产和社会活动中具有非常重要的地位。

由于进行了各种各样的"化验"工作，人们获得了产品生产过程中的变化情况的信息，也了解了产品质量在生产过程中的形成过程，以及对产品最后质量的影响，从而对产品的生产进行有效的控制，获得质量优良的产品，在市场上取得相应的位置，"化验室"的作用有

---

❶ 中国实验室国家认可委员会（CNACL）成立于 1994 年 9 月 20 日，统一负责全国的实验室和检查机构认可及相关工作。2006 年 3 月与中国认证机构国家认可委员会合并组建为"中国合格评定国家认可委员会"。

目共睹，"化验室"的社会地位也得到确认。

2. 产品检验是产品质量的重要保证

产业部门的生存与发展，依靠的是产品，既要数量、品种多，更要质量好，才能在市场的竞争中立于不败之地。"产品质量是企业的生命线，是企业能否继续生存的基础"的概念已经不再是人们是否认同的问题，而是迫在眉睫的现实。

按照现代的质量观念，产品质量的根本保证是生产过程的质量管理和控制。然而，在实际工作中由于种种原因，人们不可能投入太多的资源对产品的所有生产环节进行"中间控制"（否则产品的生产成本和效率都将受到很大的影响），因此作为传统质量管理的"产品检验"就仍然肩负着"产品质量保证"的重任。而且，产品检验所获得的产品总体质量状况，也是生产过程控制必需的重要信息，对企业生产和产品质量的稳定和提高具有指导意义。因此，现代质量管理观念并不排斥产品检验是产品质量的重要保证的作用，在中国和一些发展中国家的不完善的质量管理系统中尤其如此。

3. 化验室在生产过程中检验的职能

产品检验可以防止不合格产品出厂，却不能避免生产过程中的控制不当所造成的不合格加工，也不能控制工序能力不足形成的加工偏差及人为因素等。这些现象不但导致产品的翻修、报废、生产成本增加，还导致成品检验工作量的增加，甚至因此使产品漏检出厂的风险增加。可能导致企业声誉的损失，给企业生产和发展带来不确定因素。

在生产过程进行控制检验是避免上述不良因素的重要手段，过程中间控制检验的主要作用如下。

（1）避免不合格的半成品的继续加工　中间检验不但可以及时发现不合格加工，还可以避免不合格的半成品流向下一道工序，减少工时浪费。

（2）预测产品质量趋势，预防不合格加工　根据质量变化趋势曲线可以预测不合格产品出现的概率（机会）和出现的时间区间，并及时发现"工序能力不足"或其他变化趋势，利于及早采取措施预防不合格加工的发生和继续。

（3）为产品质量提高和人员绩效的考核积累资料　中间检验质量信息是生产控制和促进质量改进的重要依据，也是工作人员绩效考核的重要依据。

同时，产品检验和中间检验信息的综合，对促进企业技术进步和产品更新换代也具有举足轻重的意义。

二、化验室管理及其作用

1. 管理

管理是人类社会各种组织活动中最普通，但又是最重要的一种活动。

在现实社会中，人们为着生存和发展变化的需要，组成了各种各样的组织，从事各种工作。

组织就像人一样，是一个具有生存和学习能力的社会有机体。具有适应的能力并且由相互作用的系统、过程和活动组成。为了适应变化的环境，组织需要具备应变能力和灵活性。但是，如果组织中的个人都以自认为最好的行动方式、各行其是地去实现自己的目标，那么人们的力量就可能被分散，甚至互相抵消，直至毫无效率，组织内的个人的目标也不可能实现。反之，当组织内的人们在一定的指挥下协调的行动，那么即使是很少的几个人，也会发挥意想不到的优势——远远大于几个人的力量的简单加和的作用和效果。这种"指挥"就是管理。事实上，只要有两个人的共同劳动，就有协调的需要。

管理，传统概念是"操纵、支配、驱使他人"的意思。

现代管理理论则认为：管理是管理者引导组织朝向有效和有秩序地活动，以实现组织目标的一切技术、手段的总和，是管理者为达到一定的组织目标，而有效地利用人力、物力、财力和其他资源的过程。

由于历史背景和着眼点不同，人们对管理的认识也不尽相同，从100年前美国的科学管理之父泰勒（Frederick W. Taylor）将管理定义为："确切地知道你要别人去干什么，并使他用最好的方法去干"；到现代务实派学者们认为的："管理，就是由一个或多个人来协调其他人的活动，以便收到个人单独活动所不能收到的效果"。不同历史时期的各个学派❶，都分别按照各自的理解做出表述，并且由于时间的推移而显然地存在实质差异。

对于现代管理，中国一些管理学家提出了："在特定的环境下，一定组织中的管理者，通过实施计划、组织、领导、控制等职能来协调他人的活动，以充分利用各种资源，从而实现组织目标的活动过程"的叙述，可以说是比较贴切的"定义"。

综合之，现代管理可以定义为：组织的管理者通过实施计划、组织、领导、控制等职能来协调、引导组织及成员有效和有秩序地活动，以充分利用人、财、物、技术和信息等各种有形的、无形的资源，高效率、高质量地实现组织目标的过程。

在 ISO 9000 系列标准《质量管理体系基础和术语》的行文中，管理被高度概括地定义为："指挥和控制组织的协调的活动"。

综上所述，管理可以理解为如下内容。

（1）管理是一种普遍的社会现象　管理是与人类同时存在的必然事物，管理活动必须是两个人以上的集体活动，管理具有一定的目标。

---

❶　行为科学学派、决策理论学派、管理科学学派、管理过程理论等世界著名学派。

由于共同劳动是现代社会最常见的生产方式，管理现象也因此而普遍存在。

（2）管理是组织行为的重要组成部分　管理的最终目的是提高组织效率，离开组织就没有意义，没有了组织，则管理也不复存在。

管理包括制定方针和目标，以及实现这些目标的过程。

（3）管理的任务就是实现组织目标　管理者通过精心策划、设计和维持一种体系，并以尽可能少的投入，去实现预期的组织目标。

（4）管理是一门科学，需要科学方法　管理既是一门科学，需要有一套行之有效的科学方法来分析问题、解决问题，管理也是一种艺术（或技巧），需要有足够的耐心去体会和积累经验。

由于管理是社会上最普遍的现象，随着人类社会的发展，管理的作用和影响将显得更加重要，管理或非管理状态下的组织效率将会形成巨大的反差。由于管理可以促进资源利用，促进社会发展，所以也可以认为管理具备资源性。因此，管理已经成为现代社会的一种十分重要的资源，是无形的巨大财富。

诚然，没有正确和有效的协调，自然也属于非管理状态。

现代管理科学认为，和所有社会事物一样，管理也具有二重性：既有社会属性——各个不同的社会时期的管理活动都受其当时所处的社会条件——环境（组织环境）"对组织建立和实现目标的方法有影响的内部和外部因素的组合"所制约，并为一定的社会服务；同时又有其自然属性——管理技术必然与自然科学（技术）和生产力的发展密切联系。换而言之，任何管理都与其所处的历史时期相关。

由于管理的二重性，因此任何对管理的研究，都必然同时涉及社会科学和自然科学的有关理论和知识。

某些人把"管理"简单地认为是个人意志的实现，是对管理的本质上的误解，其最终结果只能是彻底的失败。

现代社会是一个高节奏的社会，科学技术突飞猛进，社会事物瞬息万千。因此，现代管理需要有超前意识和远大目标，但是这种"超前"必须建立在可以通过主观努力创造条件使其得以实现的基础之上，否则再远大的目标也只能是海市蜃楼般的幻景，可望而不可即。

2. 实验室管理的作用

现代的实验室具有如下特征。

（1）存在两个人以上的集体活动，并具有一定的组织结构、层次。

（2）有特定功能，有具体目标。

（3）需要提高效率。

（4）需要发展和进步。

因而，实验室需要管理便是理所当然的了。实验室管理的基本作用当然也是使实验室的功能充分发挥，并不断地适应社会生产发展的要求，为推动社会再生产的不断发展服务。

由于实验室作为一种"社会事业"是近百年的事物，实验室管理作为管理科学的一个分支，也仅起源于 20 世纪中叶，比较系统地研究实验室管理科学则还不到 70 年的时间。然而，由于实验室在现代科学技术发展中的特殊作用，以及全球经济和社会生产力快速发展的需要，有力地促进实验室事业的快速发展，实验室管理的发展远较其他管理体系快速，1996 年确立的"国际实验室认可合作组织"，更进一步推动了世界性的实验室管理和实验技术的广泛交流，进而有力地促进了世界性的科学技术合作。实验室管理也因此逐步发展成为一门独立的管理学的分支学科。

显然，实验室管理对于实验室发展的推动是功不可没的。

和所有的管理科学一样，实验室管理学是一门综合运用社会科学和自然科学的理论和方法，研究实验室管理活动的过程和基本规律的应用科学。

三、化验室管理的发展

化验室是实验室的一种特殊形式。在生产性企业里建立的企业化验室是企业组织的一部分，是根据企业的生产目标、生产控制要求和产品质量检验的需要，配置相应的测试装置、配套设施及实验器材，由专业化验人员通过特定的科学实验进行企业生产检验的场所。

企业化验室是企业内部的一个由人、财、物构成的，为企业目标服务的特殊组织。从管理的基本概念出发，不能设想一个没有管理的化验室会对企业的生产发挥什么作用。

"非产业部门"如质量监督管理机构、商业部门或其他与质量检验有关的单位设立的化验室，尽管具体目标与产业部门的化验室有所区别，但其内部组织结构、工作内容及工作方法等具体业务并无显著差异，同样需要进行管理。而且也适用"化验室管理"的一般方法。

化验室既然是实验室的一种形式，当然也必须置于符合实验室活动规律的有效的管理之下才能充分发挥其应有作用。而且，由于科学实验的复杂性以及化验室在企业内部与生产之间的密切联系，化验室的管理更具有其自身的特殊性，需要高度的科学性。

随着实验室事业的高速发展，化验室也随之快速发展。与此同时，化验室的管理也在奋起直追，并已经取得可喜的进展。由于世界经济发达国家和地区的实验室工作者的共同努力，以校准和检测（包含各种不同类型的检测活动）实验室能力为核心的实验室的"认可"活动，正一浪接一浪地向前发展，从 1947 年澳大利亚成立了第一个国家实验室综合认可体系（NATA）之后，英国、加拿大、新西兰、法国、越南、新加坡、芬兰、韩国、美国等不同的国家，都先后建立了自己的实验室认可体系，从事校准和检测实验室的能力认可工作。以分析化验为核心任务的化验室，当然也成为受到促进和认可的对象。

随着世界各国的实验室认可机构的成立和认可活动的发展，世界性的实验室认可机构也随之产生：

1977 年由欧洲和澳大利亚一些实验室认可组织和致力于认可活动的技术专家在丹麦的哥本哈根召开了第一次国际实验室认可大会，成立了"非官方""非正式"的"国际实验室认可大会"（ILAC），其后经过澳大利亚、欧洲和亚太地区、美洲、南部非洲等区域认可组织之间的反复磋商，"国际实验室认可合作组织"（英文缩写仍然是ILAC）于 1996 年正式成立。

1978 年由"国际实验室认可大会"（ILAC）提出的第一个用于实验室认可的国际标准"ISO/IEC 导则 25：1978《实验室技术能力评审指南》"诞生，经过 20 年时间的三次修订，1999 年正式转化为"ISO/IEC 17025：1999《检测和校准实验室能力通用要求》"国际标准。从此，全球的"实验室认可"工作有了统一标准，实验室管理逐步走向"标准化"。

在"ISO/IEC 导则 25"诞生后，与实验室认可有关的国际性文件如"ISO/IEC 导则 38""ISO/IEC 导则 43""ISO/IEC 导则 54""ISO/IEC 导则 55"和"ISO/IEC 导则 58"等也陆续出台，把实验室管理推向更高的高度。

中国的实验室认可工作启动比较晚，1986 年原国家标准局依据"ISO/IEC 导则 25：1978"开展对检测实验室的评价工作，1994 年原国家技术监督局依据 ISO/IEC 导则 58 成立了"中国实验室国家认可委员会"（CNACL），中国实验室国家认可委员会（CNACL）随即把"ISO/IEC 17025：1999《检测和校准实验室能力通用要求》"国际标准翻译编撰为"CNAL 201—99《实验室认可准则》（1999）"，并开展中国实验室认可活动。

2000 年 11 月 2 日，中国实验室国家认可委员会（CNACL）被"ILAC"接纳成为"国际实验室认可合作组织（ILAC）"正式成员。

2006 年，原中国认证机构国家认可委员会（CNAB）和原中国实验室国家认可委员会（CNAL）合并，并整合成立"中国合格评定国家认可委员会（CNAS）"，"CNAL/AC 01：2005《检测和校准实验室能力认可准则》"也随之更名为"CNAS-CL 01：2006《检测和校准实验室能力认可准则》（ISO/IEC 17025：2005）"。目前，我国执行的最新版本是"CNAS-CL 01：2018《检测和校准实验室能力认可准则》（ISO/IEC 17025：2017）"。

化验室作为"实验室"中的一员，其"组织与管理"工作自然也受到《认可准则》的约束、推动和惠及，加强化验室管理不再无足轻重。

四、当前中国企业"化验室"的基本状况

依据 CNAS-CL 01：2018《检测和校准实验室能力认可准则》（ISO/IEC 17025：2017）的相关条款进行评价，中国目前生产企业的化验室大致可以分为三类。

第一类是好的和比较好的化验室　这一类化验室通常有分工明确的各类专业工作室，配备有相应的专业技术人员，有职责分明的各级管理层次和系统的管理，拥有与生产检验相适应的仪器设备，能够按照生产和质量管理的要求进行产品检验、控制和监督职能。此外还具有一定的科研能力和为新产品试验服务的能力。拥有这类化验室的企业，通常是规模较大的国有企业、外资企业、合资企业以及一些技术先进的民营企业。

第二类是一般的化验室　这一类型的化验室较前一类有显著差异，总体水平有较大差距，但基本上能够完成产品的生产控制和产品质量检验。属于该类型的化验室主要是中、小型国有企业，某些规模较小的外资或者合资企业和技术水平一般的民营企业。由于所从属的不同企业的水平之间的差异，属于该类型的化验室的实际水平又有较大的差异。

第三类是较差的化验室　这一类化验室在各方面都有较多的欠缺，仪器设备简陋，技术力量薄弱，通常只能应付产品检验。该类型的化验室一般都缺乏管理，有些甚至连像样的实验室都没有。这类化验室主要存在于城乡集体所有制企业或个体小型生产企业，该类型的企业自身的企业管理往往也不很完善。

由于历史和发展不均衡等因素，中国工业企业的化验室水平属于二、三类的占大多数，而且随着大量的中小型企业的兴起（这是发展中国家发展的必然过程），这支队伍将不断扩大，这些类型的化验室的建设和改善，都有大量的工作要做。并且随着科学技术的不断进步，即使是原来已经较为完善的化验室，也需要不断地加以完善。

必须指出，世界管理学家们公认的"七分在管理，三分在技术"的"管理制胜论"，仍然把"技术（含装备）"视为必需的基础。因此对于那些不够完善的化验室，管理的重点首先应放在搞好化验室的基础建设方面，对于那些很不完善的"三类"化验室尤其如此。

此外，还有相当一部分制造业企业尚未建立化验室，这一部分企业有些是"附属性"企业，也有些是以往没有化验要求的行业（如机械、建筑行业），或是规模较小且自身生产管理不完善的企业等。但是，随着社会生产的发展和人们对产品质量要求的不断提高，以及市场竞争的不断加剧，这些企业应该迅速行动，尽快建立起自己的化验室，才能适应社会发展的要求。

现代社会生产效率高、产量大，生产过程中稍有偏差便会造成很大损失。因此，无论是从维护企业自身利益出发，还是从保护用户利益出发，或者是从企业发展的角度乃至社会效应的角度出发，及时发现和纠正企业生产（或服务）过程中的偏差或"能力不足"，都是企业管理者无可推卸的责任。因而，企业必将不断地对化验室的工作提出新的要求，化验室的效率更显示出其重要意义。化验室的建设和管理必定显示其重要作用。

然而，当前中国的不少企业的管理仍然很落后，一些企业的管理层认识水平上参差不齐，经常无暇顾及化验室的管理和建设，这就更要求化验室内部的所有人员要有明确的信念：必须自我改造、自我完善，否则将无法发挥化验室的职能，无法完成社会和消费者的托付。

五、学习和研究"化验室组织与管理"的意义

化验室是企业内部的一个由人、财、物构成的，以特定方式为企业的生产服务的"组织"。与所有的"组织"一样，在这个组织中，人员，尤其是骨干队伍的配备和组合，是组织素质的基础；装备，特别是基本设施的完备与否，直接影响组织职能的履行；环境，是人员和装备得以发挥效能的基本条件；管理，则是组织化验室人员、激励人的主观能动性，使人们积极主动地工作，充分发挥各个成员的专长和能力，运用各种信息和科学实验仪器设施，开展各种各样的检验活动，使化验室的各个部门、各个方面都正常运作起来，是实现化验室职能的保证因素。

实践证明，一个设备完善、组织健全、人员配备恰当并具有优良工作环境的化验室，并不等于就能够充分发挥作用，在缺乏有效的管理之下，仍然可能发生人员各行其是、推诿责任、仪器设备不能得到维护保养导致损毁等现象，直至毫无效率。而在一个人员、机构、装备、环境条件并不完善的化验室，若实行科学的管理，则可以通过各种途径，采取适当的措施，使人员得以充实和提高，内部结构渐趋合理，设备得到补充并获得良好的维护、保养，检验工作的水平逐渐提高，各个方面都将逐步得到改善，化验室的效率也必将随之提高。

为了确保实验结果是实验对象的真实情况的反映（客观性存在），"CNAS-CL 01：2018《检测和校准实验室能力认可准则》（ISO/IEC

17025：2017）"在 ISO 9000 的基础上首次明确提出了"公正性"要求：

（1）实验室应公正地实施实验室活动，并从组织结构和管理上保证公正性；

（2）实验室管理层应作出公正性承诺；

（3）实验室应对实验室活动的公正性负责，不允许商业、财务或其他方面的压力损害公正性；

（4）实验室应持续识别影响公正性的风险，并予以消除；

（5）为了预防和及时消除导致公正性风险的影响因素，实验室应该建立有相应的预防和应急机制。

综合以上的讨论，可以这样认为，化验室组织与管理工作是提高化验工作水平，确保实验活动"公正性"和可靠性的根本保证：

1. 有效的管理可以使"组织"完善

有效的管理可以使组织有序地运作，可以及时发现组织结构的缺陷，并及时地改进，从而使组织日趋完善。

2. 有效的管理可以使"组织"效率提高

完善的"组织"必然促进"组织"效率的提高。我国多数生产企业的化验室尚处于初级水平和较低效率状态，必须加强它们的组织和管理工作，使之逐步完善，并推动检验工作水平不断提高，最终实现化验室的高效率。

3. 对实验室实行有效的管理，是实现实验结果的"公正性"的必要途径

实验结果的"公正性"是实验室的基本要求，也是实验室管理的最终目标。实验结果的"公正性"需要工作人员具有熟练的实验技能，更需要工作人员忠于职守和高度的社会责任感。因此，所有的工作人员都必须具备熟练的技能，严格遵守实验操作规范，严谨的工作态度，并置于严格的科学的管理之下。

4. 预防、识别和及时消除影响公正性的风险

消除影响公正性的风险是一个系统工程，只有高效运作的组织才可以实现。因此必须对实验室实行持续的有效管理。

▷ 第二节　化验室组织与管理的研究对象和学习内容

一、化验室组织与管理的研究对象

化验室组织与管理课程的研究对象是化验室管理体系。

化验室是一个由人、财、物、实验活动、信息等要素有机结合的整体。在这里，实验活动是中心，没有实验活动就不成为化验室。但是，实验需要有人掌握和控制，而必要的信息则是实验人员确定实验目标，进行实验活动的依据。财和物（设施、器材等）又是开展实验活动的必不可少的物质基础。它们之间相互联系构成一个系统，系统中的各个要素都不可偏废。

由于化验室的工作与企业的生产和发展有密切的联系，因此，化验室的组织与管理不但要协调好化验室内部的各项工作，还要协调好化验室与企业各有关部门的关系。同时还涉及面向社会的质量服务等工作。

总体来说，化验室组织与管理的研究对象可以概括如下。

（1）化验室管理体系的组建和投入运作。

（2）化验室与企业生产的关系及协调。

（3）化验室人员工作质量的提高。

（4）化验室水平和效率的提高。

（5）化验室管理的优化。

化验室管理要达到优化，管理者需要通过各种管理实践及时地发

现和掌握化验室管理活动的基本规律，并加以科学地分析、运用和发展。

二、化验室组织与管理的学习内容

根据课程研究对象及社会发展对化验室的要求，本课程的学习内容主要包括：学习化验室组织、技术装备、安全、质量等管理知识；了解并掌握化验室的基本管理技能。具体学习以下的内容。

（1）化验室组织管理　包括化验室的部门设置、人员配备和管理，以及化验室管理的一般方法及手段。

（2）化验室建筑要求与设施　包括化验室设计的基本知识，化验室平面图、室内布置图的绘制知识。

（3）化验室技术装备的管理　包括化验室仪器设备、化学试剂、技术资料的管理，化验室的环境保护、废弃物的处理，通风柜的设计知识，清洁卫生管理等知识。

（4）化验室安全技术　包括安全原理、安全技术，毒害物质的防护、外伤的防护，用电安全及消防等安全知识。

（5）化验室质量管理　包括现代质量管理、质量检验，化验室质量管理及一般方法。

（6）化验室技术进步　包括化验室技术进步的意义和作用，化验室技术进步的途径和要求，化验室管理的现代化等知识。

习题 ◄◄◄

1. 什么是"管理"？为什么"组织"需要管理？

2. 怎样理解"管理是一种十分重要的资源"？

3. 化验室在生产中有什么作用？

4. 化验室为什么需要管理？主要的内容有哪些方面？

第一章 >>>

化验室组织管理

组织具有两个含义，一个是围绕某项共同目标的人群，按照一定的分工和结构形式建立起来的组织机构，即人们常说的"单位""部门"等；另一个含义是为建立某一组织机构而进行的一系列活动或过程——"组织工作"。

"化验室组织管理"的讨论，同时包括了对化验室的组织机构的管理和对其组织工作过程的管理。

>第一节 化验室的组织结构

一、化验室系统与职能

1. 化验室系统职能

生产企业的化验室系统，通常设有中心试验室（即企业一级的化验室）、车间化验室和班组化验室（岗），形成三级检验网络。

（1）中心试验室　中心试验室的主要职能有 5 个方面。

1）核心职能

① 利用自身的仪器装备和技术力量，进行原材料的验收、产品出厂检验以及环境监测等日常检验工作，并保证数据的公正性和可

靠性。

② 接受上级质量监督管理机构的监督、检查，并负责按规定接受抽样检查和送出受检试样事宜。

③ 根据企业安全生产管理要求，进行"安全控制分析""现场危险危害因素分析"等"安全分析"工作，为生产安全管理和事故分析提供信息，并保证数据的公正性和可靠性。

④ 根据企业授权，向外部单位发布相关质量信息，对所提供的信息负责，并确保其公正性和可靠性。并做好需要保密的相关信息的保密工作。

违反委托方意愿或法律规定，随意泄露委托方需要保密的信息，不但会损害本实验室的信誉和委托方利益，有时候甚至可能给委托方或社会带来无可挽回的损失。

核心职能是化验室的中心工作，也是最基本的职能。

2）指导职能　作为企业化验工作的核心力量，中心试验室担负以下职能。

① 对生产车间及班组化验室（岗）提供技术指导、人员培训及必要的技术支援，实现相关实验室的实验条件和操作的一致性，确保实验结果（报告书）的公正性和可靠性；

② 对原材料供应单位在必要的时候提供技术支援。

3）监督职能　定期或不定期地对车间、班组化验室（岗）和原材料供应单位，进行必要的校核、监督工作，以确保基层检验工作的正常进行，以及原材料质量信息的可靠性。

一旦发现公正性、可靠性"存疑"的数据或相关信息，必须及时核查和纠正，确保检测报告"公正""可靠"。

监督职能是化验室系统内部质量管理的重要组成部分。

4）服务职能

① 坚持化验工作为生产和社会服务。

② 为车间及班组化验室（岗）提供中间检验用的仪器、器材、试剂溶液等必要的实验用品，以利于生产控制检验的进行。

③ 对企业产品的用户提供必要的技术服务。

5）其他职能　主要是对改进检验方法的探讨，质量事故分析试验，企业的科研、新产品开发等工作的配合分析试验等研究性工作。

（2）车间化验室　车间化验室的职能与中心试验室的第1）至第4）项职能基本相同，但是所管辖的范围则只是在车间内部和班组、岗位，且所有信息均不得自行向企业外部发布。

车间化验室进行"安全分析"，必须获得企业安全管理部门的授权，并在其监督下进行。

（3）班组、岗位化验岗　基本职能是对班组、岗位的生产控制项目进行分析，必要时也对所使用的原材料或工序产品（实际上是全流程中的半成品）的必要项目进行分析，获得质量信息的目的是为指导班组、岗位生产控制的调整。

2. 实现化验室职能的基本条件

为了完成企业赋予化验室的职能，"实验室应获得管理和实施实验室活动所需的人员、设施、设备、系统及支持服务。"具体来说，化验室需要具备以下条件。

① 有足够的实验场所。

② 拥有足够的能够胜任企业分析测试工作的，不同层次的专业技术人员和分析人员。

③ 配备有与企业生产有关检测工作相适应的实验仪器装置、实验器材、化学试剂等必要的物质基础。

④ 化验室必须处于有效的科学管理之下，相关工作人员协调地进行工作和运转，并获得公正、可靠的检验信息。

从而使化验室在企业生产中的作用得到充分的发挥。

二、化验室系统的组织结构

1. 企业化验室是企业内部的一个独立的系统

企业化验室作为企业内部的一个独立的系统，有其自身的组织结构和法律地位，并对自身的实验室活动承担法律责任。为此：

（1）化验室应确定对化验室全权负责的管理层。化验室的管理层全权负责化验室的包括但不限于人员、装备、组织架构及相关制度的建立等方面的管理，并付诸实施以达成组织目标。

（2）化验室应规定符合《检测和校准实验室能力认可准则》要求的化验室活动范围，并制定成文件。

（3）化验室应以符合《检测和校准实验室能力认可准则》、客户、法定管理机构和"认可（认证、审核）"机构要求的方式开展化验室活动。

这些化验室活动包括：在化验室内或化验室外的"检测和校准"活动，以及为了进行"检测和校准"活动而进行的辅助活动。

（4）化验室应达到以下要求。

① 确定化验室的组织和管理结构、化验室在生产企业的地位，以及管理、技术运作和支持服务间的关系；

② 规定对化验室活动结果有影响的所有管理、操作或验证人员的职责、权力和相互关系；

③ 将程序形成文件的程度，以确保化验室活动实施的一致性和结果有效性为原则。

（5）化验室应有人员（不论其他职责）具有履行下列职责所需要的权力和资源：

① 实施、保持和改进管理体系；

② 识别与管理体系或化验室活动程序的偏离；

③ 采取措施以预防或最大程度减少这类偏离；

④ 向化验室管理层报告管理体系运行状况和改进需求；

⑤ 确保化验室活动的有效性。

（6）化验室管理层应确保达到以下要求。

① 针对管理体系有效性、满足客户和其他要求的重要性进行沟通；

② 当策划和实施管理体系变更时，保持管理体系的完整性；

③ 当企业生产发展、社会发展或客户需要或者其他因素的影响，对化验室提出新的要求的时候，及时做出相应的评审，并对化验室的能力和资源是否满足这些要求进行评估，向企业管理层报告。

2. 企业化验室系统的组织结构类型

我国的企业化验室系统的组织结构主要有两种类型。

（1）集中职能领导的组织结构　见图 1-1、图 1-2，这种结构又分为按检验形式组成和按产品品种组织的两种结构形式，两者仅在管理方式上存在区别，在效率方面没有显著差异。

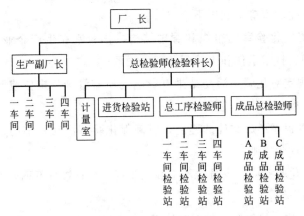

图 1-1　集中职能领导下检验部门的组织结构

（按检验形式组成）

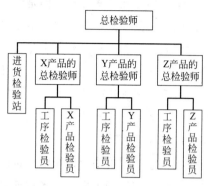

图 1-2　按产品品种组织的集中职能
领导的内部结构形式

（2）分散职能领导的组织结构　见图 1-3，这种结构也有多种具体管理方式，但其共同点是把检验职能分散到多个部门管辖，上下化验室之间缺少必要的联系。

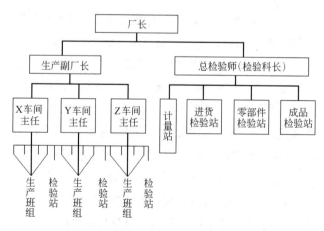

图 1-3　分散职能领导的检验组织结构

（3）化验室系统组织结构的比较和讨论　分散职能领导的组织结构在计划经济时期，对产品质量管理工作曾经发挥一定的作用。虽然人们也都知道这种组织结构存在某些弊端，但是由于计划经济时期基本上不存在竞争，因此人们很少甚至不会去为由于检验结果的争议而责备或责罚相关的化验人员，也没有必要要求化验人员修改检验结果以获得一定的经济利益，而且分散职能领导的组织结构相对于集中职能领导的组织结构而言管理成本比较低。所以，分散职能领导的组织结构在计划经济时期是绝大部分生产企业（尤其是中小型生产企业）质量检验组织的基本结构模式。

进入市场经济时期，分散职能领导的组织结构的固有弊端逐渐凸显，绪论中提到的一些现象和典型事例，大多数就是发生于质量检验系统仍然采用分散职能领导的组织结构的中小型企业。

实践证明，集中职能领导的化验室组织结构是一种比较好的结构形式，尽管其管理层次较多，但其纵向管理对避免人为横向干扰的效果显著，有利于加强对产品质量实施有效的监督管理和强化检验部门的"质量否决权"。

"××药"质量问题造成的人间惨剧震惊世界，为了杜绝此类悲剧的再次发生，国内一些经济比较发达的省份、地区，已经纷纷采取措施。其中，南方某些省份已经首先在"医药行业"推出"质量授权人（或其他称谓）"制度，在该制度中，"质量授权人"对所在的医药生产企业的质量监管上具有最高权力，同时对政府和人民负责。从本质上而言，"质量授权人"制度是一种强化的"化验室系统集中职能领导的组织结构"。"质量授权人"制度的实行，进一步确立了"化验室系统集中职能领导的组织结构"的地位。所有有意强化质量管理的企业，都应该认真考虑化验室职能领导体制的优化，确保化验室质量职能的实施和发挥。

发达国家的不少产业部门，甚至把质量检验机构独立于生产系统以外，很多产业部门还设立了职权远高于生产管理部门的质量监督（如美国的质量经理），从而有力地支持了检验部门的质量职能的强化。

三、化验室的专业工作室设置

1. 化验室的专业工作室

根据化验工作的性质和具体工作的需要，化验室的专业工作室大致可以分为如下九种。

（1）原材料检验室　主要负责对生产原材料进行检验。

（2）中间产品检验室（车间检验室）　负责对生产过程的中间产品进行分析检验，为生产中间控制提供信息。

（3）成品检验室　负责对企业生产的产品作最后的质量检验，实施把关职能，并提供必要的信息供生产管理和质量控制。

（4）环境监测实验室　负责企业的环境污染物的排放和整治的监测工作。

（5）标准室　负责根据国家有关规定制备各种标准物质及分析化验溶液，供各个检验室（组）使用。

（6）计量室　负责对企业内部的各种分析测试仪器设备进行计量管理、量值传递及计量装置的维修等工作。

（7）技术室　负责企业内各检验室（组）的综合技术管理，化验室技术进步等方面的研究等技术性工作。

（8）数据处理室　负责对化验数据进行必要的校验、处理、复核等工作，从而提高化验结果的可靠性。

（9）办公室　负责化验室日常事务、安全等管理，以及组织后勤补给等工作。

2. 化验室各专业工作室的设置原则

一个具体的化验室需要设置多少工作部门，要根据企业的生产实际情况，依工作需要而定，并无规定模式。从便于管理的角度出发，可以从以下几个方面考虑。

① 目标明确，最终目标是为企业生产检验服务。

② 充分发挥整体效能，力求实现最佳调控。

③ 分工科学化，实现高效率。

④ 实用，切合实际，不搞"花架子"。

根据这些基本原则，产品品种多的企业，化验室的专业室内还可以分设多个专业组（见"化验室系统的组织结构"），而规模较小的企业，化验室内也可以不设专业室，而改设若干专业组，甚至可以把若干"组"合并设置。

同样的理由，大型生产企业的化验室通常自成体系，其办公室及技术室内部还可以再分设若干个职能室（组），形成独立的管理体系，从而更好地为化验室和基层检验部门服务。

▷ 第二节 化验室人员配备

化验室人员是化验室的核心。一个仪器设备齐全但却没有实验人员的化验室，只能称为仪器设备陈列室。只有配备了组合恰当的专业实验人员的化验室，才有可能完成企业生产所需要的检验工作。

一、化验室人员的资格和要求

由于化验室在社会发展中具有重要作用，从事化验工作的人员自然而然地必须具有必要的资格和条件。

1. 化验人员的基本条件

化验人员的基本条件是指对从事化验工作的人员的必备条件，包括文化、思想、业务素质和身体条件等方面的要求。

（1）具有必要的文化素质　从事分析化验工作的人员，必须具有中等职业教育或相当于高中以上文化程度。

（2）具备适应职业要求的思想素质

① 办事公正，实事求是，工作认真负责。

② 服从工作安排，并按要求完成规定的任务。

（3）掌握化验检测业务的必要知识和操作技能

① 经过检验、测试专业技术培训，考核合格，获得相应操作技能等级资格证书。

② 熟悉所承担任务的技术标准，掌握操作规程，能独立进行分析化验操作，有严格的科学态度。

③ 能按操作规程正确使用仪器设备，完成分析检测工作，并进行日常维护保养。

④ 认真填写原始记录，会运用常用数理统计工具，具有必要的数据分析能力，能出具正确的检验报告。

化验人员持证上岗仅仅是最基本的要求，因为技能证书只表明"持证人"曾经接受过相关的技能教育，并通过了必要的考核，达到一定的基础技能水平（就像学校的"学历"文凭一样，并不代表持证人的实际工作能力），并不等于就一定能够胜任所在企业所要求的化验工作。因此，对于新上岗的（包括已有工作经验但属新入单位或调新岗位的，或离开岗位时间较长后重新上岗的）化验人员，还需要接受与企业生产分析检验相关的操作技能教育和考核。

（4）具备适应化验职业工作的身体条件

① 身体健康，能够胜任日常分析化验工作。

② 无色盲、色弱、高度近视等可能影响分析化验工作的进行及检验准确度的眼疾。

③ 无与准确检验、测试工作要求不相适应的其他疾病或者身体缺陷。

为了满足社会进步和生产发展的需要，化验人员还应具有不断提高自身思想素质和业务技术水平的学习能力，以及勤奋学习、努力钻研的进取精神。

2. 化验室管理人员的要求

化验室（组）负责人应由具有比化验人员更高的思想素质，热爱化验室工作，从事化验工作 3 年以上的技术人员或从事化验工作 5 年以上的化验员（分析工）担任，并要求具备以下条件。

（1）具有从事管理工作的必要的思想素质

① 具有较强的法制观念，能自觉执行国家政策、法令，遵纪守法、办事公正、作风正派、不谋私利。

② 在职业操守方面，严于律己，克己奉公，实事求是，忠于职守。

③ 谦虚谨慎，团结群众，平易近人。

（2）熟悉化验检测和管理业务

① 有一定的组织、协调能力，善于发现和发挥组织成员的积极因素，注意组织团结，促进化验室进步和发展。

② 熟悉本化验室（组）承担的检验任务的技术标准，掌握检验业务。熟悉本室（组）使用的仪器设备的工作原理，会维护保养并能排除一般故障。

③ 具有相应的安全知识，能够预防和紧急处理突然发生的安全事故，确保化验室工作安全进行。

④ 有一般的质量管理和产品生产的知识，能及时处理和协调生产过程中发生的与本室（组）检验业务有关的问题。

（3）具有积极进取的敬业精神

① 善于学习，勇于实践，努力学习新技术、新知识，注意提高自身业务能力。

② 不断学习并接受先进管理知识并予以运用，提高管理水平。

作为化验室的主要管理人员，还需要积极为化验人员创造良好的工作环境。

其他相关管理人员可以参照选配。

二、化验室人员构成

和所有的组织一样，化验室人员必须具有一定的组织结构。

1. 专业结构

化验室是生产企业（或其他产业部门）的高科技部门，随着中国经济发展和国外先进技术的引进，越来越多的具有世界先进水平的实验技术、仪器装备，也将毫不例外地同时进入国门，并逐渐进入相关的化验室。这些国内外的高精尖的技术、仪器设备，是多种学科相互渗透和各种专业技术综合的结晶，它们要求使用者必须在相关学科知识的深度和广度都具有较高的程度，才能正确地运用和发挥其运行效能。由于历史的原因，中国相当数量企业的化验室人员对先进的化验科学技术乃至相关学科的知识知之不多，甚至毫无所知，与世界科学技术的飞速发展很不适应，给中国的化验室的发展和经济建设带来很大障碍。

现代企业化验室的管理，也要求各级化验室管理人员在对化验室实施科学管理的同时，必须推动化验室在技术上不断进步，理所当然地要求他们必须具备相应的先进的化验和相关的科学技术知识。

化验室人员的专业结构向多专业和综合技能转化，是顺应世界科学技术发展的必然趋势，在化验人员的选配工作上必须充分注意。

2. 能级结构

能级结构又称为"技术级别组合"。一般地说，化验室中的高级职称、中级职称和初级职称专业技术人员，以及不同技能级别的化验技师、化验工，从高到低、从少到多、自上而下，呈"金字塔"形组合。

通常情况下，直接受企业法人领导的"总检验师"由高级职称专业人员（或资深的中级职称专业人员，或者相应资质的技能人员）担任，领导企业一级的化验室工作。其下各级管理人员和工作人员，则分别配备相应职称技术人员或各种技能等级的分析工进行日常工作。

生产车间的化验室和岗位化验人员，可以参照企业化验室，相应降低要求进行人员的安排。

3. 年龄结构

考虑化验工作技能、管理工作能力及工作经验，并结合青年人的灵敏性等因素，同时考虑到有利于不同年龄组人员的自然更替等问题，化验室第一线人员一般应尽可能安排青年人或年龄较小的人员，而管理层人员的年龄则可稍大一些。

4. 人数

产品质量最稳定的欧美发达国家，生产企业的检验人员多数占职工总数的 $10\%\sim15\%$，少数占 $7\%\sim8\%$。日本因特别强调生产人员素质，并大力开展自检以及工序控制稳定，专职检验人员一般仅占企业职工总数的 $1\%\sim2\%$，最多不超过 $7\%\sim8\%$，但若把日本工人自检的用工工时数折算合并的话，则实际进行检验的工时数占有比例远超过 10%。

中国目前的情况是，多数企业的第一线检验人员约占职工总数的 $2\%\sim10\%$，技术要求较高的企业可能达到职工总数的 10%。就数量而言差距并不大，但从中国企业人员的素质普遍偏低的实际情况考虑，则明显地显得检验力量不足，在强化质量检验工作的时候应予以加强。

化验室人员的配备是发挥化验室效能的重要组织保证，必须认真注意。

第三节　化验室人员的组织管理

一、化验室人员组织管理的任务

1. 化验室人员组织管理的意义

在化验室工作的诸因素之中，人员是最活跃的因素。掌握知识和技能的人，既可以使化验室活动起来，也可能使化验室处于"沉寂"。因此化验室组织管理工作千头万绪，最主要的还是人员的组织管理，人员的组织管理工作做好了，化验室的各项管理就有了好的基础，化验室就有可能在企业的生产和科研开发工作中充分发挥作用。反之，就会出现各种弊端，不能发挥化验室的功能，甚至毫无效率。

对化验室人员进行组织管理，必须认识人的组织是提高组织效率的根本保证，组织效率的实质是人的效率。

根据《检测和校准实验室能力认可准则》，所有可能影响化验室活动的人员，无论是内部人员还是外部人员，应行为公正、有能力、并按照化验室管理体系要求工作。

化验室应将影响化验室活动结果的各职能的能力要求制定成文件，包括对教育、资格、培训、技术知识、技能和经验的要求。

因此，通过有效的管理，组织起一批符合要求的人，并充分发挥这些人的具有创新能力的思维活动，不断提高人员的思想认识水平和专业技能，通过各种方式的培训，实现化验室人员的知识更新，以满足科学技术进步的要求，是当今培养和建设一支能够适应企业生产和发展的，具有较丰富的专业技术知识，又有较强应变能力的化验技术队伍的重要途径，也是化验室建设和管理的一项十分重要的战略任务。

2. 化验室人员组织管理的任务和基本职能

（1）化验室人员组织管理的任务　为了实现化验室的组织目标，化验室应确保组织内的人员具备其负责的化验室活动的能力，以及评估偏离影响程度的能力。积极培养和建设一支掌握化验室技术和管理的人员队伍，提高他们的思想政治觉悟和业务技术水平，使这支队伍不断壮大成长，人员的积极性和创造性得到充分的发挥，从而对企业的生产管理、技术管理、质量管理以及产品开发、更新换代做出应有的贡献。

化验室管理层应向化验室人员传达其职责和权限。

（2）化验室人员组织管理的基本职能

① 领导　对组织实施正确、科学的领导。通过决策、规划以及为实现组织目标对工作人员的激励和必要的指挥，以调动群众的积极性，带领化验室人员为共同目标而奋斗。

② 组织　根据组织目标对相关的人与事物进行有效的组合，以发挥各自和整体的最大效能。为化验室建设一支思想过硬、技术纯熟的有战斗力的队伍。

③ 协调　为实现组织目标，采取适当的方法和措施，进行组织和人员的统筹、协调，使各相关因素恰当地配合，从而充分发挥组织和个人的作用。

二、化验室人员组织管理的基本原则

在现实的管理工作中，人的管理是所有管理工作的核心。但是，由于人是具有思想的，因此人的管理又是最为复杂的。对化验室人员的管理也不例外地具有很强的政策性和多因素性，不可能有固定的管理模式。

然而，和所有的人员组织管理一样，有一些必须遵循的基本原则。

1. 效能原则

高效能是组织管理的中心，就是要充分发挥人的聪明才智和积极能动作用，为实现组织目标做出最大的贡献。组织"效能"是衡量组织管理水平和有效性的重要标志。

2. 能位原则

要实现组织的高"效能"，必须注意"效"与"能"的适应，也就是说，人员的才能必须与其工作岗位相适应。

人尽其才，量才任用，责权相应，是组织管理的核心。必须指出，能位的"适应"是一种动态平衡，随着时间的推移，平衡将会发生变化，因而在管理实践中应有"动态"观念。

3. 激励原则

"鼓励比批评可以取得更好的效果"，这是现代管理的重要原则。现代管理理论认为，人是需要激励的，特别是在工作当中遇到困难的时候，更需要适当的激励。正确运用激励手段以激发、鼓励组织成员的积极性和自觉性，是实现组织目标的关键。

激励可以包括精神（表扬、精神鼓励）和物质（经济上的奖励）两个方面，适当地运用将产生意想不到的效果。激励是现代组织管理的基本方法。

4. 沟通原则

在实际管理系统中，相关联的事物是紧密衔接、相互沟通又相互补充的。管理的各个环节、各种制度、人员的任用等各个相关方面，做好相互之间的沟通，实现组织内部的相互补充、相互促进，将有力地提高组织效率和组织活动的有效性。

沟通是管理信息的重要来源，因此管理离不开沟通。

由于沟通具有互补作用，故"沟通原则"又有人称为"互补原则"。

四个基本原则具有互相关联、互相促进的作用，是有机的结合。

三、化验室人员组织管理的内容

化验室人员组织管理的内容主要有以下 6 个方面。

1. 规划和编制的制订

规划和编制是培养和选拔实验人员、组织和建设实验队伍的依据，是实验队伍管理的首要环节。

在制订"规划和编制"的时候，化验室应有以下活动的程序，并保存相关记录。

① 确定能力要求；

② 人员选择；

③ 人员培训；

④ 人员监督；

⑤ 人员授权；

⑥ 人员能力监控。

制订规划和编制必须根据企业的发展和化验室的目标与发展等因素综合考虑。

2. 实验人员的选配和任用

根据组织规划选配和任用实验人员队伍，是实验人员组织管理的重要工作。

正确选拔和配备实验人员是实验人员发挥作用的前提，恰当的任用则是实验队伍管理的核心，对于建设和保持实验队伍的最佳结构，提高实验队伍素质并保持其旺盛的生命力，充分调动实验人员的工作积极性，最大限度地发挥人员的作用，具有举足轻重的意义。

在选拔人才的时候还要注意，具有相关知识的人员应予优先，而且知识面的广度和深度也应在考虑之列。

化验室应授权人员从事特定的实验室活动，包括但不限于下列活动。

（1）开发、修改、验证和确认方法；

（2）分析结果，包括符合性声明或意见和解释；

（3）报告、审查和批准结果。

3. 培养与提高

现代社会，科学技术迅猛发展，新知识、新技术、新仪器、新方法的不断涌现，都对实验人员提出新的挑战，实验人员必须不断地学习提高，进行知识更新和积累，才能适应社会发展的要求。适时地组织化验人员进行学习培训，可以有效地促使化验队伍技术素质的提高。

4. 考核

考核是实验人员队伍组织管理的重要内容，通过考核可以达到以下目的。

（1）鉴别人才　根据考核，对相关人才进行调整或晋升，可以更合理、恰当地使用人才。

（2）促进个人学习　考核可以使人们发现自己的不足，促进学习热情，从而有利于实验队伍素质的提高。

（3）适应市场经济的分配原则要求。

（4）便于实施适当的奖惩。

5. 调整

根据企业不同时期的工作目标，进行实验队伍的调整，以适应企业产品质量控制和生产发展的要求，并保持实验队伍的工作效能，是实验人员组织管理的经常性工作。

对由于客观因素而不适应化验工作的人员的调整，必须注意做好思想工作并注意调整后的"效"与"能"的适应，切忌"调整"以后比原先"更不适应"，尽量避免消极因素的影响。

6. 思想教育

思想素质是队伍素质的根本，思想教育对于提高实验人员队伍素质具有根本性的重要意义，尤其是在社会的转型期，逐渐从粗线条的初级经济进入相对精细和比较高级的经济领域的混合型经济状态，社会事物千变万化，各种各样的诱惑和思想冲击，时刻都在冲撞着化验室人员队伍，甚至在某些人的脑海里引起激烈的思想斗争和动荡。这一切都可能给化验室工作带来未知因素和影响，必须引起化验室的管理层的高度重视。

思想教育是一项全面性工作，有人以为思想教育工作只是对"后进面"进行的，这其实是一种误解。完善的思想工作也需要对"先进层"进行教育——既需要鼓励他们不断进取，更需要教育他们注意联系群众，尤其是联系"后进面"的群众。真正的先进分子不但会主动争取领导的指导和帮助，做好本职工作，以优异成绩向企业和社会做出贡献。而且应该以平常心态对待别人的不同意见，不要以"先进者"自居。要学会与不同层次的人群相处，特别是要团结帮助"后进面"的人群一起向前进。

在进行思想工作的时候，应该以表扬、鼓励为主，批评为辅。还要注意工作方法，尽量少在公开场合进行批评，确实需要进行的话，也尽可能给受批评者"留点情面"——对事不对人，避免点名。要知道不恰当的批评可能打击积极性，产生消极后果（有些人甚至从此"萎靡不振"），就像过分的表扬可能使受表扬者骄傲一样。

在进行思想工作的时候还要注意做好调查研究，情况不明绝不要轻易批评或表扬，无的放"矢"往往得到反效果。

因此，做好化验室人员的思想教育，以激发、鼓励化验室人员的积极性和自觉性，加速化验室队伍的自身建设，对化验室人员队伍的健康成长、实现化验室工作目标具有促进作用。

综上所述，化验室人员组织管理工作可以归纳为：专业技术队伍的建立；组织结构的合理化；部门和人员职责的确定、相应责任制度的建立；人员的使用、培养和考核制度的建立和健全。最终使化验室的实验技术和管理队伍不断充实、提高，不断自我完善。

必须注意，思想工作并不是万能的，在当今社会中"人往高处走"盛行，"人才流动"相对频繁的年代，在化验室的日常工作中加以关注，并随时准备适当的人员补充由于"人员流动"或者其他原因导致的"减员"，确保化验室工作顺利开展，是化验室人员组织与管理的重要工作，化验室管理层必须高度重视。

为了避免人员的"过度流动"，以及因此对化验室工作带来困扰，在进行化验室人员招聘工作的时候，就要对招聘对象的入职业意向深入了解并做好沟通。从而建立一支稳定的专业技术队伍，实现化验室组织的工作目标。

四、化验室岗位责任制

1. 实行岗位责任制的意义

岗位责任制是组织管理科学化的重要管理措施，是提高组织效率的根本途径。

化验室实行岗位责任制，一方面使化验室组织管理科学化，另一方面也给化验室人员工作质量、工作效率的检查和考核提供依据。因此，建立化验室岗位责任制是化验室组织与管理的一个很重要的管理步骤。

2. 岗位责任制的构成

岗位责任制是一种管理制度，是对各级各类组织的工作岗位上的工作人员应该具备的任职条件，每个工作人员的职责、任务、权限、完成任务的标准，以及履行岗位责任效果的考核、奖惩等作出的明确的规定。

岗位责任制可以分为部门的和个人的两种岗位责任制度，个人岗位责任制又分为部门的"首长"岗位责任制和一般工作人员岗位责任制，它们之间的关系是：一般工作人员的岗位责任制是基础，"首长"岗位责任制是主导，部门岗位责任制是部门内所有人员岗位责任制的综合表现。

由于部门（组织）的建立有其既定目标（某项任务），即已有明确的责任。因此，所谓制订岗位责任制，一般是指个人岗位责任制。就其本质而言，个人岗位责任制是部门岗位责任制的分解，使不同岗位的工作人员担负起不同的责任，当部门内所有人员都完成了个人岗位责任制规定的工作任务以后，则部门的任务也就得以完成。

3. 制订岗位责任制的基本原则

（1）职、责、权的统一　无论什么岗位，有职就有责，而要完成其职责，则需要有相应的"权"。即使是最基层的工作人员，在其没有违反规章制度的情况下，任何人都不能够任意干预其正常工作，否则谁也无法完成职务规定的工作任务。

（2）岗位责任制与考核制、奖惩制统一　岗位责任制一经制订，就必须执行。然而，谁尽职尽责，谁玩忽职守，必须进行考核，因此在制订岗位责任制的同时，需要同时制订考核制度和奖惩制度。

在对工作人员的考核中，应从"德、能、勤、绩"四方面考核。应以业绩为重点，并且重在平时工作业绩。考核方法应尽量采用定量的综合评价，在考核的同时应配合以奖为主、以惩为辅的奖惩制度，奖励进步，惩戒错误，以形成争当先进、奋发向上的风气，促进部门任务的完成和超额完成。

（3）条文精炼、简洁、准确　岗位责任制的条文应精炼、简洁、准确。切忌拖泥带水，更不能模棱两可、似是而非，否则职责不清，工作人员无所适从，这样的"岗位责任制"形同虚设，毫无意义。

五、化验室人员的招聘和任用

随着社会性的人才市场的发展和完善，专业技术人才在人才市场的公开招聘与内部培训是相结合的，公开聘用人才的新模式正在逐渐形成。

人才的公开聘用不但有利于企业急需专业人才的及时补充，也有利于企业内部人才的公平竞争，并因此而造就一种学技术、争进步的学习风气，对企业文化的形成和职工总体素质的提高也将产生有力的促进。

在公开招聘专业人才的时候，在条件相似的情况下，优先招聘本企业的自有专业人才，对企业内部人才的鼓舞和促进企业素质的不断提高将产生积极影响。

化验室人员的招聘和任用，应本着"事业为本，人才为重；大公无私，任人唯贤；用人所长，扬长避短；量才用人，职能相称；用人不疑，疑人不用；宽以待人，团结为重；培养教育，爱护关怀；人才互补，各司其职；合理流动，人尽其用；综合评价，善于保护"的现代用人原则，特别要注意"人无完人"，不要斤斤计较个别人的小缺点，要知道有时候某些小缺点背后可能正隐藏着某些优点，如"执著"常被视为缺点而不受欢迎，而现实中却往往是这些"执著者"成就了大事业；同样的道理，"敢于提出批评意见"也常被视为"缺点"，而"批评意见"却往往是工作的"促进剂"。因而在化验室的用人方面要坚持"着眼长处，注重贡献"，使真正有用的人才能够充分发挥作用。古人言："人才难得，亦难知"正是对这种现象的肯定。

"用当其才"是化验室人员任用的中心原则，"大材小用"与"小材大用"均非善用，都可能导致消极因素，应当避免。

"知人善任"还要"用当其时"，任何人才都有才能的"上升"及"下降"问题，只有在人才的"才能上升期"内任用，才能取得最佳效果。"恰当的任用"加上适当的激励，可以有效地延长人才的"才能上升期"，某些自身积极上进的人甚至可以一直保持"上升趋势"。当然，对于这样的人才，在适当时间提升到相应的领导岗位上，将可以发挥更大的作用。

美国管理协会主席劳伦斯·阿普利曾经说过这样的话："管理不是对事物的指挥，而是人才的开发"。可见开发和任用人才对搞好管理的重要意义，必须高度重视，并认真、谨慎地对待，切实做好。

必须注意，在专业人才中还有"工匠型"人才与"进取型"人才之分，他们各有所长，且具有互补作用，适当选配将有利于工作开展，在选用的时候应该避免偏颇。在适当的时间鼓励他们相互学习，实现"自身互补"则效果会更好，也有助于其才能的持续上升，促进化验室人员素质的提高。

在选配人才的时候还要注意，经验（或年资）对于人员的工作能力诚然重要，但如果只重视年资而忽略了有进取心的年轻人，则可能使组织"沉闷"和停滞不前。将不利于组织效能的发挥。

在进行人员选配或调整的时候，还有一些情况值得注意：有一些人一贯"任劳任怨、从不诉苦"，他们勤勤恳恳地工作，默默无闻，很容易被忽视；也有一些人一贯"勇于承担重任，一往无前"，结果是经常被委以重担，而忽略了他们的正当需求等。长此以往，都可能挫伤积极性而形成消极因素。

不顾后果的"鞭打快牛"是人员"任用"的大忌。

作为管理者，还要注意保护工作人员的健康，具有工作积极性但是身体健康状况不良的人员，不可能具有强大的工作能力和工作效率。

六、化验室人员的培养和考核

人员的培养和考核是人员使用的一个部分，但又有别于平常的使用。

1. 化验室人员的培养

随着科学技术的不断进步，对化验室人员的技术水平及其他能力都将提出新的要求，因此，化验室人员必须在工作中不断地学习进修，提高业务技术和管理水平，才能适应社会发展的潮流。

企业（或其他产业部门）及化验室的领导，应该不失时机地组织化验室人员进行各种形式的专业技术培训和进修学习（包括脱产的或是业余的；送出去或者请进来的等），为化验室人员的业务技术水平和思想政治觉悟的不断提高创造条件。

在适当的时机组织化验室人员参加相应的技能考核，既是对化验人员工作能力的核定，也是对人员学习提高的有力促进。

2. 化验室人员的考核

定期对化验室人员进行考核，对促进工作人员的不断学习进修，提高业务能力和技术水平，具有积极的作用。同时也有利于提高检验工作质量，提高化验室管理和企业管理水平，并因此促进企业产品质量的不断提高。

（1）考核的基本原则

① 考核应遵循德才兼备的原则，从实际出发。

② 考核应以岗位责任为依据，注意职务（职称）和岗位特点。

③ 在满足分析检测工作基本技能要求的基础上，"德、能、勤、绩"全面考核，以绩作为考核的重点。

（2）考核方法

① 制订考核实施细则，要明确岗位考核项目和考核要求，工作量和工作能力等的评定标准，为评定考核等级提供"定量"的依据。

② 重在平时考查，根据人员在化验室内的重大事项或特殊工作的处理能力及实际完成情况，在考核的时间区间内的各个方面的表现所积累的资料，以及其本人的进修、学习等情况，作出综合评价。

各工作人员也应适时地对自己的工作完成情况进行总结。

③ 必要的工作技能和工作质量考核，可以通过特定的现场考试（如采用标准样品试验法、交叉复验法、复核检验法、敏感性试验等方法进行）。

为了保证检测结果的公正性和可靠性，首先必须保证检测结果的"准确性"。因此，运用"标准样品试验法"进行工作人员的技能考核具有重要意义。

参加考核人员之间的实验结果的误差必须不大于实验室内的允许误差要求，和"标准样品"的误差应不大于实验室间的允许误差。

对于国家尚未建立"标准样品"的产品或者中间产品，可以使用由专业实验室制备的具备计量溯源性的"准'标准样品'"作为考核"参照物"。

在确实无法取得"有证、具备计量溯源性"的"标准样品"的时候，也可以使用由自己的实验室资深专业人员制备的"内部'标准'试样"进行内部考核，参加考核人员的实验结果和"内部'标准'试样"之间的误差必须不大于实验室内的允许误差。

④ 参考群众评议意见。但必须注意排除某些带偏见性的意见。

⑤ 对在领导或管理位置的人员的考核，群众意见应占较大分量，群众反映较大的应考虑其是否称职。

对化验室人员的考核，也是企业人事管理的重要组成部分。人员考核的结果，是对人员进行培养、使用、晋级、提职及奖惩的依据。

对新入职化验人员（含调整岗位或重新上岗的化验人员）的能力评估或考核，也是化验室人员考核的重要组成部分，对稳定和提高化验室的总体水平具有不可忽略的重要意义。

（3）考核的频率　定期的常规的考核，一般一年进行一次，也可以参照 CNAS-RL 02《能力验证规则》的相关规定进行安排。"新入职人员"则宜随进随考核。

（4）考核中的注意事项和处理

① 负责考核的所有人员均应秉公办事，实事求是，认真负责，严禁任何打击报复、徇私舞弊等错误行为。

② 凡参与考评工作的人员本人接受考核时，必须严格执行"回避"制度，并不得采取任何其他干预行动。

③ 考核完成后，化验室负责人应对所有参加考核人员写出考核评语，确定考核等级，并报告企业或上级管理机构，经过审核后存入业绩（业务）档案。

④ 对于在考核工作中表现欠佳的工作人员，应本着爱护和帮助的态度，既要及时指出其缺点与不足，又要予以适当的帮助，化消极因素为动力，以促使其进步。

⑤ 化验人员参加社会的相应专业技能学习和考核的成绩，应作为人员技术水平的重要依据，及时归档。

第四节　化验室管理方法

化验室的组织结构和人员配备工作一旦完成，化验室的组织过程便告结束，化验室组织管理便进入对化验室组织机构的管理——使一个组织正常运作的管理。

一、化验室管理的目标

通过科学的管理，以尽可能少的投入，建设一个高水平的化验室，高质量、高效率并安全地为企业的生产和科研开发服务，促进企业产品质量的稳定提高，争取尽可能大的经济效益和社会效益。简言之，化验室管理的目标必须服从企业发展的总方针。

在具体的管理上，可以分解为如下五个方面。

① 使化验室内的人、财、物、信息等要素有机地结合起来，以开展各种相应的实验活动。

② 配合企业管理，履行化验室职能，对企业产品的生产进行质量检验和质量管理工作，促进产品质量的稳定提高。

③ 不断学习、引进、吸收消化并运用先进的分析化验技术，提高化验室水平和人员的技术业务技能。

④ 安全、高效率，充分发挥化验室的人、财、物的作用，力争以尽可能少的投入，争取尽可能大的效益。

⑤ 不断优化化验室结构和化验室人员组合，不断自我完善和技术进步，努力把化验室建设成为达标的规范的实验室，以适应世界科学技术发展和企业技术进步的要求。

二、化验室管理的特性

1. 化验室管理的系统性

现代管理科学认为：凡是由两个以上相互联系、相互作用的要素组成的，具有一定的结构、层次和功能的有机整体都是系统。在系统内，各个组成要素既有其独立性（各自的时空、结构和功能，各自的活动方式和运动规律），又有其相关性（包括其内在的联系及对外部的联系）；同时，系统的运行又离不开其自身的有序性——系统结构。从而使系统的运行具有多样性和复杂性。

从上述观点出发，化验室是一个系统，是一个在企业内具有特殊地位的系统，化验室有其与企业内部的其他系统不同的要素和特点，化验室的整体活动特性也因此而有别于企业内的其他系统。因此对化验室的管理必然与对企业内的其他系统有所区别。

从整体观念出发，对化验室的管理必须对化验室的总体乃至各个要素，实行综合的、科学的管理，要统筹兼顾，不要顾此失彼。在具体管理工作中，则要求不断吸收先进的管理思想和运用先进的管理手段，促进化验室系统不断自我完善和优化。

化验室是一个完整的系统，对一个系统进行管理必须是系统的管理。

2. 化验室管理的综合性

化验室隶属于企业，却进行着与企业生产完全不同的工作——科学实验；化验室进行的科学实验是为企业的生产提供控制信息和进行监督，又使化验室有别于一般的实验室，然而，化验室却又具有与一般实验室相似的结构和系统装备；同时，化验室的职能又使它在运行中，与企业内、外、上、下的各个方面发生多方面和多层次的联系。因此，化验室是一种特殊的实验室，是企业内部的一个特殊的部门。由于化验室具有特殊地位，而且，随着人们对社会商品质量的不断提高的新要求，化验室的工作已经逐步超越企业界限。因此，对化验室的管理要求也随之提高。

化验室"麻雀虽小"，却"五脏俱全"，要求化验室的管理者不但需要具有一般的管理知识，还要掌握一定程度的化学、物理、电学、光学和安全防护技术等自然科学技术的知识和技能。换言之，化验室工作的综合性需要综合的管理。

三、化验室管理的内容

1. 化验室人员的组织管理

化验室人员的组织管理包括人员的选配、使用、考核、提拔；机构和人员组合的优化等管理工作。

2. 化验室技术装备的管理

化验室技术装备的管理包括化验室的建设、仪器设备、实验器材、技术资料及其他有关技术性工作的管理。

3. 化验室安全管理

化验室安全管理包括安全教育、事故防范、安全防护等方面的管理。

4. 化验室工作质量管理

化验室工作质量管理包括化验室自身工作质量、化验室在企业产品质量管理方面的作用等工作的管理。

四、化验室管理的方法

化验室是现代社会生产产生的事物，理所当然地需要现代管理方法和管理技术进行管理。

随着社会生产和科学技术的发展，现代管理科学理论和方法也在不断地发展，形成各种各样的学派，并各自成体系。然而，万变不离其宗——管理的对象仍然是"系统"，管理的目的也是一样——使组织完善和有效。而且，虽然各个学派有不同的出发点和管理的侧重点，但是所有的管理系统的本质都离不开"信息"，所有的过程也都是通过信息的收集、加工，并据之以决策及控制的过程。

在实际管理过程中还要注意"整体性原则"，对化验室需要实施整体管理，不能只管局部。要从组织结构、环境之间的相关、相互作用，整体与部分的关系，以及结构与功能、系统与环境的关系等方面，采用模型化、信息反馈等手段实现定量优化的管理。

就管理职能的本质而言，化验室的管理与其他系统的原理基本是一致的。

1. 化验室管理的原则

（1）管理要有明确的目的性、全面性和层次性　要注意处理好组织中的主系统和子系统的关系。

（2）管理是一个封闭体系　任何管理过程中的指挥、执行、监督、信息的接收和反馈，都必须形成闭路循环。

（3）管理的关键在于人　组织的关键在于人，做好人的管理，则组织目标的实现便已成功了一半。正确运用思想教育、竞赛、评比、适当的奖惩等激励手段，对提高人们的主观能动作用有积极意义。

（4）管理的最终目标是提高组织的效益　包括组织效率以及由此带来的直接经济效益和社会效益，都是管理者实施管理所追求的最终目的。

建立一支稳定的富有战斗力的化验人员队伍，积极开展化验室工作，确保化验报告书的公正性和可靠性，是化验室组织管理的最基本要求。

2. "5S"管理及在化验室管理中的应用

（1）"5S"管理

1）"5S"管理的基本概念

① "5S"管理概述　"5S"管理起源于日本的家族式企业的现场管理，其起点是经常性地对生产场地进行现场整理，造就一个整洁舒爽的工作环境，进而推动工作人员素质的提高，并促进公司（企业）效率的不断提高。由于效果显著而为世界管理学家们发掘、研究和发展。

② "5S"管理的基本内容

a. 日本企业经典的"5S"

（a）整理（SEIRI）　将物品区分为有用的与无用的，并将无用的物品清除掉。

（b）整顿（SEITON）　合理安排物品的放置位置和方法，并进行必要的标识。

（c）清扫（SEISO）　彻底清除工作场所的垃圾、灰尘和污垢。

（d）清洁（SEIKETSU）　持续推行整理、整顿、清扫工作，并使之规范化、制度化，保持工作场所的干净整洁、舒适合理。

（e）素养（SHITSUKE） 要求工作人员建立自律和养成从事"5S"工作的习惯，使"5S"的要求成为日常工作中的自觉行为。

b. 中国香港的"5S"——"5常"法

（a）常组织 区分必需品与非必需品，降低必需品的数量并妥善放置。

（b）常整顿 合理放置物品，方便取出和放回。

（c）常清洁 彻底清扫，保持干净。

（d）常规范 持续做好常组织、常整顿、常清洁。

（e）常自律 按规定方式做事，养成良好工作习惯。

2）推行"5S"管理的作用和意义

① 提高产品品质（quality）

a. 干净、整洁的作业场所，可以有效地避免灰尘、杂物和垃圾等不良因素对生产、生产设施和产品的干扰，从而为产品质量的稳定提高打下良好基础。

b. 干净、整洁的工作环境，有助于员工克服马虎心态，养成认真工作的习惯，有效地提高工作质量。

c. 干净、整洁的工作环境，以及与此同时确立的有条不紊的生产秩序，对保障生产安全也具有实际意义。

② 降低生产（或服务）成本（cost）

a. 提高场地利用率。

b. 减少库存量，降低资金占用。

c. 减少不良品的产生。

d. 减少动作浪费，提高工作效率。

e. 减少故障发生，提高设备运行效率。

f. 减少事故损失，避免额外开支。

均对降低生产成本，提高企业经济效益产生良性影响。

③ 确保按期完成任务（交货期，delivery） 高效率和高品质地

完成工作任务，是对客户委托的最好回报。

④ 改善员工的精神面貌（moral）　干净整洁、温馨舒适的工作环境，能够给员工增加信心、产生自豪感，同时可以增强企业的凝聚力，团结员工争取更大的经济效益。

⑤ 减少安全事故，改善企业生产安全状况（safety）　干净整洁的工作场所，摆放井然有序的物品，畅通的走道，为避免事故发生（或事故后的紧急疏散）打下良好基础。精神饱满、态度严谨、工作认真有序的工作人员不但可以最大限度地避免发生错误的操作，还可以及时发现"物的不安全状态"并予以纠正。这些都是企业（或部门）实现安全生产（工作）的坚实基础。

⑥ 改善和提高企业形象（image）　干净整洁、有条不紊、安全舒适的工作场所，精神焕发、仪容整洁、勤奋工作的员工，加上品质优良的产品加工（或服务），高效率的管理和生产成果等，都是企业（或部门）良好形象的具体体现，对争取客户、社会和工作的信赖发挥无可替代的作用。

推行"5S"管理，不但促进了文明的公司形象的构建，还将有力地推进公司的内部结构和营运效率的不断改善。

3）"5S"管理的特点

① 简单、容易推行

a. 直观化，不需要什么"高深理论"。

b. 员工自身是首先的受益者，容易成为员工的自觉行动。

② 由浅入深，不影响日常生产和工作

a. 可以在日常生产工作一般清洁整理的基础上进行。

b. 效果显现，边整改边显效，整改所花费的时间可以容易地从效果中得到弥补。

③ 持之以恒，成效彰显

a. "5S"管理依靠员工的自觉行动和习惯，需要时间培养和形成。

b. "5S"管理一旦深入人心，并成为持续行动，就会不断进步。

④ 具有宽阔的"兼容性"，不排斥其他管理方法　"5S"管理是从"条理化"入手的基础管理方法，与所有的"科学管理"方法都没有抵触，也不会产生相互干扰影响其他管理方法的推行的问题。

实际上原有的"5S"管理中就已经大量融入了各种可以利用的管理方法和管理工具，比如"看板""画线"❶管理等。

4）实施"5S"管理的基本要求

① 坚持不懈　实施"5S"管理必须形成员工的自觉行动和习惯，长期坚持可以形成良好的企业文化氛围。

② 人人参与　良好的企业文化必然源于大多数人的意愿，员工的自觉行动也自然需要全员参与。

③ 不断改进　人的良好习惯需要培养，一个好的管理也需要培养。从表入里，逐步深入，不断改进虽然比"一步登天"显得较为缓慢，但却脚踏实地，扎实稳妥。

④ 实事求是，朴素无华　"5S"是一种基础管理方法，基本出发点和基础思维是通过经常性地对生产操作现场进行整理整顿，并养成良好习惯，造就一个清洁、简朴和整齐有序的作业环境，从而促进生产、促进员工精神面貌的不断改观、促进其他管理措施的落实。"5S"管理是依靠深入员工人心实现效果的管理，任何虚浮、肤浅的作为都将打击员工自觉行动的士气，不利于良好习惯的培养和形成，甚至形成"一阵风"。

---

❶ "看板"是把需要公示的"事物"，用简单明了的文字或图、表格"写"在一定大小的"板"上，以指示员工工作。也可以用纸张印刷"专用"表格粘贴其上，使用后取下归档。执行工作任务的员工可以在"表格"的相关位置上签字以示负责。

"画线"则是以各种不同的颜色线条（或色块），指示"流程""物流""信息流"或者通道的方向，以及物资的存放点等，可以提高效率，避免失误。

事实证明，"5S"管理是一种行之有效的现场管理方法，不失为现代企业推行 ISO 9000、ISO 14000 等系列管理工程"构建管理基础"的管理方法之一。

（2）"5S"管理在化验室管理中的应用

① 化验室是企业的重要构成部分，企业管理可以使用的方法在化验室管理中同样适用。

② 化验室管理不是企业管理的简单"微缩"，由于场地相对狭小，很多时候需要在同一工作位置交叉进行多项目的分析化验，通过"5S"方法可以使它们进行得更加条理化和系统化。结合化验室的特点，灵活运用"5S"进行现场管理大有用武之地。

③ 结合"ISO 9000"建立化验室质量体系等"质量文件编制"工作，"5S"管理的"项目看板"（显示项目工作程序和要求的看板）等将可以大显身手。

必须注意，"5S"管理只是一种基础管理，实行"5S"管理，并不能代替现代科学的企业管理的其他管理方法。试图通过"5S"管理就实现企业管理现代化，实现企业建设和发展目标不但是不现实的，而且可能影响企业接受新的先进管理模式和科学技术，不利于企业的进步和市场竞争，也不利于国家的经济发展。

现代社会是一个复杂的体系，历史上的"管理权威"或者"管理泰斗"们往往"囿于"其所生活（生存）的历史时期、社会环境以及他们对社会活动的分析"视点"的不同，而提出他们各自认为最好的不同的管理理念，形成各种各样的"管理学派（门派）"，并取得巨大成功。但是，深入分析不难发现：各个不同的"管理科学学派"尽管各自成派，但是无论是在管理对象、管理目的，还是基本管理流程，其实都具有非常相似的"一致性"。因此，对于一个具体的管理者而言，无须拘泥于自己的管理方法来源于哪一个学派，关键在于切合实际和实现组织目标。

常用的管理方法和管理技术，如预测技术、决策技术、线性规划、网络技术、信息反馈等，只要能取得成效，都可以"博采众长，为我所用"，在化验室管理中加以吸收运用。

切记，管理方法的选择和应用必须"切合实际，注重实效。"

习题 ◀◀◀

1. 化验室的系统职能是什么？完成这些职能需要什么基本条件？
2. 化验室有哪几种组织结构？哪一种效果较好？为什么？
3. 对化验室人员组织管理有什么意义？基本原则是什么？
4. 什么是岗位责任制？实行岗位责任制有什么意义？
5. 化验室管理的目标是什么？为什么说化验室管理需要系统和综合管理？
6. 什么是"5S"管理，如何运用于化验室日常管理工作？

CHAPTER **2**

第二章 >>>

化验室的建筑与设施

化验室建筑是化验室的"载体"，是"技术装备"的重要组成部分。

建设新的化验室需要研究实验室建筑，进行合理的设计。改造化验室同样需要研究实验室的建筑，以充分利用原有建筑物和固定设施，从而达到"少花钱，多办事"的目的。

>> 第一节 化验室建筑的基本要求

一、化验室对环境的要求

为了实现化验室的职能，化验室必须配备各种精密的计量、测试仪器和装备、各种化学药剂、实验器材，还有电子计算机等现代技术设施。这些仪器、设备和相关装置，对环境都有相当严格的要求，如果条件不合适，即使是最先进的仪器和检测方法，再熟练的检验操作者，也不可能取得准确可靠的检验结果，甚至可能导致实验仪器损坏或其他器材、物资的过度消耗，造成经济损失。

基于检验工作属于精细工作，需要避免外界干扰和人员在工作中需要进行检测、计算和思考等因素，化验室设施和环境条件应适合化验室活动，不应对结果有效性产生不利影响。一个好的化验室，应该保证化验室内的各种仪器、装置、药剂等，免受对结果有效性有不利影响的因素可能包括但不限于：微生物污染、灰尘、电磁干扰、辐射、湿度、供电、温度、声音和振动的不良影响以及有害气体的侵蚀，加上安静的工作环境，才能保证检验工作的顺利进行，并获得足够的精度，发挥化验工作的实际作用。此外，还要注意化验室对环境的影响，避免对环境发生污染和破坏。

化验室应将从事化验室活动所必需的设施及环境条件的要求形成文件。

当相关规范、方法或程序对环境条件有要求时，或环境条件影响结果的有效性时，化验室应监测、控制和记录环境条件。

化验室应实施、监控并定期评审控制设施的措施，这些措施应包括但不限于：

① 进入和使用影响化验室活动区域的控制；

② 预防对化验室活动的污染、干扰或不利影响；

③ 有效隔离不相容的化验室活动区域。

当化验室在永久控制之外的地点或设施中实施化验室活动时，应确保满足《检测和校准实验室能力认可准则》中有关设施和环境条件的要求。

企业一级的化验室肩负全企业的主要检验工作，是企业产品检验的中心，通常称为"中心试验室"。由于工作需要，配备有企业最重要的，一般地说也是最精密的检验、测试仪器装置等设施。因此应远离生产车间、锅炉房、配电室、交通要道等干扰因素，并尽可能避免噪声的影响。

车间和班组化验室（岗），属于基层化验室，因其工作性质和服务对象的要求，一般均设置在生产车间附近或内部。由于条件限制，实际上不少企业的化验室不可能独立建设，则上述的"环境要求"原则，便成为进行化验室设计工作时的附加条件。

化验室室址选择是否恰当，对降低化验室的建设投资具有重要意义。

二、化验室对建筑结构和相关方面的要求

1. 化验室主要功能实验室的基本要求

一般地说，任何实验室都需要"室内阴凉、通风良好、不潮湿、避免粉尘和有害气体侵入，并尽量远离振动源、噪声源等"的共同要求。不同功能的实验室由于试验工作的需要还有各自的特殊要求。

（1）天平室

① 天平室的温度、湿度要求

a. 1、2级精度天平，应工作在（20±2）℃，温度波动不大于0.5℃/h，相对湿度50%～65%的环境中；

b. 分度值在0.001mg的3、4级天平，工作温度为18～26℃，温度波动不大于0.5℃/h，相对湿度50%～75%；

c. 一般生产企业化验室常用的3～5级天平，在称量精度要求不高的情况下，工作温度可以放宽到17～33℃，但温度波动仍不宜大于0.5℃/h。相对湿度可放宽至50%～90%；

d. 天平室安置在底层时应注意做好防潮工作；

e. 使用"电子天平"的实验室，天平室的温度应控制在（20±1）℃，且温度波动不大于0.5℃/h，以避免温度变化影响电子元件和线路的稳定工作，以确保称量的精度。

② 天平室设置应避免靠近受阳光直射的外墙（包括不受暴晒的外墙）。天平不宜靠近窗户放置，也不宜在室内安装暖气片及大功率灯泡（天平室应采用"冷光源"照明），以免因局部温度的不均衡影响称量精度。

③ 有无法避免的振动时应安装专用天平防振台。当环境振动功率和影响较大的时候，天平室宜安置在底层，以便于采取防振措施。

④ 天平室只能使用抽排气装置进行通风。

⑤ 天平室应专室专用，即使是精密仪器，其间也应安装玻璃屏墙分隔，以减少干扰。

（2）精密仪器实验室

①、②、③、④参照前述天平室相应条件。

⑤ 大型精密仪器宜专用实验室安装，最少有独立平台（可另加玻璃屏墙分隔）。

⑥ 精密电子仪器及对电磁场敏感的仪器，应远离高压电线、大电流电力网、输变电站（室）等强磁场，必要时加装电磁屏蔽。

⑦ 实验室地板应致密并防静电，不要使用地毯。

（3）化学分析实验室

① 室内的温度、湿度要求较精密仪器实验室略宽松（可放宽至35℃），但温度波动不能过大（≤2℃/h）。

② 室内照明宜用柔和自然光，要避免直射阳光，当需要使用人工照明时，应注意避免光源色调对实验的干扰。

③ 室内应配备专用的给水和排水系统。

（4）加热室

① 加热装置操作台应使用防火、耐热的不燃烧材料构筑，以保证安全。

② 当有可能因热量散发而影响其他实验室工作时，应注意采取防热或隔热措施。

③ 设置专用排气系统，以排除试样加热、灼烧过程中排放的废气。

（5）通风柜室

① 室内应有机械通风装置，以排除有害气体，并有新鲜空气供给通道和足够的操作空间。

② 本室的门、窗不宜靠近天平室及精密仪器室的门窗。

③ 室内应配备专用的给水、排水设施，以便操作人员接触有毒害物质时能够及时清洗。

④ 本室可以附设于加热室或化学分析室，但排气系统应予以加强，以免废气干扰其他实验的进行。

（6）电子计算机室

① 配备电子计算机的实验室或仪器，除了指明特殊要求的以外，一般使用温度可以控制在 $15\sim25℃$ 之间，波动应小于 $2℃/h$；相对湿度在 $50\%\sim60\%$ 为宜。

② 杜绝灰尘和有害气体，避免电场、磁场干扰和振动。

（7）试样制备室

① 通风良好，避免热源、潮湿和杂物对试样的干扰。

② 设置粉尘、废气的收集和排除装置，避免制样过程中的粉尘、废气等有害物质对其他试样的干扰。

（8）化学试剂溶液的配制储存室　参照化学分析室条件，但需注意避免阳光暴晒，防止受强光照变质或受热蒸发，规模较小的实验室也可以附设于化学分析实验室内。

（9）数据处理室（化验人员办公室）　按一般办公室要求，但不要靠近加热室、通风柜室。

（10）感官检验室　可以参照化学分析室条件，某些有特殊温度、湿度要求者，则可按规定的温度、湿度条件控制。

（11）储存室　分试剂储存室和仪器储存室，供存放非危险性化学药品和仪器，要求阴凉通风、避免阳光暴晒，且不要靠近加热室、通风柜室。

（12）危险物品储存室　用于储存具有危险性的试剂和其他危险

物品。通常应设置于远离主建筑物的结构坚固、符合安全防火规范的专用库房内，并按规定设置明显的安全警示标志。

在实际工作中，应根据化验工作的实际需要与工作量考虑各种类型的专业实验室的设置，尽可能做到既有利于工作的开展又要充分利用资源。

2. 化验室对建筑的要求

（1）化验室的平面尺寸要求　化验室的平面尺寸主要取决于企业生产检验工作的要求，并考虑安全和发展的需要等因素。有关问题将于本章第三节详细讨论。

（2）化验室的高度尺寸

① 化验室的一般功能实验室　操作空间高度不应小于2.5m，考虑到建筑结构、通风设备、照明设施及工程管网等因素，新建的一般化学、物理等实验室，建筑楼层高度宜采用3.6m或3.9m。

② 专用的电子计算机室　工作空间净高一般要求为2.6～3m，加上架空地板（高约0.4m，用于安装通风管道、电缆等用途）以及天花板、装修等因素，建筑高度需高于一般实验室。

（3）走廊

① 单面走廊　适用于狭长的条形建筑物，自然通风效果较好，各实验室之间干扰较小，单面走廊净宽1.5m左右。

② 双面走廊　适用于长而宽的建筑物，实验室成两列布置，中间为走廊，净宽为1.8～2m，当走廊上空布置有通风管道或其他管线时，宜加宽到2.4～3m，以保证空气流通截面，改善各个实验室的通风条件。

③ 安全走廊　对于需要进行危险性较大的实验或安全要求较高的检验室，或者工作危险性不是很大但工作人员较多，或因其他原因可导致发生事故时人员疏散有困难、不便抢救的实验室，需在建筑物外侧建设安全走廊，直接连通安全楼梯，以利于紧急疏散。宽度一般

为 1.2m。

（4）化验室的朝向　化验室一般应取南北朝向，并避免在东西向（尤其是西向）的墙上开门窗，以防止阳光直射实验室仪器、试剂和影响实验工作进行。若条件不允许，或取南北朝向后仍有阳光直射入室内，则应设计局部"遮阳"，或采取其他补救措施。

在室内布局设计的时候，也要考虑朝向的影响。

传统的"遮阳"是混凝土制作的"飘篷"，外形单调，功能单一，而且必须在建筑物建造的时候就同时施工，加上建筑物结构的限制，往往不能获得理想的效果，在实际应用上限制较大。

随着材料科学的发展和新材料的开发应用，"遮阳"除了传统的混凝土结构以外，还可以采用钢结构加玻璃、玻璃钢、有机玻璃或其他能耐受暴晒又能够遮挡阳光的材料制作，从而达到结构轻盈又美观耐用，并且不至于对建筑物构成"负担"的效果。但是要注意所用材料的颜色，避免对实验和人员工作产生干扰。当人们希望利用透过光作为室内采光的时候，会采用半透明的材料作为"遮阳"，此时透过光线的颜色的影响更加显著，一般情况下宜采用"乳白色"的材料。

（5）建筑结构和楼面荷载

① 化验室宜采用钢筋混凝土框架结构，可以方便地调整房间间隔及安装设备，并具有较高的荷载能力。

② 一般办公大楼的楼板荷载为 $200kgf/m^2$（$1kgf=9.8N$），当实际荷载需要超过此数值时，应按实际荷载进行设计。

③ 对于需要荷载量过大，采取加强措施显得不经济的实验室，应安置在底层，以减少建筑投资。

④ 在非专门设计的楼房内，化验室宜安排在较低楼层。

⑤ 化验室应使用"不脱落"的墙壁涂料，也可以镶嵌瓷片（或墙砖），以避免墙灰掉落。

⑥ 有条件的化验室，最好能安装密封的"天花板"。

⑦ 化验室的操作台及地面应进行防腐蚀处理。对于旧有楼房改建的化验室，必须注意楼板的承载能力，必要时应采取加强措施。

（6）化验室建筑的防火　为了避免化验室工作意外事故引起火灾的蔓延，化验室建筑设计时，必须注意以下几点。

1）化验室的建筑和装修　化验室建筑必须依据《建筑设计防火规范》（GB 50016）的要求，按一、二级耐火等级设计和建造，使用的建筑材料应为不燃烧材料、吊顶、隔墙和其他装修材料应采用非燃烧或难燃烧材料。

具有燃烧实验，或者有容易燃烧物质（化学试剂、实验试样、溶剂等）的相关实验室之间的通道或出入口，应设置"防火门"。

2）化验室门与楼梯的距离　位于两楼梯之间的实验室的门与楼梯之间的最大距离为30m，走廊末端实验室的门与楼梯间的最大距离不超过15m，以便于万一发生事故时的人员疏散和抢救工作的进行。

当在不完全符合规定要求的非专用楼房里布置化验室的时候，应把比较容易发生问题的实验室布置在接近楼梯的位置，以利于人员疏散撤离和救援工作的开展。见图2-1。

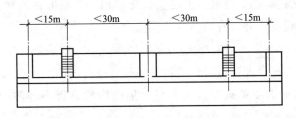

图2-1　疏散楼梯至实验室门之间的距离

3）化验室通道净宽　净宽是指建筑物的各种通道，扣除由于安装各种管道、消防器材、各种储物柜、架等设施，以及打开的门、窗扇等因素占用的空间后，实际能够用于人员通行的道路宽度。

表 2-1 是从防火疏散的角度，按楼房的楼层、工作人员人数计算的通道（门、楼梯及走廊）的最小宽度（系数）。

表 2-1　通道（门、楼梯及走廊）的最小宽度

楼　层　数	1～2	3	≥4
宽度/（m/100 人）	0.65	0.8	1.0

实际设计时的最小宽度尺寸，楼梯为 1.1m，走廊为 1.4m，门为 0.9m。当人数最多的楼层不在底层时，该楼层的人员通过的各层的楼梯、走廊、门等通道均应按该楼层的人数计算，当楼层人数少于 50 人时，"最小宽度"可以适当减少。

为确保人员安全疏散，走廊上应尽量不要放置储物柜、架，和其他有碍于通行的物品。

专用的安全走廊不得安装任何可能影响疏散的设施，对于一些确有必要在安全走廊上安置的配套安全设施，必须安置牢固，不可随意移动，并确保通道净宽不小于 1.2m，通道顺畅。

4）化验室出入口　出入口是人员工作乃至发生危险的时候的安全撤离，和应急救援的必经之路，故因化验室的面积大小有不同的要求，单开间的实验室可以设置一个门，双开间或以上的实验室应有两个出入口，如果两个出入口不能全部通向走廊时，其中之一可通向邻室，或在隔墙上留有可以方便地出入的安全通道。

5）化验室的危险物品储存室的防火措施　化验室的"危险物品储存室"必须按照《危险化学品仓库建设及储存安全规范》（DB 11/755）要求设置（含新建或改建），并报送安监部门进行安全条件审查。

①"危险物品储存室"应设置于远离主建筑物、结构坚固并符合防火规范的专用库房内。有防火门窗，通风良好，有足够的泄压面积；

② 设置"危险物品储存室"的建筑物不得有地下室，更不允许把"危险物品储存室"构筑在地下建筑或地下室内；

③ 远离火源、热源、避免阳光暴晒。室内温度宜在 30℃ 以下，相对湿度不超过 85%；

④ 危险物品储存室内照明系统必须符合安全要求，如在储存易燃易爆物品和挥发性腐蚀性物品的库房里采用"防爆"灯具，或用自然光照明；

⑤ 库房内应使用不燃烧材料制作的防火间隔、储存架，储存腐蚀性物品的柜、架，应进行防腐蚀处理；

⑥ 危险试剂应分别存放，挥发性试剂存放时，应避免相互干扰，并方便排放其挥发物质；

⑦ 易燃易爆物品储存库的地面应采用"不发火地板"；

⑧ "危险物品储存室"设置完成后，必须接受安监部门的审查、验收；

⑨ 投入使用的"危险物品储存室"应制定有符合国家规定的危险化学品事故应急预案，并配备必要的应急救援器材、设备；

⑩ 投入使用的"危险物品储存室"应设置明显警示标志，并划定安全控制区域。

(7) 采光和照明　进行精密实验的工作室（精密仪器、化学分析室等），采光系数❶❷应取 0.2～0.25（或更大），当采用电气照明时工作面的照度应达到 150～200lx（勒克斯）❸。

一般工作室采光系数可取 0.1～0.12，电气照明的照度为 80～

---

❶　采光面积与地面面积之比。

❷　为了获得均匀柔和的照明，可以采用大窗户结构，再在普通（或茶色）窗玻璃上加贴"反光薄膜"，以削弱阳光中的紫外线辐射。

❸　当在距离工作面上方 2m 处带反光罩的照明，每 $10m^2$ 面积配备白炽灯 160～200W（或荧光灯 80W）即可达到要求。

100lx。

电气照明灯具一般应布置在工作台上方，离工作台面不宜超过2m，尽量使室内照度均匀，并注意避免炫光对眼睛的影响。对于特别精细工作区，还可以根据需要另加局部照明，以节约能源并提高照明效率（图2-2）。

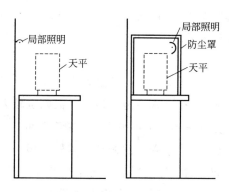

图 2-2　天平室的局部照明

在有裸露旋转机械的工作区，人工照明应避免使用荧光灯具，以免因灯光的"频闪"现象而产生"停转"或"慢转"错觉❶。

使用具有感光性试剂（如银盐等）的实验室，因该类试剂易受强光（尤其是紫外线，包括大功率的日光灯、汞灯等）的影响，可能导致较大的测量误差，在采光和照明设计时应予以注意，必要时可以加"滤光"装置以削弱紫外线的影响。

凡可能由于照明系统引发危险性，或有强腐蚀性气体的环境的照明系统，在设计时应采取相应防护（如密封或使用"防爆灯具"等）措施。

为充分利用自然光线，布置实验台时应尽量避免背光摆放。

---

❶　近年来很多地方使用的"LED"照明，质量不好的也有"频闪"现象发生，必须注意。

三、化验室的防振

1. 环境振源

（1）环境振源的特征

① 自然振源　由大自然中的事物自然运动引起的振动，如风、海浪和地壳内部的变动等因素引起的振动，自然振源的振幅一般情况下仅有百分之几微米到十分之几微米，对实验室的仪器设备基本上不发生影响。

② 人工振源　由机械冲击、车辆运行等人为原因引起的地表振动称为"人工振源"，振动常由地表传播，振幅也较大，接近振源时（即近场振源），振动频谱一般不平坦，振幅有时可达几十微米；远离振源时（即远场振源），接受到的振动频谱较平坦，振幅在十分之几微米到几微米之间，对仪器的影响情况各不相同。

人们把自然振源与人工振源合称为"环境振源"，然而，在实际工作中发生影响的主要还是近场的人工振源。

（2）实验仪器和设备的"允许振动"　在保证仪器设备能够正常工作并达到规定的测量精度的情况下，加上安全系数的考虑后，在其支撑结构表面上所允许的最大振动值，称为"允许振动"。

化验室的防振，其实质就是通过采取一系列防振和隔振措施，使外来振动对仪器、设备支撑结构表面上的影响小于仪器和设备的"允许振动"，以保证其正常的测试和其他工作。

由于实施"防振"需要投入，因此，在进行化验室设计的时候，应该根据不同仪器设备的"允许振动"的具体要求，采取适当的防振措施，从而降低基建成本，做到少花钱多办事。

2. 化验室设计的防振

由于不同的环境振源对化验室仪器、设备的影响各不相同，因此在进行化验室设计的时候，必须根据振源的性质差异采取不同的防振措施。

① 尽量远离振源，避免受到影响，通常是在选址和总体布局时考虑。

② 对于无法避免的振动，应根据振源的实际情况采取相应措施，尽量减少其影响。

a. 配备一、二级防振要求的精密仪器和设备的实验室，必须考虑地面的脉动和远场振源的影响，其他级别的仪器和设备则主要是考虑近场振源的影响（参见本书附录一表1）。

b. 近场振源中的锻锤、冲床、汽车及火车、采矿爆破作业等振动，能量大，并长期存在，对仪器设备影响也大，应予认真考虑。

c. 土建施工打桩、爆破作业等属于"临时性"振源，在化验室设计时可以不必考虑（必要时采取临时性的简易减振台或减振垫）。

d. 其他振动，属于周期性振动的，其振幅一般较稳定，影响相对较小；非周期性振动，振幅常具有"爆发性"，影响通常较大。但是无论是哪种振动，其功率越大影响越大，由于情况复杂，在设计时应视实际情况采取适当的防振措施。

e. 人们的走动、门窗的开关、搬运物品等引起的近场振动，一般地说振动能量较小，而且不持续，可根据具体情况留在实验室的局部防振设计时考虑。

③ 当化验室与振源的距离小于"防振间距"（见本书附录一表2），或者无法确定防振间距的时候，应根据具体情况采取适当的"隔振措施"，以消除振源的不良影响。

3. 化验楼和化验室的隔振

（1）化验楼的整体隔振措施　在受振动影响较大的建筑物的周围构筑"防振沟"，可以有效地隔断（或削弱）近场环境振动的传播，消除环境振源对建筑物的影响。

防振沟一般是深 2.3~3m、净宽 0.4m 以上的壕沟,其间填充一定尺寸的碎石及粗砂(也可以垫以若干厘米厚的玻璃棉下脚料作隔层),即可取得隔断振动传播的效果。防振沟可以单独建造,也可以与排水沟结合构筑(图 2-3)。

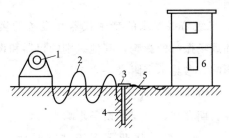

图 2-3　防振沟的应用

1—振源;2—原振动波;3—盖板;4—防振沟;

5—次生振动波;6—建筑物

(2)化验室内部的隔振措施　化验室的内部隔振,通常可以分为主动隔振(又称"积极隔振")措施和被动隔振(又称"消极隔振")措施两种(图 2-4)。

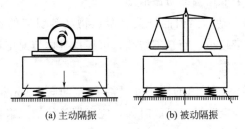

(a)主动隔振　　　　(b)被动隔振

图 2-4　隔振措施

1)主动隔振措施　实质上是采取各种可以采取的措施,设法减少设备运行中产生的振动能量通过支撑的输出,从而减少对精密仪器设备的干扰。通常的做法有 3 种。

① 加大动力设备基础的尺寸和总重量,降低设备自身振动。

② 在设备基础内加隔振装置,隔断(或削弱)振动输出。

③ 建造"隔振地坪",在建筑物底层的精密仪器实验室及其他防振要求较高的房间里,构筑质量较大的整体地坪,其下垫以粗砂及适当的隔振材料,周围再用泡沫塑料等具有减振和缓冲性的物质使地坪与墙体隔开,作用相当于"室内防振沟"(图 2-5)。

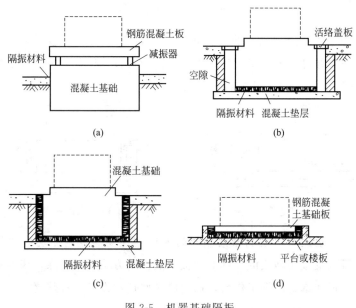

图 2-5 机器基础隔振

2) 被动隔振措施 数量不多的精密仪器,或者要求特别高的仪器设备,采取"主动隔振措施"可能显得不经济,可以考虑采取"被动隔振措施",减少通过支撑结构的振动传递的影响。常用的被动隔振措施如下。

① 使用减振器或减振垫 常用橡胶或弹簧减振器(图 2-6 为弹簧的布置方法),或者是软木、乳胶海绵、玻璃纤维隔振垫片等,自振频率可小至 3～4Hz,适用于较高频率的振动干扰场合。

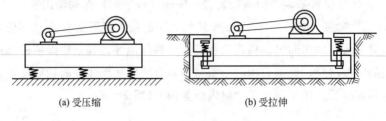

(a) 受压缩   (b) 受拉伸

图 2-6   弹簧的布置方法

② 使用悬吊式隔振器   自振频率可低至 $1\sim2Hz$，适用于对水平振动要求较高，外界干扰频率较低，而同时仪器设备自身没有干扰振动的情况（图 2-7，图 2-8）。

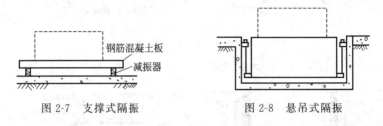

钢筋混凝土板

减振器

图 2-7   支撑式隔振   图 2-8   悬吊式隔振

一些运用"主动隔振措施"尚未达到预期的控制振动传递目标的，可以继续用适当的局部的"被动隔振"方法予以消除，获得效果很好的低成本的防振工作台，以适应某些仪器设备的特殊要求。

4. 常用减振器与隔振材料

（1）减振器

① 剪切减振器   具有承载能力较强、自振频率较低（约 $5Hz$）、安装方便、阻尼较大的优点，已广泛应用于实践（图 2-9）。

② 钢弹簧减振器   具有材质均匀、性能稳定、承载能力高、耐久性好等优点。圆柱弹簧隔振系统的自振频率一般为 $2\sim3Hz$。

③ 空气弹簧减振器   自振频率约 $3\sim5Hz$，适用于光栅刻线机、电子显微镜及精密计量仪器的隔振（图 2-10）。

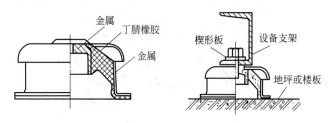

图 2-9　剪切减振器及其安装简图

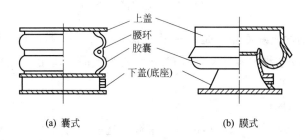

(a) 囊式　　　　　　　　(b) 膜式

图 2-10　空气弹簧减振器

④ 组合式减振器　一种弹簧-橡胶组成的组合结构，具有弹簧和橡胶两种减振材料的特性，用途广泛（图 2-11）。

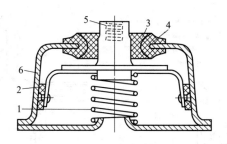

图 2-11　组合式减振器

1—钢弹簧；2—橡皮缓冲圈（限制圈）；3—橡皮套管；

4—硬橡皮套管；5—带螺纹的杆身；6—外壳

⑤ 薄板式减振器　在两（或三）层金属板之间，粘贴橡胶减振层，本质还是橡胶的减振作用，因整体结构方便使用（图 2-12）。

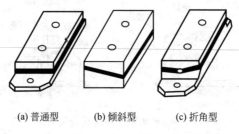

(a) 普通型   (b) 倾斜型   (c) 折角型

图 2-12　薄板式减振器

⑥ 钢丝绳减振器　是一种悬吊式非线性减振器，减振效率高、造价低、安装维护容易。市售有 SJ 型定型产品，适用于电子仪器设备的隔振。

（2）隔振材料

① 玻璃纤维　隔振性能好，来源广泛、容易施工、成本低，但只有在作用力的垂直方向才起隔振作用，属单向隔振材料，广泛应用于基础隔振（图 2-13）。

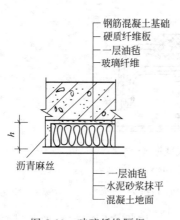

图 2-13　玻璃纤维隔振
基础结构

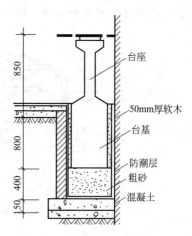

图 2-14　底层高精度
仪器台（软木隔振）

② 软木　是传统的隔振材料。由于容易永久变形而失效，故作用在软木上的压应力只能选取在 $0.06\sim0.1$MPa 范围内（图 2-14）。

③ 人造海绵　隔振体系自振频率在 5Hz 以下，且能吸声。但承载能力较小、容易老化，故一般只用于能够方便更换的精密仪器设备的隔振。

④ 沥青　属可塑性材料，可用作隔振材料的胶黏剂，也可以用疏松材料吸收后作隔振垫层，用于基础隔振。但由于会污染环境，使用渐少。

⑤ 隔振胶液　主成分为氯丁橡胶，填料多为疏松物质，用以黏合各种隔振材料，具有较强隔声及阻尼作用。其耐久性优于沥青。

5. 常用减（隔）振措施应用实例（图 2-15～图 2-20）

（1）隔振工作台。

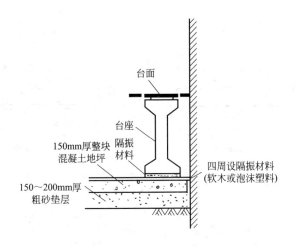

图 2-15　天平室整体垫层作法

（2）台面隔振结构（图 2-16～图 2-18）。

（3）隔振地板结构（图 2-19）。

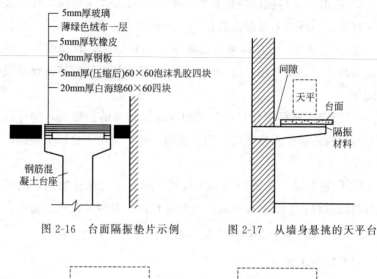

图 2-16　台面隔振垫片示例

图 2-17　从墙身悬挑的天平台

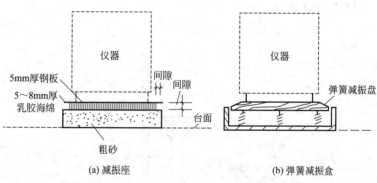

(a) 减振座

(b) 弹簧减振盒

图 2-18　台上附加减振设施

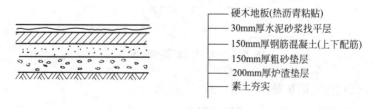

图 2-19　隔振地板及其结构

（4）机房的隔振结构（图2-20）。

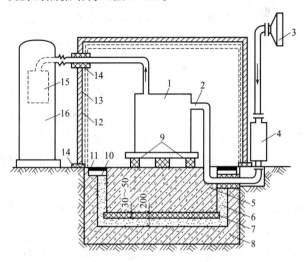

图 2-20　机房的隔振结构

1—压缩机；2—进气管道；3—过滤器；4—抗性消声器；5—基础；

6—粗砂砾；7—工业用毡；8—防水坑；9—隔振器；10—空隙；

11—橡皮盖板；12—隔声罩；13—吸声饰面；14—隔振垫；

15—储气罐的消声器；16—储气罐

第二节　化验室的通风和水、电的供应

一、化验室的通风、采暖和空气调节

化验工作可能产生有害废气，既影响工作人员健康，也给实验工作带来不便和干扰，因此必须搞好通风设施。

1. 自然通风

自然通风是最常用的通风形式，其优点是不消耗能量，但当实验室内空间较大，或共用通道有较多房间时，则效果较差。

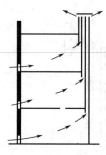

图 2-21　有组织的自然通风

在房间内侧修建通风"竖井",可以引导气流按一定方向流动,称为"有组织的自然通风",能提高通风效果(图 2-21)。

2. 机械通风

自然通风的空气来源于室外,容易带入灰尘等外界因素,同时当实验产生较多不良气体时,通风换气往往不能满足需要。因此,某些实验室需要安装抽风机或排气扇强制换气(局部或全室),这就是"机械通风"。

使用机械通风装置的实验室,应在房间的进风口安装适当的过滤器(如玻璃棉等"粗效"过滤物质),以阻隔由于气流快速流动而带入的室外灰尘和其他干扰物。某些实验室需要较为洁净的实验环境,则使用机械通风(以形成过滤动力)成为必需方式(图 2-22)。

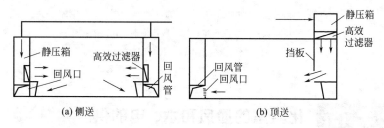

图 2-22　机械通风装置

在进行气体实验,包括使用气体和在实验中有气体产生的实验(如通风柜、蒸发浓缩实验等)的实验室,必须安装应对发生气体(或蒸汽)泄漏的机械排除通风系统,以保证安全。

3. 采暖

在较高纬度地区,由于冬季气温较低,化验室必须加装暖气系统以维持适当的室温。但无论是电热还是蒸汽,均应注意合理布置,避免局部过热（最好使用较低温度的热媒和大面积的散热器）。

天平室、精密仪器室和计算机房不宜直接加温，可以通过由其他房间的暖气自然扩散的方法采暖。

安装暖气装置的时候，还要注意不要影响人员在工作中走动时的安全。

4. 空气调节

实验精度要求较高的实验室，尤其是精密计量、实验仪器或其他精密实验器械及电子计算机，它们对实验室的温度、湿度有较高的要求，这时需要考虑安装"空气调节"装置，进行空气调节，即通常说的"空调"。空调布置一般有 3 种方式。

（1）单独空调　在个别有特殊需要的实验室安装分体式空调机，空气调节效果好，可以随意调节，能耗较少。

（2）部分空调　部分需要空调的实验室，在进行设计的时候把它们集中布置，然后安装适当功率的大型空调机，进行局部的"集中空调"，可以实现部分空调又降低噪声的目的。

安装使用多台"一拖二""一拖三（或更多）"的分体空调机，则可以把噪声显著降低。

（3）中央空调　当全部实验室都需要空调的时候，可以建立全部集中空调系统，即所谓"中央空调"。集中空调可以使各个实验室处于同一温度水平上，有利于提高检验及测量精度，而且集中空调的运行噪声极低，可以保持化验室环境安静。缺点是能量消耗较大，且未必能满足个别要求较高的特殊实验室的需要。

实验室采用空调的方式，应视实验室的具体需要而定，不能一概而论。实际上，在采用中央空调的系统中，由于某一个或几个实验室的特殊需要而另行安装"单独空调"或加装"抽湿机"，形成"混合空调"系统的情况并不少见。

某些对室内的空气洁净度要求较高的实验室，往往采用单独空调，以利于单独使用"中效"或"高效"的空气过滤器，以净化室内空气。在普通空调的实验室内安装使用专用的"洁净工作台"，也可以获得局部较高洁净度的工作空间，能有效地降低能量消耗而提高实验环境质量（图 2-23，图 2-24）。

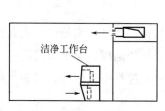

图 2-23　局部净化设备

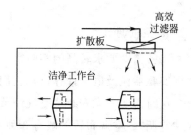

图 2-24　洁净室内的洁净工作台

设置空调的实验室除了需要安装空调设备以外，还需要对室内的地坪、墙面、吊顶以及门、窗等建筑及附件采取隔热措施。

即使是带有"自动换气"装置的空调系统，由于整机换气通道的限制，在运行中的实际换气效果往往不能够满足人员和实验工作的需要，室内空气发"闷"，在设计的时候应设法解决。

空调的建设和运行费用均较大，特别是"中央空调系统"，是否采用，或者采用什么方式，需谨慎考虑。

二、化验室供电系统

化验室的多数仪器设备在一般情况下是间歇工作的，也就是说多属于间歇用电设备。但是，这些仪器设备在特定的实验中却存在一定的内在联系，环环相扣，甚至直接"接力"。所以，实验一旦开始就不能发生电力中断现象，否则可能使实验中断，影响实验的精确度，甚至导致试样损失、仪器或装置破坏以致无法完成试验。因此，化验室的供电线路宜直接由企业的总配电室引出，并避免与大功率用电设备共线，以减少线路电压波动。

有备用电源的单位，应向化验室提供备用电源线路。

化验室供电系统设计的时候，要注意下列 8 个方面。

（1）化验室的供电线路应给出较大宽余量　输电线路应采用较小的载流量，并预留一定的备用容量（通常可按预计用电量增加 30％ 左右）。

（2）各个实验室均配备三相和单相供电线路　以满足不同用电器的需要。

（3）每个实验室均应设置电源总开关　以方便地控制各实验室的供电线路。有条件的单位最好能够在实验室内和室外同时安装处于串联状态的"总开关"，以便于在紧急状况下，在室内或者室外都可以及时进行切断电源的"应急操作"。

对于某些必须长期运行的用电设备，如冰箱、冷柜、老化试验箱等，则应专线供电而不受各室总开关控制（可以由化验室的总配电室供给和控制）。

在运行中切断电源可能引发不良效应的实验室，应在化验室总配电室（柜）设置独立开关供电。

（4）化验室供电线路应有良好的安全保障系统　化验室供电线路应配备安全接地系统，总线路及各实验室的总开关上均应安装漏电保护开关及过流保护开关❶，在潮湿环境工作的电器应配备独立的漏电保护开关。所有线路均应符合供电安全安装规范，确保用电安全。

有机会与人体直接接触（或近距离接近）的低压电路，其高压端与外线路的连接，最好安装"隔离变压器"，以避免"高低压"之间的"电力窜通"或高压感应引起的"电击"危险。尤其是系统内没有降压变压器的"数字式低压稳压供电系统"，运行的时候甚至可以测

---

❶ 目前国内的漏电保护开关采用"差异响应技术"，对均衡的超额电流甚至短路电流均不响应。

量到远超过 36V 安全电压的感应电压，以至有些操作者感觉到有"麻电"现象，必须引起重视。

（5）要有稳定的供电电压　在线路电压不够稳定的时候，可以通过交流稳压器向精密仪器实验室输送电能，对特别要求的用电器，可以在用电器前再加二级稳压装置，以确保仪器稳定工作（这类仪器通常都自带"稳压"设施，但是在外部线路电压波动过大的情况下，未必能够保证仪器平稳工作）。

（6）避免外电线路电场干扰　必要时可以加装滤波设备排除。

（7）配备足够的供电电源插座　为保证实验仪器设备的用电需要，应在实验室的四周墙壁、实验台旁的适当位置配置必要的三相和单相电源插座（以安全和方便为准，并远离水盆和燃气）。

通常情况下，每一实验台至少应有 2～3 个三相电源插座和数个单相电源插座，所有插座均应有电源开关控制和独立的保险（熔丝）装置。

（8）化验室室内供电线路应采用护套（管）暗敷。

在使用易燃易爆物品较多的实验室，还要注意供电线路和用电器运行中可能引发的危险，并根据实际需要配置必要的附加安全设施（如防爆开关、防爆灯具及其他防爆安全电器等）。

三、化验室的给水和排水系统

1. 化验室给水的任务

在保证水质、水量和供水压力的前提下，从室外的供水管网引入进水，并输送到各个用水设备、配水龙头和消防设施，以满足实验、日常生活和消防用水的需要。

（1）直接供水　在外界管网供水压力及水量能够满足使用要求的时候，一般是采用直接供水方式，这是最简单、最节约的供水方法。

（2）高位水箱供水　属于"间接供水"，当外部供水管网系统压力不能满足要求或者供水压力不稳定的时候，各种用水设施将不能正常工作，此时就要考虑采用"高位储水槽（罐）"即常见的水塔或楼顶水箱等进行储水，再利用输水管道送往用水设施。

（3）混合供水　通常的做法是对较高楼层采用高位水箱间接供水，而对低楼层采用直接供水，可以降低供水成本。

（4）加压泵供水　由于"高位水箱"供水普遍存在"二次污染"问题，对于高层楼房使用"加压供水"已经逐渐普及，此法也可用于实验室，但在单独设置时运行费用较高。

2. 化验室的排水

由于实验的不同要求，化验室需要在不同的实验位置安装排水设施。

（1）排水管道应尽可能少拐弯，并具有一定的倾斜度，以利于废水排放。

（2）当排放的废水中含有较多的杂物时，管道的拐弯处应预留"清理孔"，以备必要之需。

（3）排水干管应尽量靠近排水量最大、杂质较多的排水点设置。

（4）注意排水管道的腐蚀，最好采用耐腐蚀的塑料管道。

（5）为避免实验室废水污染环境，应在实验室排水总管设置废水处理装置，对可能影响环境的废水进行必要的处理。

四、化验室"工程管网"布置

1. 工程管网的组成

工程管网包括供水管道、电线管道、进风管道、燃气管道、压缩空气管道、真空管道等各种供应管道，以及排水、排风管道等各种排放管道系统。

管网系统通常由总管（室外管网接入化验室内的一段管道）、干管和连接到实验台（或实验设备）的支管构成。

2. 工程管网的布置原则

工程管网牵涉面广，各种管道各有特点和不同要求，必须认真对待，其布置的基本原则如下。

（1）工程管网布置、管道的间距和排列次序应符合安全要求，管道的材质、压力等级、制造工艺、焊接、安装质量必须符合国家有关规定，具有良好的密闭性能。并便于安装、维护、检修、改造和增添等施工需要。

（2）可燃气体或易燃液体管线应妥善接地或安装静电导除设施。

（3）压力管线要有防止高低压窜气、窜液的隔离装置等安全设施。

（4）在满足实验要求的前提下，尽量使各种管道的线路最短、弯头最少，以减少系统阻力和节约材料。

（5）根据管线输送物料的种类加上颜色（或文字）标志，并尽可能做到整齐有序、美观大方。

3. 工程管网的布置方式

（1）干管有适用于多层实验楼的垂直布置，以及适用于单层实验室的水平布置两种基本方式，大型实验楼由于实验室的分布存在分层分布和楼层分布的混合分布现象，其"干管"的布置也采用混合布置方式。

当干管垂直布置时，通常需要建专用干管竖井（或在建筑物的特定位置设置干管支架）。

（2）支管布置常采用沿建筑物天花板水平布置方式，然后再从天花板垂直向下连接到实验台；另一种方式是把支管从楼板下向上穿孔由实验台底下接入实验台。

前者悬空的支管使实验室空间有杂乱的感觉；后者空间感好，但施工困难较大。具体应根据实际需要做决定。

为了避免对其他楼层的干扰，单层的实验室一般不采用"穿楼板"结构。

如果采用半岛式实验台，也可以把干管靠墙设置，然后把支管连接到实验台上，但实验台和其他设施的布置局限性较大。图 2-25 为供应系统管道布置示例。

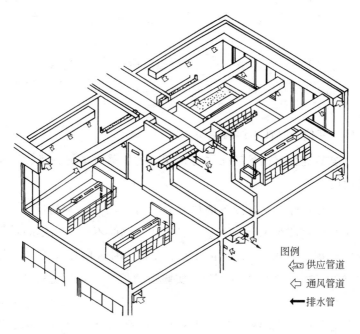

图例
⇦ 供应管道
⇦ 通风管道
← 排水管

图 2-25　供应系统管道布置示例

第三节　化验室的设计

一、化验室的建设规划

化验室的建设规划是化验室具体设计的指导思想，其依据来源于化验室的实际检验工作要求。

建设一个完善的化验室，必须对如下问题有确切的了解。

1. 企业产品质量检验的要求

（1）基本检验工作的要求　根据生产检验的需要设置日常检验仪器、设备和辅助装置的工作台及相关场所。

（2）技术进步的要求　增添或更新技术装备的场所等。

（3）服务的需要　包括对基层检验部门的技术服务和支援，以及对外部协作单位的技术服务和支援等临时性服务工作的需要。

（4）内部质量控制工作的需要　适当的专用工作间、标准样品间等。

（5）其他临时性工作的需要。

2. 实现企业产品检验工作必须配备的仪器设备的种类、数量和辅助设施

（1）实验台、仪器设备的放置和运行空间　通常情况下，"岛式"实验台宽度为 1.2～1.8m（带工程管网时不小于 1.4m）；靠墙的实验台宽度为 0.75～0.9m（带工程管网时可增加 0.1m）；靠墙的储物架（柜）宽 0.3～0.5m。实验台的长度一般是宽度的 1.5～3 倍。

通道方面，实验台间通道宽一般为 1.5～2.1m，实验台端通道宽不小于 1.25m，岛式实验台与外墙窗户的距离一般 0.8m（图 2-26）。

1 台分析天平需要占用工作空间为 3～4m^2，2 台天平需要 5～6m^2，4 台以上天平每台需 2m^2。通常情况下天平台面宽度为 0.6～0.7m，高为 0.7～0.75m。

（2）精密、大型、专用仪器设备的放置空间，配套设施的使用空间　普通精密仪器连准备室（或准备工作台），每台仪器通常需要 8～10m^2，一台大型精密仪器则需要 15～25m^2，甚至更大的室内

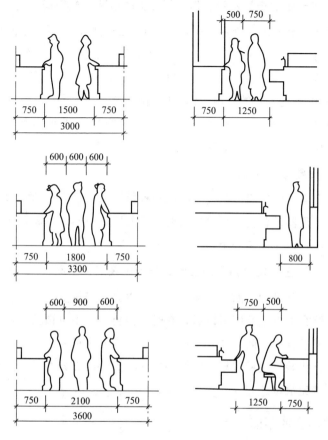

图 2-26 实验台与通道距离

（单位：mm）

空间。

（3）辅助装置的放置空间 不同的仪器设备需要的辅助装置各有不同，占用的空间也不同，需根据实际情况而定。

通常情况下，大型精密仪器都需要配备专用的辅助实验室，以进行试样的预处理和实验后的废样品的处置。

3. 实现企业产品检验工作必须配备的检验人员空间

通常情况下，一般每位实验人员工作的时候，其活动空间加上实验台纵向尺寸需要 1.5～1.8m，而且化验人员经常是一个人进行多项分析检验工作，因此，每一位化验人员往往需要占有 15～50m² （必要时可以更大）的室内工作区间面积。

同时还要考虑与工作人员人数相适应的配套辅助设施，如更衣室、储存室、洗浴间等建筑面积。

4. 安全需要的空间

安全需要的空间包括安全疏散和抢救用通道等需要的空间。

某些仪器设备在运行时也需要一定的回转空间，也需要同时考虑予以留出，以保证其安全运行。

5. 配合企业发展需要的检验工作的远景规划空间

在可以预见的时间内的发展，应予以充分安排空间。

在综合考虑上述因素以后，有时还需要为"不可预见因素"再留出适当的"预留空间"（"安全系数"），才能做出最后规划。

进行化验室建设规划的时候还要注意资源的充分利用，注意投资效率，避免浪费。

二、化验室的平面布置

1. 常见化验室平面布置实例

（1）单室布置 把所有实验集中于一个实验室内，如图 2-27、图 2-28 所示。适用于检验类型和项目比较少的小型企业。

（2）多室布置 如图 2-29 所示。

（3）专室布置 把某些项目分解为多个环节，分别以专室形式进行布置。这种布置通常用于使用精密仪器的实验室，如图 2-30、图 2-31 所示。

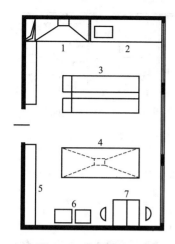

图 2-27　化学检验室

1—通风柜；2—实验台及恒温水槽；

3—化学实验台；4—水磨石实验台

及排风罩；5—辅助边台；

6—天平；7—工作台

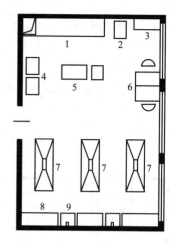

图 2-28　热性能测定实验室

1—水磨石实验台（炉子）；2—热天平；

3—柜；4—烘箱；5—差热分析；

6—工作台；7—水磨石光学实

验台；8—辅助边台；9—水槽

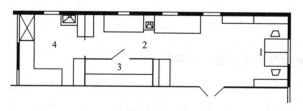

图 2-29　某小型化工厂化验室平面布置（16m×4m）

1—化验人员办公室；2—容量分析实验室；

3—天平及仪器室；4—加热器及通风柜室

（4）综合布置　如图 2-32～图 2-34，这种布置可以充分发挥各专业室的作用，又便于不同专业室之间的交流，有利于开展工作。因此，为多数企业所采用。

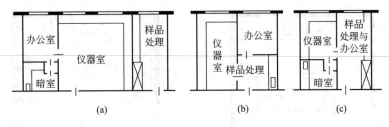

图 2-30　电分析室平面实例（3 种）

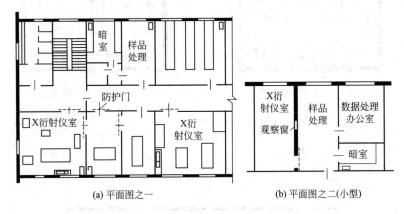

图 2-31　X 衍射仪分析室

2. 危险物品储存室设计实例

图 2-35 是一个用于危险试剂和普通试剂混合存放的危险试剂储存室。室内沿墙壁布置有混凝土制作的储物架，各种化学试剂均分类分区分间存放。

按设计，该室允许存放易燃物品 50kg 以下，腐蚀品及氧化剂均不超过 100kg，可以供一般中、小型化工企业或大型非化工企业的化验室储放化学试剂和其他化学品。

为了安全，本危险物品储存室不设人工照明及各种电器设施，仅使用自然光或手电筒照明。

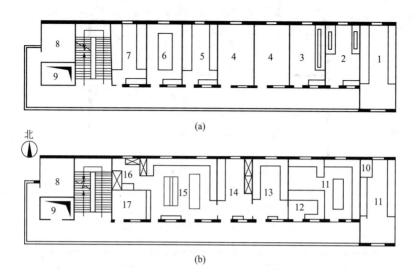

(a)

北

(b)

图 2-32　某橡胶厂理化检验室

1—磨耗试验室；2—机械式拉力试验室；3—电子拉力机室；4—物理室办公室；5—应

力试验室；6—样品解剖室；7—老化室；8—更衣室和卫生间；9—电梯间；10—暗室；

11—精密仪器室；12—天平室；13—低温加热室（烘箱）；14—高温炉室（附通

风柜）；15—化学分析室；16—水浴室（附通风柜）；17—化验室办公室

（其中 1、2、3、10、11、12 室为空调室）

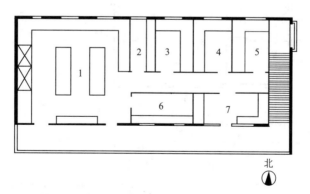

北

图 2-33　某化工厂化验室平面图 （24m×10m）

1—化学分析室；2—标准溶液室；3—天平室；4—极谱室；

5—色谱室；6—加热室；7—分析试样制样室

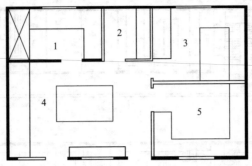

图 2-34　某农药厂环境监测站（10m×6m）

1—试样准备室；2—天平室；3—色谱室；

4—化学分析室；5—紫外分光光度计室

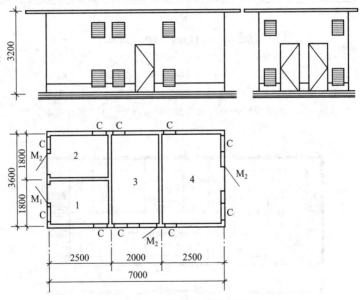

图 2-35　危险试剂储存室

1—易燃品室；2—腐蚀品室；3—还原剂及普通有机试剂；4—氧化剂及普通

无机试剂；M_1—800×1800 防火门；M_2—800×1800 钢板门；

C—预制混凝土百叶窗

（单位：mm）

三、化验室设计的实施

1. 根据化验室建设规划确定专业实验室类型和数量

（1）确定专业实验室类型　根据实验室的工作性质和工作要求分类，必要时可以把具有"兼容性"的实验室归并。

（2）计算不同类型实验室平面空间面积　不同净空高度要求的实验室必须分别统计，不同荷载要求（特别是超过楼板或地坪荷载要求）的实验室也要分别计算。

2. 根据专业实验室的工作任务确定室间组合

不同服务对象的实验室可以考虑分别设置，避免互相影响。

3. 配合建筑"模数"要求确定实验室的"开间"和分隔

如图 2-36，实验室的开间与建筑"模数"配合，可以降低建筑费用。利用旧建筑改造的实验室也应该尽量配合原建筑结构，以减少改造的基建投入。

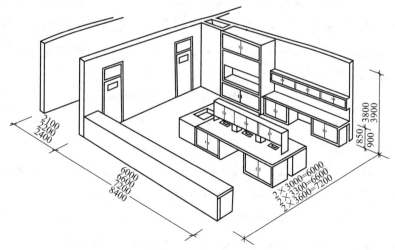

图 2-36　实验室开间与建筑"模数"

（单位：mm）

（1）实验室建筑常用"开间"模数

① 框架结构　是目前常用的建筑结构，其"开间尺寸"比较灵活，常用的柱距有 4.0m、4.5m、6.0m、6.8m 和 7.2m 等。

② 混合结构　这是在旧式建筑中常见的结构，"开间尺寸"受建筑材料和结构限制，一般为 3.0m、3.3m 或 3.6m，则实验室的实际开间可以取其整数倍。

新建的化验室一般不再采用这种结构。

（2）进深模数　实验室的"进深"主要取决于实验台的长度，以及其布置形式（岛式或是半岛式），还有是沿墙壁布置的"靠墙实验台"尺寸。目前常用的进深模数有 6.0m、6.6m、7.2m 乃至 8.4m 等，视具体需要并考虑通风、采光条件等因素决定。

4. 根据安全和防干扰原则调整实验室组合

各功能实验室的平面组合，主要考虑如下问题。

（1）方便开展实验工作，避免室间干扰，注意各功能实验室的基本要求，一般情况下是工作联系密切或要求相似的实验室相邻布置，有干扰的实验室尽量远离布置。必要时可以对高温加热室的墙体加隔热屏障，以减少对邻室的影响。

（2）便于给排水、供电及其他工程管线的布置。

（3）容易发生危险的实验室，应布置在便于疏散且对其他实验室不发生干扰（或干扰较少）的位置。

（4）可能发生燃烧、爆炸的实验室要考虑灭火禁忌；凡使用灭火剂有可能发生干扰的实验，应分室布置。

（5）总体布局要符合安全要求。

5. 绘制单个实验室平面图和全化验室总体组合布置图

（1）根据实验室规划，绘制单个实验室平面布置图，如图 2-37

为几种单室布置的实验室。应尽可能详尽，以利于实验室建成后的室内装修和实验设施定位。

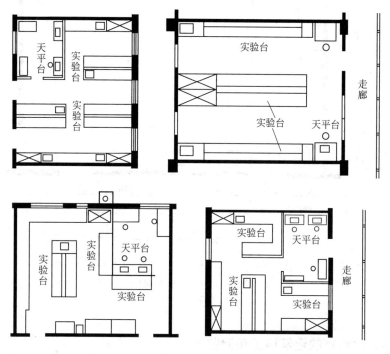

图 2-37　几种单室布置的实验室（有些加玻璃屏墙分隔）

（2）总体组合平面布置图的绘制，图 2-38 为某化学分析检验室平面布置图。应显示主要用电、用水和主要工作台位置，以利于配套设施（包括工程管网、环保设施等）的设计。

（3）为利于建筑设计部门进行建筑设计，应对允许修改的尺寸范围做出尽可能详尽的说明。

为保证化验室职能的充分发挥，由建筑设计部门完成的实验室建筑设计图纸，在最后定案前应征得化验室认同。

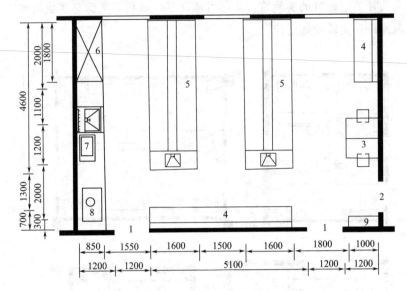

图 2-38　某化学分析检验室平面布置图

1—出入口；2—天平室入口；3—办公台；4—辅助边台；5—半岛式实验台；

6—通风柜；7—水浴锅；8—烘箱；9—边台

（单位：mm）

四、化验室的建筑施工和验收

（1）化验室的建筑应由具有注册资格的建筑施工队伍施工。不具备规定资质的施工队伍，施工质量具有多变因素，对化验室这样高要求的建筑将产生不良影响。

（2）化验室建筑施工应符合国家建筑法规和施工规范。化验室建筑属于高标准的建筑，必须严格执行施工规范。

（3）化验室的建筑必须经过验收才能投入室内装修和使用，化验室的建筑验收必须符合国家的标准规范，在进行化验室建筑工程验收时，应邀请化验室负责人和有关工程技术人员参加。

在建筑施工过程中，应适时进行现场检查，避免完工后再拆修，以免造成浪费及影响建筑物的功能。

（4）化验室建筑验收完成以后，必须由合格的施工队进行室内装修整饰，并安装工程管网和各种辅助设施，以便实验台、支架和仪器设备定位和投入运行，发挥实验室的功能。

（5）化验室室内装修整饰、工程管网及各种辅助设施的安装工程，完工后同样必须经过验收，合格后才能进行后续的室内布置。

经济的发展也催生了"实验室装备"制造和装修行业。对于缺乏实验室建设经验的生产企业而言，无疑是一种"福音"。但是，由于中国的实验室体系的总体情况一是起步晚，二是发展不均衡，不同行业、不同地区之间，无论是技术力量还是管理水平都有很大参差。由于以往欠缺对相关专业人才的培养，这个行业中的单位及人员几乎都是从一般建筑装修、家具行业转行或者重组形成的，他们对实验室建设未必有充分的认识，有些甚至可以说是毫无认识。因此，委托他们为企业建设化验室，绝不能做"甩手掌柜"。

对于对化验室建设完全没有认识的企业，仍然可以采取向专业测试机构进行咨询的方法，必要的时候可以邀请相关专家参与实验室设计审核，乃至验收等方面的工作，从而实现以比较少的投入建设一个合格的实验室的目的。

化验室正式投入运行后，化验室的基建工作才真正完成。化验室建设的所有图纸、资料均应妥善保存，归入技术档案。

附：实验台简介

（1）岛式固定式实验台　这是最经典的实验台，具有台面空间大、适应性广的优点。但不便组合成其他形式，灵活性差（图2-39）。

（2）组合式实验台　这种实验台实质上是由带有实验台面板的器

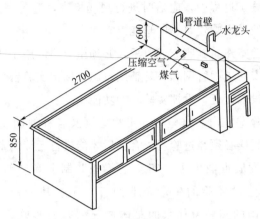

图 2-39　岛式固定式实验台

（单位：mm）

皿柜、管道架和药物架拼合组成，因而可以方便灵活地组合成各种尺
寸要求的岛式、半岛式或靠墙式的实验台（图 2-40）。

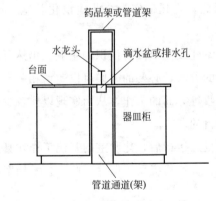

图 2-40　组合式实验台

（3）带双层"算式排气口"的实验台　这种实验台在操作位置上
安装了排气用的算式排气口，特别适用于产生不良气体的化学实验室
（分析室）（图 2-41）。

图 2-41 带双层"箅式排气口"的实验台

习题 ◀◀◀

1. 化验室的建设地址需要什么样的条件？怎样选择？
2. 化验室建筑设计的目的是什么？
3. 化验室防振的主要途径是什么？常用哪些方法？
4. 化验室通风有什么意义？设计时要注意什么问题？
5. 化验室仪器设备对电源有什么要求？为什么？
6. 简述化验室平面尺寸的确定和各功能实验室平面组合的基本原则。
7. 请用 1:50（或 1:100）的比例尺，绘制一个 6m×8m 的单室布置的化验室平面布置图，并按规定标注尺寸。

第三章 >>>

化验室技术装备管理

> **第一节** **概述**

化验室技术装备是实现化验室检验职能的物质基础，包括仪器设备、实验试剂、器材、技术文件等。

一、化验室技术装备管理的意义

技术装备是构成化验室实验能力的重要因素之一。在一个没有必需的实验仪器和其他装备的"实验室"里进行科学实验，并期望获得可信的数据是绝对不可能的。

化验室技术装备的管理，其意义在于充分调动不同类型、不同种属的技术装备的协同和互补作用，以尽可能小的投入发挥其最大效能，实现化验室的部门职能。

二、化验室技术装备管理的基本任务和要求

化验室应获得正确开展化验室活动所需的并影响结果的设备，包括但不限于测量仪器、软件、测量标准、标准物质、参考数据、试剂、消耗品或辅助装置。

1. 化验室技术装备管理的基本任务

（1）根据企业生产检验的需要，组织配备必要的实验仪器设备和辅助实验设施，实现化验室质量检验和其他基本职能。

（2）组织化验室和企业相关部门的管理和技术力量，对化验室技术装备进行科学的管理、维护和保养，以充分发挥技术装备的作用。

（3）根据企业生产发展的需要，规划并组织实施化验室技术装备的更新换代，以适应企业产品开发及质量改进的要求，实现化验室技术与企业发展同步或超前发展，促进企业技术进步。

2. 化验室技术装备管理的基本要求

（1）确保化验室的技术装备处于优良状态，并以优良的仪器装备保证部门职能的实现。

（2）确保化验室的计量技术设施准确可靠地工作，所有技术装备应随时处于受监控状态。

（3）确保化验室的技术装备得到应有的维护保养，由于长期运行而受到"磨损"的技术装备应及时得到修复，损坏或落后的技术装备要及时进行淘汰和更新换代，实现化验室技术与企业发展同步或超前发展，满足企业技术进步的要求。

（4）充分发挥化验室技术装备的投资效益，尽量降低技术装备的运行费用，提高化验室技术装备运行效率，从而降低分析检验工作成本。

（5）化验室使用永久控制（如化验室和专用的化验操作区）以外的设备时，应确保满足《检测和校准实验室能力认可准则》对设备的要求。

（6）化验室应有处理、运输、储存、使用和按计划维护设备的程序，以确保其功能正常并防止污染或性能退化。

（7）当设备投入使用、停用或者维修后重新投入使用前，化验室应验证其符合规定要求。

（8）用于测量的设备应能达到所需的测量准确度和（或）测量不确定度要求，以提供有效的测量结果。

▷ 第二节　化验室仪器设备的管理

仪器设备是化验室必需的"硬件"，化验室仪器设备的管理对发挥化验室的质量职能具有举足轻重的意义。

一、化验室仪器设备管理的目的和任务

化验室仪器设备管理的目的在于充分发挥仪器设备的技术性能和投资效益，为企业的产品质量管理和科研、新产品开发服务，为提高企业经济效益服务。化验室仪器设备的管理内容和层次可以概括为图 3-1。

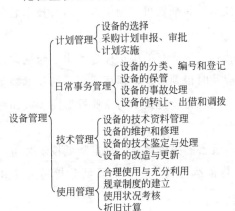

图 3-1　仪器设备的管理内容和层次

利用有效的管理措施，使仪器设备以良好的技术状态为生产、科研及安全服务，最大限度地发挥其投资效益，是仪器设备管理的中心任务。包括以下几个方面。

（1）建立健全的仪器设备管理制度　仪器设备管理是化验室的重要基础管理工作。

（2）正确选择及购置仪器设备　既要达到技术先进又要经济合

理，是选择和购置仪器设备的基本原则。

（3）购进仪器设备应尽快投入使用　仪器设备在购进后，应在达到其规定的技术性能的情况下尽快地投入使用，并按计划进行定期保养、维修，以保持仪器设备的良好技术状态。在修设备应如期修复，使设备提供最大限度的可用时间。

（4）充分而合理地利用仪器设备的技术性能，提高仪器设备的使用效能。

（5）适时更新换代　有目的地进行技术开发，有计划地更新换代淘汰落后的仪器设备，确保仪器设备性能满足检验工作的需要。

（6）控制仪器设备运行费用　建立健全设备档案，把设备保养、维修、改造、更新的费用控制在合理的水平，降低设备运行成本。

二、仪器设备的配备

正确选择和购置仪器设备是降低化验室投资和日常运行及维护费用的关键，是仪器设备管理的重要环节。通常，选择仪器设备需要做好以下两项工作。

1. 仪器设备的技术考察（技术性能评估）

仪器设备的技术考察主要是下列 8 个方面。

（1）功能　必须满足实验要求。

拟购置的仪器设备的功能应与可预见的发展计划任务相适应。"性能不足"的仪器设备当然不应该购置，也要防止选购拥有过多剩余功能的设备，要避免"高档"设备长期低档运行。

不恰当选配仪器也可能造成经济上的不合理开支，并造成检验成本的增加。

（2）可靠性　最基本的要求是耐用、安全、可靠。

可靠性包括精度的保持性、零件的耐用性和安全可靠性。只有精度合乎要求，又有足够的可靠性的仪器设备，才有实用价值。

（3）维修性　结构要合理，要易于维修。

维修性好的仪器设备，一般是构造合理、零件部件组合有规律，易于拆卸、检查和更换，部件容易采购或供应商配备有足够的备用件。在功效和费用相同的情况下，应选择维修性高的产品。

（4）耐用性　耐用性不但包括自然寿命，还要考虑仪器设备在长期运行中精度下降及其与技术进步之间的差距，通常都在事实上缩短了仪器设备的实际可用寿命。

寿命与需要适应才是真正耐用。

（5）互换性　互换性好的新设备可以兼容旧型号设备（或其配件），有些还可以与相关设备方便地衔接，从而提高仪器设备的实际性能。

（6）成套性　选购设备应按实际需要配套，包括单机配套、机组配套和项目配套，以充分发挥主机的功能。切忌为求"新"而购买无法配套的"新型号"设备。

"成套性"还包括仪器设备的系列化。

（7）节能性　节能不但是对主机的能量消耗的要求，而是包括从样品处理开始的分析测试的全过程的能耗及其他辅助材料的消耗。

（8）环保性　这是近些年来对于仪器设备提出的新要求，也是社会发展的需要，主要是指仪器设备在运行中对环境的干扰和影响应尽可能小，避免污染环境。

在选择仪器设备的时候，注意不要过分相信厂家和供应商的宣传广告，特别是大型精密仪器，最好是亲自到制造厂家加以核实。对于技术水平较低的地区或企业，还要考虑到拟购仪器设备"日后"的日常维护和发生故障时的维修等技术问题。必须注意，新型的先进设备由于得不到合格的维修而被迫停用，或降低性能运行的现象并不少见。

制造厂家的技术水平和服务质量也应列入考察内容，切记不要被冠冕堂皇的承诺所蒙蔽，某些制造商为了推销产品往往会夸大其技术能力，这就需要在进行技术考察的时候认真研究和识别。

有些厂家利用人具有"惰性"的特点，把一些"单一量程"的简易型仪器设备吹嘘成"方便操作，容易掌握"，甚至利用某些人的"崇洋"思想，美其名曰"引进国外先进技术"。熟知国外很多先进的精密仪器（包括"数字显示"的仪器）仍然是采用"多量程"的"经典"方法，来解决测量"跨度"和"精度要求"的矛盾，国人只要多参看国外的仪器设备公司的宣传资料便可以知道（随着科技的发展，一些先进的仪器设备也可能采用人工智能技术自动切换）。骗人的伎俩其实并不难破解。

选择仪器设备是一项综合技术，必须认真做好调研并对诸方面因素进行全面的综合评价。

当本单位欠缺专业人员时，应通过专业机构（如地方质量监督检验机构等），或者曾经使用过相关（或类似）的仪器设备的实验室或者专家进行咨询，力求获得尽可能多的信息，以免作出错误判断。

2. 经济评价

化验室仪器设备一般不直接产生效益，但通过化验工作使企业产品质量的稳定和提高，原材料消耗降低，生产效率的提高等方面的收益，可以显示其经济价值，也可以折算为经济效益。

在多数情况下，化验室仪器设备的使用会受到产品检验标准的制约，选择余地不多，但在型号❶、产地和剩余功能等方面，仍然大有

---

❶ 在实际工作中通常都允许用高性能的型号的仪器设备代替标准中规定的较低水平的仪器设备。有些标准没有规定仪器设备型号，则允许自行选型。

文章可做。

三、仪器设备的一般管理

1. 仪器设备管理对实验人员的基本要求

（1）掌握仪器设备的基础理论知识，熟识仪器设备的工作原理和结构、性能、适用范围、安全规范、保养要求和保养方法。

（2）熟悉各种实验的目的、要求和实验注意事项。

（3）熟练掌握仪器设备的实际操作技能，能够正确使用和操作，能够排除故障，能正确处理紧急情况，能正确安装、拆卸所用仪器设备的配件和附件，能够进行一般的保养和维护。

（4）有高度的责任心，严肃认真、实事求是的工作态度，具有良好的职业道德，认真做好使用记录。

对于未能达到要求的实验人员，应进行培训或者送出进修。

2. 仪器设备的验收

（1）仪器设备验收的意义　仪器设备的验收是仪器设备购置过程的结束，也是设备常规管理的起点。

仪器设备的验收过程也是了解设备技术状况、建立原始档案的过程。通过对仪器设备的验收工作，人们可以对仪器设备的实际性能有更多的认识，对于未能达到规定的技术要求的仪器设备，可以及时地退还供应商，避免遭受经济损失。

因此，仪器设备的验收，是仪器设备投入实验工作前的一个十分重要的环节。

（2）仪器设备验收的程序和要求　从仪器设备验收的意义中，可见验收工作是一项技术性很强的重要工作，必须有一套完善的验收程序。

① 准备工作　验收的准备工作包括人力、技术资料和场地的准备。

由于仪器设备属于高科技产品，要求验收人员具有较高的技术水平，通常需要由具有丰富使用经验的工作人员或者是资深工程技术人员，对拟验收的仪器设备进行检查。

仪器设备的验收检查重点在于检测性能和测量精度，因此必须具备可以进行试样测试的场地。

此外，还要准备有准确已知量值的（即具有某量的"约定真值"的）标准试样和实样，以供进行仪器设备的性能测试和校核。

进口仪器设备的验收，应有国家指定的法定检验机构派出的专家参加。

② 核对凭证　核对凭证的目的是检查到货与采购物资与凭证是否相符。以确保购进的仪器设备与拟采购的仪器设备相符（包括生产单位、型号、规格、批号、数量等与采购单据是否一致），同时检查到货物资技术资料所显示的性能与需要物资的技术指标是否一致。

凭证核对完成后才能进行实物的验收。

③ 实物点验　实物点验通常分两步进行。

a. 数量点验和外观检查　检查物资的数量以及外观是否完好，仪器设备属于高档商品，一般情况下不允许存在外观上的损伤。

数量点验还包括配套件是否齐全、完好。

b. 内在质量检查　仪器设备的内在质量检查，通常的做法是进行试用。

试用检验包括使用标准试样和实样检验试验，二者的差异在于实样存在"干扰因素"，可以检查仪器设备的"抗干扰能力"。这对于企业生产检验具有重要意义。

大型或者贵重精密仪器设备，通常由生产厂家或供应商派出专家指导安装并进行调试，调试完成后再由采购单位进行实地技术验收。

④ 建账归档　所有验收工作完成后，要对被验收的仪器设备建立专门的账目和档案，移交使用并进行日常运行管理。

（3）仪器设备验收中几个问题的处理

① 物、证不符：一种是物资与采购单不符，应予以退货（换货）；另一种是物资与采购单相符，但随货资料不符，应迅速与供货单位联系，物资则暂存待验，待资料齐全后再作正式验收。

② 验收不合格，应予以退货。

③ 属于生产厂家或供应商负责调试的，如达不到要求，应要求厂家或供应商换货，重新调试，并根据实际情况酌情索赔。

④ 由于其他因素延误验收的，应根据实际情况迅速向有关方面交涉，并酌情索赔。

和所有的物资管理一样，仪器设备的验收必须认真、准确、及时。除了另有约定以外，所有验收程序必须在规定的"索赔期"内完成（特别是进口物资），以免造成经济损失。

3. 仪器设备的技术档案管理

（1）仪器设备技术档案　仪器设备的技术档案，应从提出申请采购的时候开始建立。

仪器设备的技术档案包括以下两种。

① 原始档案　包括申请采购报告、订货单（合同）、验收记录及随同仪器设备附带的全部技术资料。

② 使用档案

a. 运行工作日志及运行记录。

b. 仪器设备履历卡，内容包括故障的发生时间、故障现象、原因、处理等记录；维修记录；检定证书（或记录）；质量鉴定及精度校核记录；改造（改装）记录等资料。

（2）仪器设备的技术档案的管理

① 仪器设备的技术档案应于申请采购时即建立。

② 仪器设备的技术档案必须收录所有与该仪器设备有关的技术资料，包括主要生产厂家或供应商的产品介绍资料、说明书等书面

材料。

③ 仪器设备在验收到报废的整个寿命周期中，发生的所有的现象及其处理均应详细如实记录，并按发生时间先后次序归档（特殊状况者可以另列专项目录，以方便查阅）。

④ 所有仪器设备技术档案必须妥善保管，不得随意销毁。属于报废或淘汰的仪器设备的技术档案的处理，应报告企业主管部门，并按批复进行处理。

4. 仪器设备的保管

① 化验室应建立健全仪器设备的保管制度。

② 化验室的仪器设备无论是投入运行还是储存状态，均应有指定人员负责保管。

③ 仪器设备的保管人员应同时负责仪器设备的日常维护、保养工作，负责日常运行档案的记录工作，并对仪器设备的状况有明确的了解。

④ 凡发现仪器设备运行异常，应及时停止运行，避免仪器设备在继续运行中发生更大的损坏。并应及时报告有关主管部门，组织检查维修。需要启动备用仪器设备的，应及时启动备用装置，以免影响分析化验工作。

⑤ 凡需要定期进行计量检定的仪器设备，保管人员应根据仪器设备状况定期申报检定。凡发现仪器设备计量异常，应随时报告，并根据实际情况申报临时报修和送检，以确保仪器设备的计量特性准确可靠。

⑥ 对暂时不用的仪器设备，应封存保管，并定期清扫、检查，做好防尘、防潮、防锈等维护工作，以保护封存仪器设备不致损坏。对不再使用或长期闲置的仪器设备，要及时调出，避免积压浪费。

⑦ 对不遵守有关规定使用仪器设备者，保管人员应及时提出意见，避免发生损坏。不听从劝告者，应予批评。若造成仪器设备损坏

者应追究当事人事故责任。

⑧ 保管人员玩忽职守，导致仪器设备损坏，应追究事故责任。

5. 仪器设备的使用

（1）仪器设备的合理使用和充分利用　仪器设备的合理使用，是延长仪器设备的使用寿命、保持仪器设备的应有精度、提高使用效率的重要保证。合理使用仪器设备必须做到以下几点。

① 合理安排仪器设备的任务和工作负荷　严禁仪器设备超负荷运行，也不要用高精度仪器设备"干"粗活（尤其是长时间在低性能要求下运行），既浪费了仪器设备的精度，也增加了仪器设备的损耗。

② 配备熟练的操作人员　从事仪器设备操作的工作人员应经过必要的技术培训，考核合格方能上机操作。大型精密仪器设备更应从严掌握。

③ 建立规程和制度　建立健全操作规程及维护制度，并严格执行。

④ 为仪器设备提供良好的运行环境　根据仪器设备的不同要求，采取适当的防潮、防尘、防振、保暖、降温、防晒、防静电等防护措施，以保证仪器设备正常运行，延长使用寿命，确保实验安全、数据可靠。

⑤ 仪器设备一旦投入使用，便应充分利用　只有充分利用仪器设备，才能充分发挥资金的投资效益。但是，不要因为还有闲置的同类型设备便实行轮换使用，甚至连"备用"设备也投入运行，致使所有仪器设备同时"衰老"，失去"备用"仪器设备的后备作用。

⑥ "备用"仪器设备必须经常保持优良的备用状态　"备用"设备应定期进行必要的"试运行"和性能检测，确保其工作性能稳定。

（2）仪器设备使用状况考核

① 仪器设备的完好率　实验仪器设备的完好率反映了实验室设备管理水平和实验人员的操作水平，以及仪器设备的维护保养技能的实际水平。由于实验室担负着质量检验和质量监督职能，因此实验室

的仪器设备的完好率必须保持在优良状态。

凡低于规定完好率的仪器设备，如无法修复，则禁止继续使用，必须及时淘汰。

② 仪器设备的利用率　实验室仪器设备的利用率一般不作考核，但是在现有仪器设备利用率不高的情况下，若再采购同类型设备时应认真核实，避免浪费。

正确使用化验室的仪器设备，是实施化验室职能的基本保证。

6. 仪器设备的技术鉴定和处理

（1）仪器设备技术鉴定的意义　对仪器设备进行技术鉴定，一般是为了核查仪器设备与原设计性能上的差距，从而确定仪器设备的可靠程度和适用范围；还用于残旧仪器设备的级别或报废的确定；也可以用于对闲置设备调出时的质量鉴定。

当仪器设备验收过程中发现性能与说明书不相符的时候，也需要组织技术鉴定。

（2）仪器设备技术鉴定的程序　对仪器设备进行技术鉴定，整个过程与仪器设备的验收相似，其程序如下。

① 准备工作　场地、人员、鉴定仪器和供测试的标准试样等。

② 实物检查

a. 仪器检测　使用标准仪器对被鉴定的仪器设备进行例行检测。

b. 实样测试　用被鉴定的仪器设备对已知准确量值的标准试样进行例行测定，检查被鉴定的仪器设备的测定结果的测量误差和偏差。

③ 评价鉴定　根据实物测试结果，结合仪器设备的近期运行记录，进行综合评价。评价时要注意被鉴定仪器设备性能的发展趋向性。

（3）仪器设备技术鉴定的处理　仪器设备的技术鉴定都应给出结论，并提出初步处理意见，连同鉴定结果送企业有关管理部门（或上级主管部门）审核处理。

通常情况下，新购仪器设备不符合规定的技术性能要求者，均采取"退货"方式处理。对于尚能满足实验需要的仪器设备，如供应商予以减价（但减价后必须"物超所值"），也可以考虑酌情处理。

"在用"仪器设备经过鉴定为不合格，如属于该类仪器设备的"青壮年期"，可以考虑"改造"后"保级"，或维修后降级使用。如属于"衰老期"，一般应淘汰。

（4）仪器设备技术鉴定的注意事项

① 技术鉴定一般由企业自行组织，参加者应该是对该被鉴定的仪器设备性能熟悉的专业人员。并能认真负责、实事求是地进行工作。

② 大型精密或贵重仪器设备的技术鉴定要组织有关专家参加工作。

③ 涉及重大赔偿的技术鉴定，应争取有仲裁资格的专业机构派出专家参加，以提高鉴定的"权威"性。

④ 给仪器设备下结论时，应本着"既要更新技术，又要注意节约"的原则，尽量不做报废处理（可以调往适用的其他部门或降级使用）。

7. 仪器设备的出借、转让和调拨

随着社会生产的日益市场化和全球经济一体化的不断发展，生产企业实验室之间的相互协作也日益加强，实验室之间的技术交流也逐渐增加，仪器设备的外借、转让或调拨的现象经常发生。

为了避免某些不必要的矛盾和争议，在进行仪器设备的外借、转让或调拨时，一定要指定专人做好仪器设备的技术鉴定，做好详细记录，参与外借、转让或调拨的双方在鉴定书上签字认可。属于外借的仪器设备，在归还时还要重新进行检查验收，合格后才能回收使用。

四、仪器设备的维护保养

1. 仪器设备的维护保养

（1）仪器设备维护保养的意义　仪器设备在运行过程中，由于种种原因，其技术状况必然会发生某些变化，可能影响设备的性能，甚至诱发设备故障及事故。因此，必须及时发现和排除这些隐患，才能保证仪器设备的正常运行。通常，仪器设备运行过程中，人们采取"维护保养"的手段去消除这些事故隐患。

（2）维护保养的内容和要求

① 在用仪器设备的日常保养

a. 对仪器设备做好经常性的清洁工作，保持仪器设备清洁。

b. 定期进行仪器设备的功能和测量精度的检测、校验以及"磨损"程度的测定。

c. 定期地润滑、防腐蚀，做防锈检查，及时发现仪器设备的变异部位及程度，并做相应的技术处理，防患于未然。

② "封存"仪器设备的保养

a. 凡属于"封存"的仪器设备，在封存以前必须进行全面的检查，并对其进行"防潮、防锈和防腐蚀"的密封包装，予以"封存"。

b. "封存"的仪器设备应存放在清洁、干燥、阴凉、没有有害气体和灰尘侵蚀的地方（贮物柜或架子上）。

c. 经常检查"封存"仪器设备的存放地点，如发现保存条件有变化，应适当"拆包"检查，长期"封存"的仪器设备也应定期"拆包"检查，以及时采取措施予以维护。

③ 备用仪器设备的保养

a. 备用的仪器设备，一般情况下是不运行的，因此可以像"封存"仪器设备那样进行"防潮、防锈和防腐蚀"处理，但不需要密封，而改用活动的"罩"或"盖"，把仪器设备与外界分隔开来即可。

b. 备用的仪器设备必须定期进行"试运行"，以检查其工作性能，确保其处于优良状态。发现备用仪器设备有性能变劣现象时，除了及时予以维修以外，应迅速查找原因，并及时予以消除，以确保备用仪器设备的"备用"作用。

④ 仪器设备保养的要求

a. 制订仪器设备的保养制度，做到维护保养经常化、制度化，并与化验室的清洁工作结合进行，责任落实到人。

b. 仪器设备的保养应坚持实行"三防四定"制度，做到"防尘、防潮、防振"和"定人保管、定点存放、定期维护和定期检修"。

c. 大型和重点仪器设备要规定"一级保养"和"二级保养"等维护保养工作周期、时间，列入工作计划并按期实施。

2. 仪器设备的改造

（1）仪器设备"改造"的对象　主要是自身价值较高、使用寿命较长、技术性能比较完善的大型、高精密度或贵重仪器设备。

这类仪器设备自身综合性能通常都比较好，而且在设计的时候预留有较多的余地，可以通过连接一些新配件调整其工作性能，这种做法有些已经被厂家发掘并应用于新出厂的同型号（或者相邻型号）的仪器设备上，并因此获得更好的检测性能。

（2）仪器设备改造的实施　为了使经过改造的仪器设备获得预期的技术性能和测试效果，实施"改造"的时候，通常应会同原仪器设备的制造厂家的技术人员或专家一起进行工作。

经过"改造"的仪器设备应重新进行技术鉴定。

对于无法通过"改造"修复，又不能降级使用的仪器设备，应按规定更新。"淘汰"型号的仪器设备一般不再进行改造"保级"。

五、仪器设备的修理和淘汰

仪器设备在运行过程中，由于种种原因，技术状况发生某些变化，可能影响仪器设备的使用性能，甚至诱发设备故障及事故。为了消除这些隐患，保证仪器设备的正常运行，在仪器设备运行一定时间，并引起仪器设备比较明显的损坏，而且不能通过日常的维护保养恢复技术性能的时候，需要对仪器设备进行修理工作。

由于事故或其他原因而造成的仪器设备损坏，很多时候也需要通过修理去修复或更换受到损害的零、部件。

1. 仪器设备的修理

（1）"修理"的方式

① 事后修理　即在仪器设备发生故障以后进行的修理。对已经发生损坏的零、部件，进行修理或更换作业，并进行必要的调整和调试，使受到损坏的仪器设备恢复到原来的技术性能。由于是在事后采取的修理措施，故通常称为"事后修理"。

事后修理目的性较强。但是，由于发生故障的时间通常是在人们意料之外，故往往会缺乏思想准备和物质准备，导致修理时间比较长，容易打乱正常实验工作的进度，影响分析测试工作，给生产带来不良影响。

② 预防修理　又称"计划修理"。通过日常的维护保养和经常的检查，掌握仪器设备的运行规律，在预测可能出现的故障发生以前，有计划地安排修理时间进行修理，由于带有预防性质，故称为"预防修理"。

因为事前安排了修理时间，事先准备了修理用材料和零、部件，耗费在准备工作上的时间比较少。同时由于尚未发生故障，仪器设备的损坏也比较小，相对地说，要比事后的修理少用修理工时。因此，预防修理可以把修理工作对分析测试工作的影响大大减少。某些耗用工时较少的修理项目，还可以安排在化验室的工作间隙中（或下班后）进行，有利于实验计划的执行（图3-2）。

预防修理也有缺点，主要表现在总的修理工作量和修理费用会因

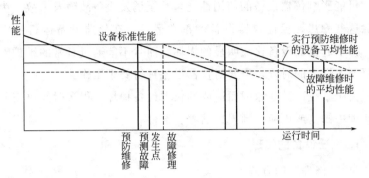

图 3-2　修理对设备性能的影响

"预防"而有所增加，形成对仪器设备的过度保养，从而增加了运行成本。

③ 生产修理　这是在企业日常生产过程中经常使用的一种修理方式。其特点如下。

a. 一般的设备采用事后修理，重要的设备则采用预防修理。

b. 发生故障时损害比较大的设备采用预防修理，反之采用事后修理。

c. 修理工时长的项目采用预防修理，修理工时短的采用事后修理。

（2）化验室仪器设备的修理方式　综合上述不同修理方式的特点，化验室的仪器设备的修理的基本原则是：对日常分析检验工作影响比较大，修理工时长，或者发生故障后对仪器设备损害较大的，尽量采用预防修理。

大型和贵重的仪器设备、修理后需要进行复杂的调试的仪器设备也应采用"预防修理"。其他的仪器设备则可以考虑采用"事后修理"方式。

不同实验室仪器设备的修理安排，必须根据各自仪器设备的特点和修理技术力量的实际情况，认真研究确定，不能一概而论。总之，不管采取哪种修理方式，目的都是为了尽可能降低化验室仪器设备的修理费用开支，从而降低分析化验成本。

2. 仪器设备的淘汰

（1）仪器设备淘汰的原因

① 国家规定的淘汰目录的仪器设备。

② 仪器设备的型号过于陈旧，不能适应分析化验要求，又无另外合适用途的。

③ 仪器设备已达到寿命周期。

④ 仪器设备未到寿命周期，但长时间使用后，主机或主要零、部件严重老化，不能修复，或者修复费用与效果极不相称。

⑤ 仪器设备因事故损坏严重，即使修复，也不能恢复原来的技术性能，因而认为无修理价值的。

⑥ 由于不合格修理造成无法弥补的损坏的。

⑦ 非国家认可的专业生产单位制造的（因故而被"降级"为"非认可"状态的生产单位的产品则酌情处理）。

（2）仪器设备淘汰的程序

① 提出申请，提交技术鉴定资料。

② 专业审核，必要时进行复核鉴定。

③ 主管部门审批。

④ 执行"淘汰"决定，办理手续，账目和实物核销。

六、精密仪器的管理

1. 精密仪器的概念

"精密仪器"是与一般仪器比较而言的概念。

通常人们把能够进行"半微量"成分分析测定，并且仪器的刻度细分至全量程的 $1\% \sim 0.5\%$（还可以再估算到 0.1%），实际测量读数误差在全量程的 1% 以内的分析测试仪器称为精密仪器。

2. 精密仪器的分类

（1）普通精密仪器　与大型仪器比较，普通精密仪器通常是指体积比较小，结构比较简单，功能也比较单一，可以方便地携带和收藏的，在工作的时候占用实验台面积有限的独立的单体仪器。

普通精密仪器在使用的时候一般不需要专门配套设施。

在一般化验室里最常用的普通精密仪器主要有分光光度计、酸度计、自动电位滴定仪、电导仪等。

（2）大型仪器设备　大型仪器设备实际上只是一种动态的"概念"，过去国家有关规定列出目录，但是随着科学技术的发展，一些过去的"大型"仪器，如今很多已经"小型"化了；而某些过去的"小型仪器设备"，可能由于新技术使它们能够互相衔接，并形成新的综合实验能力，又可能变为新的"大型"仪器。

大型仪器通常需要有专用的试样预处理配套设施，如试样分解、分离、辅料的配合、压片或者其他的处理过程。因而，常需要占用比较多的实验空间，甚至专用的独立实验室（如 X 衍射荧光分析仪等，见图 3-3）。

图 3-3　X 衍射荧光分析仪

就一般的生产企业来说，形体较大，占用实验室（台）面积较大的仪器设备，都可以定性为"大型"仪器设备（见图3-4）。

图 3-4　某"大型"仪器的主机房

常见的大型分析测试仪器有原子吸收分光光度计（见图3-5）、原子发射光谱、核磁共振波谱仪、气相色谱仪（见图3-6）、"色-质"联立分析系统、电子显微镜、X衍射荧光分析仪等。

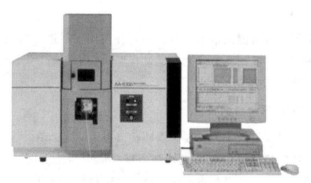

图 3-5　原子吸收分光光度计

3. 精密仪器设备的使用

精密仪器通常都要求灵敏度比较高，结构比较小巧，也就使这类

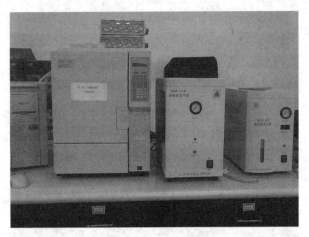

图 3-6　气相色谱仪

仪器具有比较"娇贵"和"脆弱"的特点，因此在使用过程中除必须避免环境振动以外，还要注意避免不适宜的温度、湿度条件、电源电压波动、外电场、磁场，甚至"天电"等干扰因素的影响，并小心操作，更不得有动作粗暴、强行启动等可能导致仪器设备损坏的行为。

为了保证分析测试结果的可靠性，在使用仪器进行测量的时候，必须事先用"基准物质"或"标准试样"对仪器进行"标定"，或者进行"对照试验"。

4. 精密仪器设备的管理

（1）一般仪器设备的管理制度同样适用于精密仪器设备。

（2）精密仪器设备应按类别制定维护保养和使用规则　不同类别、型号的精密仪器设备有不同的使用方法和保养要求，因此应根据不同仪器设备的自身要求制定相应的使用、维护和保管规则。

（3）遵守"计量管理规范"精密仪器设备通常都有很高的计量精密度要求，必须严格遵守"计量管理规范"，定期监测和校正，确保计量测试性能。

5. 大型仪器设备的使用和管理

大型仪器设备由于形体较大，结构较为复杂，不能随便移动，必须独立使用专用实验室（台），同时这类仪器设备的运行往往需要较多的配合条件，保管养护也比较困难，需要具有较高技术水平的专业人员，专人负责使用、保管和养护。

精密仪器设备的管理要求也同样适用于大型仪器设备。

由于大型仪器设备一般都有比较特殊的"个性"，通常都要求单独制订管理、保管、保养和操作规程，逐台仪器设备独立建档，并指定专人负责管理。

为了使大型仪器设备能够得到较好的管理、维护和保养，并充分发挥作用，通常都将大型仪器设备放置在专门的实验室里、配套专用的样品处理间甚至专门的数据处理室。条件较差的也应安置于专用实验台，并加玻璃屏墙分隔。

七、仪器设备配套件的管理

1. 仪器设备配套件的概念

凡是仪器运行中必须使用，并且以特定方式与仪器进行连接的实验器件，通常都称为仪器的配套件，简称配件。仪器配套件一般可以分为两类。

（1）专用配套件　凡是特别配套用于某种仪器，具有特制的连接口，或者仪器与配件之间存在特殊的数值关系的配套件，通常称为专用配套件。

仪器运行中使用专用配套件通常可以获得最佳的实验效果。

（2）通用配套件　凡是可以运用于不同型号的仪器，配备有通用连接口，或者具有可以方便地更换的连接接头的仪器配套件，通常称为通用配套件。

不少通用配套件为了适应多种型号的仪器设备，其连接接头必须具有较大的灵活性，有时会因此造成"喧宾夺主"的现象，使其主要性能受到影响。有些则表现在接头方面的精密度不足而影响接合。也有些通用配套件在测量性能上有所牺牲，表现较差，必须充分注意。

2. 仪器设备配套件的管理

（1）制定采购计划 根据不同仪器设备的运行要求以及市场供应能力，制定仪器设备配套件的采购计划，所有仪器设备的配套件最少应有一套"在用件"、一套备用件和一套库存（为了节省资金"占用"，高价值的耐用配套件可以不配备"库存"）。对于易于损坏的易损配套件还要制定最高和最低库存指标，以确保有足够的配套件供仪器设备运行使用，而又不过多占用资金；

"仪器设备的配套件的采购计划"必须报送化验室管理层，获得批准后方可实施。

首次申购的"仪器设备的配套件"（含技术服务）必须附注相关技术说明和供应商的资料，变更供应商应做专题报告。以确保外部提供的产品和服务的适宜性。

（2）做好仪器设备配套件的维护保养 仪器设备配套件是仪器设备的组成部分，必须按照仪器设备的保管保养条件进行保管保养，确保其能够随时配合使用，避免影响仪器设备的正常运行。

八、玻璃仪器的管理

1. 玻璃仪器的特点

玻璃仪器是一类以玻璃为主要原料制作的实验仪器。由于玻璃的自身特性决定了玻璃仪器的如下特点。

（1）很高的化学稳定性、热稳定性。

（2）很好的透明度。

（3）良好的电绝缘性。

（4）具有一定的机械强度，耐磨性好。

（5）表面光洁，黏附性小，易于清洁。

（6）在一定的温度下可以进行加工，可以根据需要自行制作仪器或配件。

2. 常用仪器玻璃及应用

（1）高硼硅酸盐特硬质、硬质玻璃　主要用于制作加热用玻璃仪器，如烧杯、烧瓶、蒸馏瓶等"烧器"类仪器。

（2）软质仪器玻璃　主要用于制作形状复杂或几何尺寸要求高的仪器，如冷凝管、滴定管、容量瓶及容器类等仪器。

（3）石英玻璃　属于特种玻璃，具有较高硼硅酸盐玻璃更高的热稳定性，可以耐受数百度温差的急冷急热，并可以在 1100℃ 下工作。主要用于制作要求更高的"烧器"类仪器，或者要求在较高温度下工作的仪器。

常用仪器玻璃的组成见本书附录一表 3。

由于"硅酸盐"不能耐受氢氟酸，所以玻璃仪器不能进行含有氢氟酸的实验。长时间接触强碱（特别是浓的或热的强碱），也可能使玻璃仪器（或玻璃容器）受到侵蚀。

3. 玻璃仪器的分类

（1）"烧器"类玻璃仪器　通常是一些名称中带有"烧"字的玻璃仪器，如锥形瓶、蒸馏烧瓶、烧杯等。

（2）"量器"类玻璃仪器　通常在其名称中带有"量"字，如容量瓶、吸量管、量筒、量杯、移液管、滴定管等。

"量器"中的容量瓶、吸量管、移液管、滴定管又称为"精密玻璃量器（或基本玻璃量器）"，用于液体准确计量。在管理和使用中有特别的规定。

（3）有特定用途的玻璃仪器　包括各种冷凝器、漏斗、干燥器、吸滤瓶、结晶皿等玻璃器皿，还有各种精密仪器的玻璃配件等，它们均有特定的用途。

（4）其他玻璃仪器　除了上述各类仪器以外的玻璃仪器，都归入这一类，包括各种容器、试剂瓶、玻璃管等，以及其他可以用于化学实验的玻璃制品。

4. 一般玻璃仪器的管理

（1）建立玻璃仪器的管理制度。包括采购、验收、入库、领用及破损登记等制度。

（2）分类存放。玻璃仪器入库应分类存放。

（3）避免撞击、敲打和重压。玻璃仪器属于"容易破碎"物品，必须轻拿轻放，避免碰撞、受压和其他暴力行为。

（4）避免直接加热。除"烧器"类玻璃制品可以直接加热（一般也应加石棉网垫❶）以外，其余玻璃制品只能使用水浴加热，且受热部位不能有气泡、压痕或者器壁厚薄不均匀现象。

当实验必须对玻璃仪器进行加热的时候（包括使用"烘箱"加热烘干仪器），需要从低温（一般是室温）开始，缓慢升高温度，避免急冷急热。精密量器类玻璃仪器不能加热和烘干。不可将热的液体倒进厚壁的玻璃仪器（或容器）内。

（5）不要使用硬物在玻璃仪器上划痕，以免破坏玻璃结构。使用玻璃棒时也不要磨、刮仪器器壁。

（6）不得用玻璃仪器进行有氢氟酸的实验，不要用玻璃仪器长时间贮放强碱性物质，尤其是浓碱。

（7）玻璃仪器在使用前，必须进行清洗，不用的仪器应使其晾干，并不得有残存物，再用纸小心包裹好存放。使用具有强侵蚀性的

---

❶　由于石棉具有致癌作用，已经禁止使用。改为使用硅酸铝纤维（或其他耐高温的无机纤维）制造，但是人们仍然习惯称之为"石棉网垫"。

强酸性或强碱性洗液时，必须彻底清洗，避免残留。

（8）成套的玻璃仪器应成套储存，玻璃器件之间应用软纸包裹分隔，并编号存放。

（9）凡带"磨砂"接头的玻璃仪器，在存放时应在"磨砂"处加一纸垫片，防止"咬合黏结"。

（10）重要的玻璃仪器，应进行编号，以便于管理。

5. 常用精密计量玻璃仪器的管理

（1）精密计量玻璃仪器属于精确计量器具，必须严格遵守计量管理规程和使用规范。

（2）定量分析使用的精密计量玻璃仪器，必须使用获得国家认证的仪器厂家生产的，符合 JJG196《常用玻璃量器国家检定规程》规定的技术要求，并带有" MC "标志的产品。

（3）精密计量玻璃仪器在使用前必须认真清洗干净，确保不存在影响容量计量和干扰实验的杂物。

（4）精密计量玻璃仪器在使用前必须认真按照 GB/T 12810/ISO 4787《实验室玻璃仪器 玻璃量器的容量校准和使用方法》进行计量校正，并定期进行校验，以保证其计量值的可靠性。经过校正的精密计量玻璃仪器，应予以"编号"，以便识别。

（5）精密计量玻璃仪器在使用中，除了必须遵守一般玻璃仪器的使用要求外，还禁止储存浓酸、浓碱和使用烘干法进行仪器的干燥（确有必要烘干者，应重新进行校正）。

（6）精密计量玻璃仪器的一般管理，参照一般玻璃仪器的管理相关条款。

九、分析测试仪器的计量管理

分析测试仪器的计量性能，对于分析测试结果的准确性和可靠性都具有重要意义，因此必须进行管理。

1. 计量仪器设备的校准

（1）在下列情况下，测量设备应进行校准。

① 当测量准确度或测量不确定度影响报告结果的有效性；

② 为建立报告结果的计量溯源性，要求对设备进行校准；

③ 影响报告结果有效性的设备类型可包括：

a. 用于直接测量被测量对象的设备，例如使用天平测量质量；

b. 用于修正测量值的设备，例如温度测量；

c. 用于从多个量计算获得测量结果的设备。

（2）化验室应制定校准方案，并应进行复核和必要的调整，以保持对校准状态的可信度。

（3）所有需要校准或具有规定有效期的设备应使用标签、编码或以其他方式标识，方便设备使用人识别校准状态或有效期。

（4）如果设备有过载或处置不当、给出可疑结果、已显示有缺陷或超出规定要求等状况时，应停止使用。这些设备应予以隔离以防误用，或加贴标签（标记）以清晰表明该设备已停用，化验室应检查设备缺陷或偏离规定要求的影响，并应启动不符合工作管理程序。直至经过验证表明能正常工作。

（5）当需要利用期间核查以保持对设备性能的信心时，应按程序进行核查。

（6）如果校准和标准物质数据中包含参考值或修正因子，化验室应确保该参考值和修正因子得到适当的更新和应用，以满足规定要求。

（7）化验室应有切实可行的措施，防止设备被意外调整而导致结果无效。

（8）化验室应保存对化验室活动有影响的设备记录。记录应包括以下内容：

① 设备的识别，包括软件和固件版本；

② 制造商名称、型号、序列号或其他唯一性标识；

③ 设备符合规定要求的验证证据；

④ 当前的位置；

⑤ 校准日期、校准结果、设备调整、验收准则、下次校准的预定日期或校准周期；

⑥ 标准物质的文件、结果、验收准则、相关日期和有效期；

⑦ 与设备性能相关的维护计划和已进行的维护；

⑧ 设备的损坏、故障、改装或维修的详细信息。

2. 计量溯源性

（1）化验室应通过形成文件的不间断的校准链将测量结果与适当的参考对象相关联，建立并保持测量结果的计量溯源性，每次校准均会引入测量不确定度。

（2）化验室应通过以下方式确保测量结果溯源到国际单位制（SI）。

① 具备能力的实验室提供的校准；

② 具备能力的标准物质生产者提供并声明计量溯源至 SI 的有证标准物质的标准值；

③ SI 单位的直接复现，并通过直接或间接与国家或国际标准比对来保证。

（3）技术上不可能计量溯源到 SI 单位时，化验室应证明可计量溯源至适当的参考对象。

① 具备能力的标准物质生产者提供的有证标准物质的标准值；

② 描述清晰的参考测量程序、规定方法或协议标准的结果，其测量结果满足预期用途，并通过适当比对予以保证。

3. 化验室计量管理的具体问题

（1）指定专人负责　化验室必须指定专人负责分析测试仪器设备

的计量管理工作。

（2）定期检查　化验室计量工作负责人必须定期检查、不定期抽查化验室各种分析测试仪器设备的计量性能，及时发现分析测试仪器设备缺陷或偏离规定要求的影响，并应启动不符合工作管理程序。

（3）使用者负责保养　所有仪器设备的使用人员，都有维护保养仪器设备的责任。化验室应在定员定岗的基础上，指定具体的仪器设备的维护保养责任人。

（4）配备可靠的"备用"装备　所有和分析测试有关的仪器设备，均应配备计量性能优良的"备用"装备，以确保分析测试工作的正常进行。

由于价值高昂而无法购置"备用装备"的大型精密仪器设备，应制定"发生意外"时的应急处置方案（包括委托"外包"协作单位及相关的样品送检验流程等事项）。

十、其他实验器材的管理

化验室中还有一些与实验有关，但因数量不多而不便专门分类的零星物资，如滤纸、石棉网垫、橡胶管、凡士林油、发热丝、瓷坩埚、毛刷、普通电炉、试纸、清洁剂等，人们常把它们划归为"其他实验器材"。

此外，还有企业规定的低值易耗品。这类物质尽管一般的价值不高，但由于具有消耗性，开支总额也不可低估。因此，必须加以管理。

（1）建立"零星实验器材"和"低值易耗品"请购、审批、采购、验收、入库、领用等管理制度。

（2）"零星实验器材"和"低值易耗品"的采购，通常是按月（季度）的消耗量并适当增加预留量（如加大 25%）采购，以作储备。

（3）属于市场供应不稳定的物资，在制订采购计划时应酌情增加储备量。

（4）"零星实验器材"和"低值易耗品"购入后应按一般物资管理规范进行验收、入账和保管，化验人员需要领用时，应按规定办理领用手续。

（5）由于临时实验需要增加，管理人员应及时申报请购，以满足实验活动的需要，保证检验工作的顺利进行。

十一、事故管理

1. 事故管理的意义和要求

（1）事故和事故管理　根据《辞海》的"释义"，凡是在社会活动中发生的意外损害或破坏，统称为事故。顾名思义，事故管理也就是围绕着这些"意外损害或破坏"而进行的一系列管理活动。

（2）事故管理的意义　事故管理的对象是"意外"发生的"损害或破坏"，其目的性自然是非常明确的。

① 控制和遏制事故，避免事故扩大。

② 实施事故抢救，如果事故中有人员伤亡，应首先抢救生命，再抢救受事故影响的设施和物资，减少生命伤害和财产损失。

③ 通过事故调查、分析和处理，明确事故责任并教育群众。

④ 根据事故分析结果制定相应的事故防范措施，并加以落实，持之以恒，以避免同样事故的再次发生，乃至引申防止相似事故的发生。

（3）事故管理的要求

① 及时，发生事故应该立即进入"事故管理"状态，相关人员应即时向主管领导如实报告，并尽快实施现场控制，抑制损失，避免损失扩大。

② 深入、细致、认真、实事求是地进行事故调查，分析事故原因，明确事故责任，为事故的正确处理以及制订相应防范措施提供依据。

③ 根据事故中相关责任人员的事故责任恰如其分地进行处理，达到惩前毖后治病救人和教育的目的。

④ 制定的防范措施必须切实可行，并加以落实。

⑤ 处理事故要坚持"四不放过"原则。处理事故的"四不放过"原则如下。

a. 事故原因分析不清不放过；

b. 事故责任人和群众没有受到教育不放过；

c. 防范措施不落实不放过；

d. 事故责任人没有受到应有的处理不放过。

2. 仪器设备事故的管理

（1）仪器设备事故的概念　仪器设备运行中因非正常（意外的）损耗而致性能下降者，应视为设备事故。

缺乏必要的保养和维护，使仪器设备工作条件变劣；仪器设备的超负荷工作；违反规定的操作规程，导致仪器设备的意外破坏等，均是仪器设备事故的重要原因。

（2）仪器设备事故处理的基本原则　发生设备事故，应该：

① 立即按照规定程序使"'事故'设备"退出运行，并迅速组织事故分析。

② 在查明事故原因和责任以后，不失时机地组织抢修及其他善后工作，尽量把损失减到最小，争取仪器设备尽快恢复正常运行。重大设备事故应及时报告上级主管部门，并保护好事故现场。

③ 即使外观未发现明显损坏的仪器设备，在事故原因未查明以前，也不可草率开机（包括检查性试车），以免扩大事故及损失。

④ 凡因责任原因造成的损失，应追究当事人的责任，并视情况确定当事人的的赔偿额。

⑤ 对重大事故要严肃处理。对故意破坏现场以逃避责任者，应

加重处理（必要时可以报警）。

▶ 第三节　化验室化学试剂的管理

化学试剂是化验室的重要的消耗性物资。

一、化学试剂的概念

在实验工作中用于与待检验样品进行化学反应，以求获得样品中某些成分的含量（化学分析），或者用于处理供试样品，以进行物相或结构的观察（物理检验）等用途的"纯"化学物质称为"化学试剂"。

化学试剂具有相当高的纯度，也有比较显著的化学反应能力，在储存过程中也比较容易受到环境或其他因素的影响，保管不好可能变质导致不能用于实验，某些化学活性比较强的化学试剂，甚至可能发生危险，既影响工作又可能带来不必要的损失，必须认真管理。

1. 化学试剂的分类

根据国家标准 GB 15346—2012《化学试剂　包装及标志》规定，我国的基本化学试剂分为三类（见表 3-1）。

表 3-1　我国的基本化学试剂分类

序号	级　　别		颜　　色	国内曾用名	国外同类试剂沿用标志
1	通用试剂	优级纯	深绿色	保证试剂	G. R.
		分析纯	金光红色	分析试剂	A. R.
		化学纯	中蓝色		C. P.
2	基准试剂		深绿色		
3	生物染色剂		玫瑰红色		

在 3 类基本试剂中，日常分析化验工作中使用的化学试剂主要是前 2 类。

2. 常用化学试剂的成分构成及应用

（1）基准试剂　其纯度最高，又分为如下两种。

① 第一基准　是由国家认可的机构制作，并经国家计量院鉴定，其主体成分含量保证在 99.98%～100.02%（100.00±0.02）%，相当于"国际纯粹与应用化学联合会（IUPAC）"的"C 级"化学标准物质，用于标定"工作基准"。

② 工作基准　一般由经过国家批准的试剂专业生产厂家生产，其主体成分含量保证在 99.95%～100.05%[（100.00±0.05）%]，相当于"IUPAC"的"D 级"化学标准物质，用于容量分析用标准滴定溶液的标定或直接配制。

（2）优级纯试剂　纯度很高，但略低于基准试剂，适用于精度高的分析。

（3）分析纯试剂　纯度次之，适用于精度较高的分析和一般分析。

（4）化学纯试剂　纯度稍低，主要用于物理检验工作中的样品处理，或配制要求较低的中间检验使用的溶液。

此外，市面上还有专门用途的"光谱纯试剂""色谱纯试剂""低尘"试剂（MOS 试剂）等特种试剂，它们的纯度都很高，通常主体成分都不低于同类试剂中的优级纯试剂的要求，且杂质含量都很低（因用途不同而有不同的要求）。由于未成系列，尚无统一包装标志，它们的包装和标志目前由生产厂家在不与上述 5 类基本化学试剂发生混淆的情况下自行制作。

由于属于不同试剂系列，上述各种"专用"试剂均不得代替"基准试剂"用做容量滴定分析的基准物质。

所有化学试剂的包装标志均应标明试剂名称、类别、产品标准、生产厂家及出厂批号（或生产日期）。

二、一般化学试剂的管理

化学试剂是化验室里经常性消耗而且使用量较大的物资，化学试剂的物资性管理是化学试剂管理的基本工作。其主要工作内容如下。

（1）建立健全的化学试剂管理制度　包括请购、审批、采购、验收入库、保管保养、领用、定期盘点、特殊试剂的退库及过期试剂的报废处理等方面的管理制度，防止化学试剂外流。

（2）做好化学试剂的采购、储存量控制。

① 常用的普通化学试剂通常按季度消耗量采购　其中使用量较少的试剂可按年度用量采购，用量特别少的试剂（如指示剂等）则以最小包装单位的数量进行采购。

② 容易变质的化学试剂尽量少采购、少储存。

③ 采购试剂的级别必须符合实验要求　不允许用低级别的试剂"升级"使用，为了减少采购品种和数量，可以将高级别的化学试剂少量地用于较低档次的实验。

④ 尽可能避免使用高毒性、高危险性的化学试剂　除非"标准"中有具体的规定，必须使用时也应尽量少采购、少储存。

（3）做好化学试剂的验收入库工作。

① 化学试剂验收的依据　采购计划、采购单、送货单等。

② 验收程序　审核单据，单货核对，质量点验。验收过程中应坚持"以单为主，以单核货，逐项对列，件件过目"的基本原则，避免差错。

③ 验收要求　凡入库的化学试剂必须单、货相符，品种、规格、数量一致，包装完好，标签完整、字迹清楚，无泄漏、水湿现象，液态试剂应无沉淀物并呈现标签所规定的性状的均匀状态，固体试剂应

无吸湿、潮解现象；不合要求的化学试剂不得入库，不能退换或移作他用的试剂，应做报废及销账处理。

④ 定位保管　根据试剂的种类和性质，分门别类地放置于指定位置存放保管，基准试剂和标准试样应专柜存放，其余试剂按规定分类存放。

⑤ 办理入库手续　经过验收的化学试剂应及时办理入库手续，登记入账，以便迅速投入使用。

（4）做好化学试剂的经常性的保管保养工作。

① 经常检查储存中的化学试剂的存放状况　发现试剂超过储存期或变质应及时报告，并按规定妥善处理（降级使用或报废）和销账。在正常储存条件下，一般化学试剂储存不宜超过 2 年❶，基准试剂不超过 1 年。

② 避免环境和其他因素的干扰　所有化学试剂一经取出，即不得放回原储存容器；属于必须回收的试剂或指定需要"退库"的试剂，必须另设专用容器回收或储存；具有吸潮性或易氧化、易变质的化学试剂必须密封保存，避免吸湿潮解、氧化或变质。

③ 定期盘点、核对　发现差错应及时检查原因，并报主管领导或部门处理。

（5）一般化学试剂的分类存放。

① 无机物　按盐类、氧化物（均按元素周期表分类）、碱类、酸类等类别分别存放。

② 有机物　按官能团，如烃、醇、酚、酮等分类存放。

③ 指示剂　按酸碱指示剂、氧化还原指示剂、其他指示剂、染色剂等分类存放。

化学试剂种类繁多，要求管理人员必须具备从事化学试剂管理的

---

❶　按出厂时间计算，在储存期内发现变质的，也应及时处理。

必要知识，包括常用试剂的性状、用途、一般安全要求、报废试剂的处理及消防知识。

三、危险性化学试剂❶的管理

危险性化学试剂是具有较高化学活性的化学物质，如易燃易爆、腐蚀、毒害、放射性等有害于人和环境的一系列的"烈性"化学物质，其"活性"之高，甚至可以自行分解并威胁生命财产安全，必须认真对待。由于多数的分析化验工作或多或少地需要使用带有危险性的试剂，因此化学试剂的管理，很大程度上是对危险性化学试剂的安全管理。

根据国家的有关规定，危险性化学试剂的包装上均带有危险性标志、危规编号。在相关的试剂手册中也有文字说明。危险性化学试剂管理的基本原则如下。

① 危险性化学试剂应由经过充分训练的专职人员管理。

② 危险性化学试剂必须存放于专用的危险试剂仓库里，并分类分别存放在不燃烧材料制作的柜、架上。腐蚀性、毒害性物质，以及液体的易燃易爆物质，应放置在库房的低处或储物架的底层。

③ 易燃易爆化学品应储存于主建筑外的防火库里，并根据储存危险物品的种类配备相应的灭火和自动报警装置。

a. 爆炸性物品储存温度不宜超过 30℃。

b. 易燃液体储存温度不宜超过 28℃。

c. 低沸点极易燃液体宜于低温下储存（5℃以下，但禁止使用有电火花产生的普通家用电冰箱储存）。

d. 各种气瓶应直立存放于专用独立的"气瓶室"，并按气体种类分隔存放。

---

❶ 有关危险物品的类别及主要危险性,将于第四章有关章节专门讨论。

e. 爆炸性物品宜另库单独存放，数量很少时，可把瓶子放在装有干砂的开口容器内，再放置于对其他物品干扰最小的地方。

④ 装卸搬运危险性化学试剂时，应轻拿轻放，严禁摔碰、撞击和强烈振动，严禁肩扛背负。

⑤ 拆卸危险性试剂的外包装时忌用蛮力，以防内包装破裂。

⑥ 开拆易燃易爆品的包装箱时，应使用能不生火花的铍青铜或包铜的钢铁质工具。

⑦ 凡有隔离剂的试剂（如黄磷、金属钠等），要确保隔离剂质量、数量和隔离效果。

⑧ 挥发性、腐蚀性试剂应密封保存，有条件时宜另库存放。

⑨ 爆炸性物品、剧毒性物品和放射性物品，应按规定实行"五双"制度（双人双锁保管、双人收发、双人运输、双账、双人使用）管理。

⑩ 所有种类的危险性试剂的"物资性"管理（验收、领用、保管保养、盘点检查等）均应从严掌握，以确保安全储存，杜绝危险物品外流。

规模较小的实验室，在储存的危险性化学试剂的数量很少时，允许与普通化学试剂同库储存，但必须按其特性分类分别存放于不燃烧或难燃烧材料制作的储物柜（或架子）上，特别是遇水放出易燃气体的物质的储放，必须特别防护，防止万一发生火灾时与灭火剂发生反应成为新的危险源。

具有化学危险性的试剂与普通试剂同室储存时，必须严格按危险性试剂管理要求进行管理。

四、化学试剂溶液的管理

化学试剂溶液是分析化验工作必不可少的操作物质，其有效性对分析化验结果具有举足轻重的影响，因此必须认真管理。化学试剂溶液的管理要点如下。

① 化学试剂溶液应放置于牢固的储物架上，以保安全。

② 化学试剂溶液的放置应排列整齐有序，并可方便地取用。

③ 化学试剂溶液应避免受热和避免强光，见光容易分解的试剂应以棕色瓶盛装，最好能再加遮光罩。

④ 化学试剂溶液储存应注意避免环境因素影响。

⑤ 所有化学试剂溶液均应粘贴有标签，标明试剂溶液的名称、浓度和配制时间。标签大小应与试剂瓶大小相适应，字迹应清晰，字体书写端正，并粘贴于瓶子中间部位略偏上位置，使其整齐美观，标签上可以涂以熔融石蜡保护。

⑥ 化学试剂溶液的浓度应按法定计量单位要求标注，并标注至足够的有效数字（"整值"的浓度，如 0.1000mol/L、1.000mol/L，也不允许标注成 0.1mol/L、1mol/L。包括实验记录），以确保实验数据的精确性和可溯源性。

⑦ 所有标准溶液均应按照现行国家标准方法制备。滴定分析（容量分析）用标准溶液，杂质测定用标准溶液和试验方法中所用制剂及制品，必须按照 GB 601、GB 602 及 GB 603 等标准规定的方法配制和标定。

凡标准中规定用"标定"和"比较"两种方法测定浓度的标准溶液，不得略去其中任何一种，并且两种方法测得的浓度值之偏差不得大于 0.2%，以标定为准。否则应重新测定。

⑧ 标准溶液必须有标定（或配制）人员签署，标准溶液应在标签上标注标定（或制备）的时间和室温，标准溶液的"有效期（或复核周期）"等，标定（或配制）人员应签署名字以示负责（规定由二人负责测定或配制者应二人签署）。图 3-7 为化学试剂溶液标签示例。

高锰酸钾标准溶液
$c\left(\dfrac{1}{5}KMnO_4\right)$
0.1000 mol/L

GB 601
18℃   ××标定××比较
复核周期:2个月   2018/9/12

标准缓冲溶液
磷酸盐标准缓冲溶液
pH＝6.88(20℃)

GB 9724—××   ×××配制
有效期:2018/11/11   2018/9/12

氯化钡溶液
$\rho(BaCl_2)$
100g/L

分析纯   ×××配制
          2018/9/12

溶液名称	硫酸标准溶液 GB 601
浓　　度	$c\left(\dfrac{1}{2}H_2SO_4\right)$ =0.1000 mol/L
标 定 人	×××　　　　2018/9/16
比 较 人	×××　　　　2018/9/16
有 效 期	2018/11/15　分 析 纯

图 3-7　化学试剂溶液标签示例

⑨ 所有化学试剂溶液必须在其有效期内使用，GB/T 601 规定，标准滴定溶液在 10～30℃下，开封使用过的标准滴定溶液保存时间一般不超过两个月❶，用有效期标注的时候"有效期"应该标注为"到期日"的前一天。在其他温度条件下保存，或使用时候的室温与标定时的温度相差超过 5℃时，应根据实验的精度要求考虑重新标定。

⑩ 凡变质的化学试剂溶液不得继续使用，并应及时处理。

⑪ 凡从溶液储存器取出的标准溶液不许倒回原储存器，以免造成污染或干扰。

⑫ 贵重或有毒害的化学试剂溶液（及废液、废渣）应予以回收。

---

❶ 即在使用过程中，必须两个月复核（复标定）一次，一些比较不稳定的化学试剂标准滴定溶液，如碘标准滴定溶液、氢氧化钾-乙醇标准滴定溶液等等的保存条件和保存期有更高的要求，请查阅标准相关规定。

对于需要回收的溶液必须回收，并集中处理（见本章第五节）。

五、其他"化学类"物资的管理

在化验室内除了化学试剂以外，还经常使用一些用于非检验性的化学反应物质或其他用途的化学物质。

1. 清洗剂

（1）酸性化学洗液

① 铬酸洗液　由铬酸酐加浓硫酸组成，具有很强腐蚀性和很强的氧化性；

② 工业盐酸　具有强腐蚀性；

③ 稀释酸洗液　（1+1）或（1+2）的盐酸或硝酸，具有强腐蚀性；

④ 硝酸-氢氟酸洗液　（1+2+7）氢氟酸-硝酸水溶液，特殊用途洗液，具有强腐蚀性和氧化性；

⑤ 酸性硫酸亚铁洗液　含少量硫酸亚铁的稀硫酸，具有强腐蚀性，用于清除高锰酸钾污迹；

⑥ 草酸洗液　100g/L 草酸溶液，弱酸性洗液，用于清除高锰酸钾之残迹。

（2）碱性化学洗液

① 氢氧化钠洗液　100g/L 氢氧化钠水溶液，具有强腐蚀性；

② 氢氧化钠-乙醇洗液　120g 氢氧化钠溶解于1L 70%乙醇中，具有强腐蚀性；

③ 碱性高锰酸钾洗液　40g 高锰酸钾与100g 氢氧化钠加水至1L，具有强腐蚀性和强氧化性。

（3）其他化学洗液

① 碘-碘化钾洗液　10g 碘与20g 碘化钾加水至1L，用于清洗硝酸银污迹；

② 硫代硫酸钠洗液　100g/L 硫代硫酸钠溶液，用于清洗碘污迹；

③ 有机溶剂　汽油、二甲苯、乙醚、丙酮等，用于清洗有机物，具有燃烧性。

（4）普通清洗剂　包括各种固体（粉状）或液体洗涤剂，常用于较清洁的仪器洗涤。

2. 浴油类

浴油是用于均匀传递热量的物质，要求具有较高的传热能力和热稳定性。

化验室常用的浴油主要有甘油（丙三醇）、石蜡和润滑油，这些物质虽然具有较高的热稳定性，但均属可以燃烧的物质，不能在过高温度下工作。

3. 其他化学材料

（1）塑料制品　化验室常用的塑料制品主要有聚氯乙烯、聚乙烯、聚丙烯、聚四氟乙烯、聚甲基丙烯酸酯（有机玻璃）等，具有良好的耐腐蚀性能、电绝缘性能，但耐热性及机械强度较差，使用时必须注意其适用性，常用于制作仪器护罩、支架、容器等。

（2）橡胶制品　橡胶制品具有较好的弹性、耐腐蚀性，主要有用于作防震材料、防腐蚀垫板、软管、手套以及机械传动胶带等辅助用途。

（3）化学纤维制品　通常化学纤维制品具有耐腐蚀、耐磨损等特性，可以用作防护网、罩等物品或某些试验材料。

使用塑料、橡胶或化学纤维制品时还要注意避免受热、阳光暴晒等不良因素导致的老化，甚至起火燃烧。

非直接使用于分析检测的化学物品，由于没有直接使用于实验而容易被人们所忽略，但是当中却不乏危险性物质，使用和处置不当仍然会造成人员伤害和环境损害。因此在实际工作中必须根据其自身性质按照相应的危险化学品安全使用要求使用和处置，以免形成安全隐患、人员伤害或环境破坏，以及其他方面的损害。

第四节 化验室技术资料的管理

化验室技术资料是企业（或其他的社会独立机构，下同）技术资料的一部分，是企业技术档案中不可缺少的重要组成部分，必须纳入管理，避免流失。

一、化验室技术资料的分类和管理要求

1. 化验室技术资料的分类

（1）管理性文件

① 国家与地方各级人民政府的质量管理法律、法规、相关文件及附属资料。

② 上级管理机构的质量管理文件及附属资料。

③ 上级质量监督仲裁机构的监督检验、仲裁通告文件。

④ 上级或有关管理机构转发的用户质量投诉资料。

⑤ 企业的质量管理计划指令。

⑥ 企业的生产调度指令。

⑦ 企业的质量检验制度。

⑧ 上级和企业其他管理部门向化验室对应管理下达的指令性文件。

⑨ 化验室组织机构构成、人员组织状况及相关资料。

⑩ 化验室岗位责任制及其他相关管理制度等。

（2）技术性文件

① 各种技术标准、管理规范以及相关文件。

②《化验人员手册》及其附属文件。

③ 产品质量改进或检验技术进步的技术总结及相关资料。

④ 科技信息和科技书刊。

⑤ 其他与检验工作有关的技术资料。

（3）检验工作日常报表

① 企业内部的有关部门的常规送检通知书（申请书）。

② 企业有关管理部门的临时性工艺抽样检验指令。

③ 生产车间、班组及有关业务部门的临时性抽检申请。

④ 日常检验和临时抽样检验的检验报告书。

⑤ 各种检验原始记录。

⑥ 上级监督检验机构对企业产品的正常监督检验及临时监督检验项目的检验结果通知书。

⑦ 计量仪器、设备和器件的检定证书（或通知书）。

⑧ 质量管理台账及其他与检验工作有关的报表。

（4）其他技术文件

① 国内外用户或有关单位、部门的产品质量和其他与质量有关的咨询信件或其他文本。

② 化验室对有关来文的复函（副本）。

③ 国内外同行业或相关行业的质量管理、产品质量标准或质量改进等方面的交流资料。

④ 仪器设备档案、运行台账、维修保养记录等设备管理资料。

⑤ 其他与化验室工作有关的文字资料。

2. 化验室技术资料的管理

化验室技术资料是化验室的档案，包含有企业管理，尤其是产品质量检验和质量管理方面的许多文件、报表，都是企业的重要信息。因此，所有文件、报表等均应按月（或季）整理，归类装订存档，并编制归档文件资料的目录，以方便查阅。

凡可以输入电子计算机的资料，都应该输入电子计算机，以充分利用现代先进信息储存工具的优越性能。既可以容纳巨量信息，也可以方便进行交流，实现无纸办公（特别重要的文件、日常工作记录及实验记录仍然需要使用纸张打印或填写存档）。

（1）凡企业生产必需的质量信息，化验室应及时向企业信息中心及有关子系统和有关部门发送（或反馈）。

（2）检验方法的验证试验、新检验方法的探讨试验记录资料，尤其要妥善保管。

（3）所有技术资料均应按其保密等级做好保密工作。

（4）所有资料均应按企业规定的保管年限妥善保管，做好防虫、防潮、防霉、防热、防晒等养护工作，避免资料自然损毁。

（5）凡超过规定保存期限的资料，应按企业档案管理制度的规定，申报处理，凡未经批准者，不得擅自销毁。

二、《化验人员手册》的编制和管理

《化验人员手册》是化验室的重要技术文件，一本好的《化验人员手册》，不但能对化验人员的工作给予具体的指导，而且还能提供很多有用的技术参数、历史资料以及应变措施等有实用价值的知识，对提高检验人员的工作效率及人员的技术素质有举足轻重的意义。

1. 《化验人员手册》的主要作用

（1）检验人员的工作指导书

① 明确部门和个人的岗位责任制、工作要求及具体安排。

② 明确检验工作质量要求、质量管理方式和其他与质量检验、质量监管有关的事项和要求。

③ 明确与上级监管机构的联系方式、受监督检验试样的送样（含采样）程序和具体要求。

④ 明确化验室对生产部门实施质量监管和服务的工作要求。

（2）检验工作的规范

① 明确检验工作的操作规范要求。

② 明确检验工作过程中异常现象的分析和处理规范要求。

2.《化验人员手册》的编制

（1）《化验人员手册》的内容

① 国家及地方各级政府，以及上级质量主管部门关于质量检验的法律、法规和相应的管理性文件。

② 本企业质量检验的规章制度、化验室的部门及个人岗位责任制。

③ 本企业产品、半成品、原材料的检验标准等规范性文件。

④ 与企业生产有关的有代表性的检验实际或历史资料。

⑤ 检验工作安全制度及其他需要说明问题的相关资料。

（2）编制《化验人员手册》的注意事项

① 严谨、认真，实事求是，注重实用。

② 简明扼要，语言精练，词语准确，易于记忆。

3.《化验人员手册》的管理

（1）分级管理

① 企业、车间和班组的检验人员的《化验人员手册》，应分不同级别编制和分发。

② 有"对外业务"的化验室，"对外业务"部分应另行编印"对外业务分册"，以对外部分发。

（2）适时修订

① 修订《化验人员手册》的理由

a. 国家有关法律、法规的改变。

b. 产品或标准的改变。

c. 产品生产控制和其他影响因素的改变。

② 修订《化验人员手册》的要求

a. 修订后《化验人员手册》的水平要有所提高，内容更充实，实用性更强。

b. 使用最新的标准（含补充规定或说明）。

（3）注意保密 《化验人员手册》属于企业内部资料，必须妥善保管，并注意保密。

第五节 化验室的环境保护

化验工作需要有一个安静、良好、没有污染的环境，但是在化验室进行化验试验的时候，却可能产生对环境的污染。因此，必须对化验室进行环境管理。

一、化验室的噪声和控制

1. 化验室噪声的主要来源

（1）室外噪声源 交通干线上的车辆噪声，机器、锻锤、锅炉房等工业噪声。

（2）室内噪声源 真空泵、压缩机、空调机、排风机等机械噪声，气流噪声及某些电气设备的磁场等电器噪声。

安装不合理的排风机，同样会给化验室带来强烈的噪声，给实验人员和工作造成不良影响。见图3-8。

2. 噪声的影响

（1）噪声对实验工作人员的影响 实验证明，长时间停留在大于60dB(A)的噪声环境中的人员，可能出现头晕或者全身乏力等不良感觉，给工作带来不良影响（对精细工作的影响比较大）。

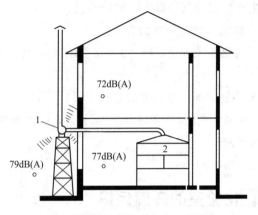

图 3-8　排风机噪声对实验室的影响

1—排风机；2—通风柜

经常在强烈噪声环境中工作可导致某些症状，直接症状表现为健忘、乏力、耳鸣甚至失聪；在强烈噪声的长期影响下，人的机体会受到严重损害：血压和脑颅内压升高、呼吸与脉搏加快、消化减缓，并出现脑细胞工作能力减弱、注意力不集中、精神紧张、情绪抑制，甚至造成视觉敏感性下降、破坏正常的色觉等神经系统症状。

（2）噪声对仪器、材料的影响　高灵敏度仪器可因噪声引起的振动而不能正常工作，甚至损坏，一般仪器也可能缩短寿命。

高强度的噪声可导致材料疲劳而发生破坏，在媒体上曾报道超音速飞机的高速飞行使航线下的建筑物受到破坏的消息。

3. 噪声的防治

根据国家标准《工业企业噪声控制设计规范》（GB/T 50087）的规定，办公室、会议室、设计室、中心实验室（包括试验室、检验室、计量室）的室内最大允许噪声为 60dB（A），一般化学、生物及测试实验室，噪声宜控制在 55dB（A）以下。

对于超出 60dB（A）的实验室，必须进行噪声防治。

（1）室外噪声源　通常在化验室选址及房屋设计的时候考虑。

（2）室内噪声源　对室内噪声的整治，常用如下方法。

① 尽量选用低噪声设备，以减少噪声的发生和输出。

② 集中噪声设备，集中治理，限制噪声传播，便于控制。

③ 控制管道气流速度，一般要求在 8m/s 以内，要求高的可控制在 5m/s 以下，以避免或削弱气流噪声的产生。

④ 使用消声器及综合治理。

试验结果表明：在排风机进风口与管道之间安装迷宫式消声静压箱（图 3-9），可以把排风机的噪声传递降低 20dB(A)。若在消声器的内壁再衬贴上吸声材料，则效果更佳。

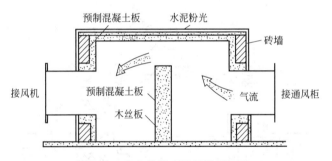

图 3-9　实验楼消声静压箱剖面图

如果在排风机的进、出气口都安装消声器，并在系统中加装"减振器"，还可以减少机房的自身噪声（图 3-10～图 3-12）。

二、化验室废气的发生与排除

1. 化验室废气的发生和特征

化验室的废气主要来源于各种化学反应和溶剂的蒸发。化验室的废气通常都具有危险性和危害性，如恶臭、腐蚀性、燃烧性、爆炸性、毒害性等。不但对人员健康和安全发生不良影响，并可能影响仪

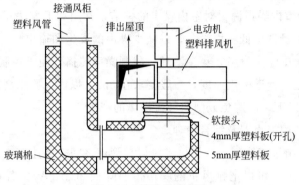

图 3-10　排风机消声器

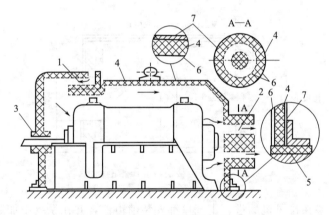

图 3-11　隔声罩示例

1,2—空气循环用的孔口消声器；3—传动装置用的孔口消声器；4—吸声饰面；

5—橡胶垫；6—穿孔板或钢丝网；7—钢板

器设备的精密度及使用寿命。

2. 主要的废气排除方式

（1）全室排气　在实验室一侧墙壁的下半部开设进风口，在另一侧墙壁的上部安设若干排气口，用排风机或排气扇强制排出室内的空

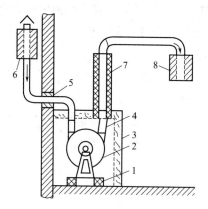

图 3-12 降低排风机噪声示意图

1—隔振器；2—通风机；3—隔声罩；4—隔声连接管；

5—橡胶垫或毡垫；6~8—消声器

气，吸入新鲜空气（图 3-13）。全室排气能够保证吸入新鲜空气，但消耗能量较多，且室内气流速度一般仅达到 0.1m/s 左右，远低于"最低控制风速（0.25m/s）❶"。故往往换气不良。

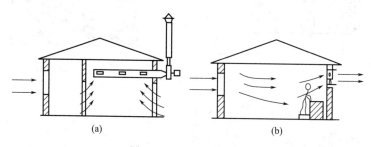

图 3-13 全室排气系统

（2）局部排气 在实验台容易产生有害物质（或飘浮物质）的位置，安装各种形式的吸气罩，进行局部排气（图 3-14）。由于"负责

---

❶ 能够保证气体中的飘浮物质或有害物质跟随气流流动的最低气流速度。

管辖"的范围比较小,可以使用比较小的抽风机而获得比较大的风速(约 0.5m/s),大大改善换气质量。但由于总排气量比较小,室内空气的"换气"效果欠佳。

(3) 通风柜 对于单项占用地方比较小的有有害气体产生的实验,可以移入通风柜内进行,由于在比较密闭环境内操作,可以有效地防止废气的自然扩散,且排气效果也比较好。但操作空间较狭小,操作不甚方便。图 3-15 为通风柜组的照片。

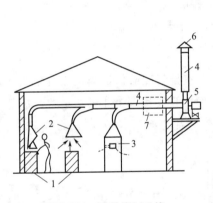

图 3-14 局部排气系统

图 3-15 通风柜组

1—毒源;2—吸风罩;3—通风柜;4—风管;

5—风机;6—风帽;7—净化回收装置

通风柜的正面风速一般可在 0.5m/s 以上。

三、通风柜的功能和设计

1. 常用通风柜

(1) 自然通风式通风柜 见图 3-16,是一种利用自然温差效应产生通风作用的通风柜,构造简单、不耗电、无噪声、无振动。缺点是由于自然温差有限，通风的"动能"不高，通风效果较差。

不适用于产生热量或毒性较高的实验，有空调的实验室也不适用。

（2）狭缝式通风柜 见图3-17。在普通通风柜的"后背"加装挡板，以形成夹层排气通道，再在挡板上开出"狭缝"，由于气流的"节流效应"改善了通风柜操作口的气流状况，从而改善了实验操作环境。

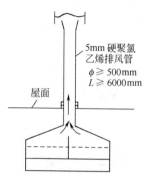

图3-16 自然通风式通风柜剖面图

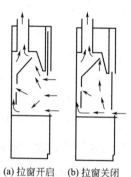

(a)拉窗开启 (b)拉窗关闭

图3-17 狭缝式通风柜

由于"狭缝"节流作用产生气流阻力，这种通风柜通常需要安装抽风机，要消耗电力。

狭缝式通风柜的适用范围相当广泛。

（3）供气式通风柜 见图3-18。在通风柜的顶部设置有供通风柜排气用的送气管道，向通风柜操作口送气，减少了通风柜排气对室内气流的影响。

供气式通风柜常用于有空调的实验室或者洁净实验室。

2. 通风柜的设计

（1）设计通风柜需要考虑的问题

① 安装实验仪器设备的需要 通

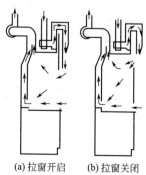

(a)拉窗开启 (b)拉窗关闭

图3-18 供气式通风柜

风柜的工作空间必须能够满足安装实验仪器设备的需要，必须长期使用通风柜进行实验工作的仪器设备可配置专用通风柜。

② 安全工作的需要　通风柜必须能满足排除有害气体的要求，并保证实验工作的安全要求。

③ 实验室通风换气的要求　通风柜的排气量必须与实验室的通风量配合，保证室内空气向通风柜流动，而不致产生倒流。

④ 气流噪声的避免　控制通风柜的气流，避免排气管道产生影响实验室工作的噪声。

（2）通风柜的基本尺寸的确定

① 通风柜的平面宽度（进深）"d"　一般取 $0.8\sim0.85m$，狭缝式通风柜则必须增加背后的通风夹层的尺寸。

② 通风柜的长度（正面"宽度"）"l"　一般不宜小于 $1m$，常用 $1.2\sim1.8m$，必要时可以双柜或多柜并列（柜间不设间壁或采用活动间壁，可灵活运用）。见图 3-19。

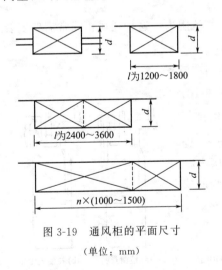

图 3-19　通风柜的平面尺寸

（单位：mm）

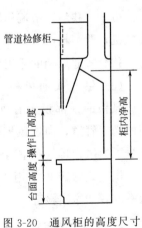

图 3-20　通风柜的高度尺寸

（单位：mm）

③ 通风柜的台面高度　一般为 $0.85\sim0.9m$，有特别要求时可以

根据需要另定。

④ 操作口高度和柜内空间 操作口高度大约 0.8m，柜内净高不小于 1.5m，特定仪器设备的专用通风柜的柜内工作空间可以按需要定。见图 3-20。

（3）通风柜的气流速度

① 通风柜的正面风速一般取 $0.7\sim 1m/s$。

② 带狭缝的通风柜，狭缝尺寸以缝口风速 $\geqslant 5m/s$ 计算（中缝与下缝的尺寸一般相等，上缝则略小 $20\%\sim 30\%$），挡板后的风道取狭缝的宽度的两倍以上。

（4）通风柜的抽风机 根据通风柜的有关部位的气流速度及操作口尺寸等，推算出通风柜的总排气量，再据以选取适合的抽风机。

（5）通风柜的柜门结构 通风柜的柜门通常有摇开式、上悬式、上下扯式、水平滑动式和无门式五种类型（图 3-21），可以根据实际实验工作的需要选用。

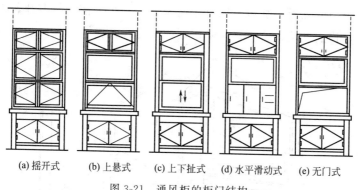

(a) 摇开式　　(b) 上悬式　　(c) 上下扯式　　(d) 水平滑动式　　(e) 无门式

图 3-21　通风柜的柜门结构

上下扯式的柜门是比较好的结构，优点是操作口大小可以调节，打开柜门时不占用室内空间；缺点是结构比较复杂，制作难度较大。

水平滑动门是另一种常用结构，由若干安全平板玻璃安装在门框的导轨上构成。这种柜门结构在柜门全开时虽然未能获得最大的操作空间，但是当把所有的玻璃重叠并集中在柜门口的中间位置时，可以减少气流扰动，避免污物"漏出"通风柜，避免反应物的溅洒或爆炸对实验人员的危害。这种柜门结构简单，易于制作，因而很受欢迎（图3-22）。

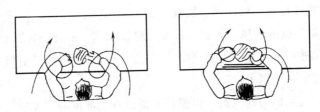

图 3-22　挡板或水平滑动门可以防止污物漏出

（6）通风柜的附属结构

① 通风柜"下柜"的利用　通风柜通常只是"上柜"，如果还有"下柜"时，可以用于存放少量的挥发性试剂。一般做法是在上、下柜的隔板上加装通风口或通风管，并在下柜的门上开若干进气孔，构成气流通道，以排除试剂挥发的有害气体（图3-23）。

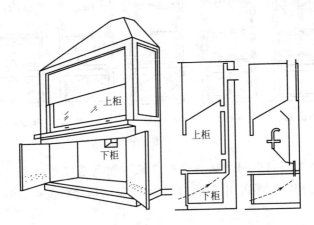

图 3-23　通风柜下柜的通风孔、排气短管

② 加装局部照明　通常安装在通风柜的柜顶玻璃外面（图 3-24）。

（7）通风柜的制作材料

①"柜体"　早期常用木材制作框架，再镶嵌玻璃制成。近年来有人采用不锈钢型材或其他框架材料，辅以塑料、有机玻璃等合成材料，制作的通风柜轻盈美观，容易清洁。但使用合成材料时要注意避免受热变形问题。

② 通风柜台面　常用材料为铺砌耐酸瓷片。近年来也有人采用耐腐蚀的人造大理石制作整体"台面"，效果很好，但成本较高。

③ 排气管道　早期多采用陶瓷管，价廉且耐腐蚀，但较笨重，连接处也容易发生泄漏。目前多使用耐腐蚀的塑料管，管道直径较大时可以用塑料板制作。

图 3-24　通风柜加装局部照明

3. 通风柜排气管道的布置

排气管道的布置对通风柜的功能发挥有较大的影响，正确地安装排气管道及排风机，对废气的排除、减少噪声对实验室和环境的影响都具有积极意义（图 3-25）。

如果实验中产生的有害气体的毒性较大，数量较多，可能对环境产生不良影响时，应在排气管道上安装吸收装置，使废气经过吸收处理后再排放。

四、排气罩和排气口在化验室中的应用

某些实验不适宜在通风柜内进行，却又有害气体或粉尘产生，可能产生不良影响的时候，可以在实验台的适当位置安装"排气罩"（见图 3-26）或设置"排气口"，以排除这些不良因素，保证实验的顺利进行。常用的排气方式如下。

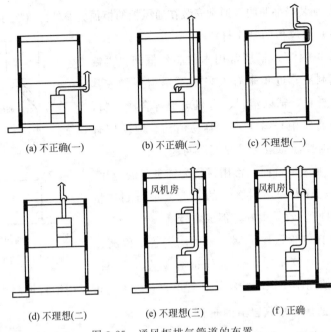

(a) 不正确(一)　　　(b) 不正确(二)　　　(c) 不理想(一)

(d) 不理想(二)　　　(e) 不理想(三)　　　(f) 正确

图 3-25　通风柜排气管道的布置

图 3-26　带围护的排气罩

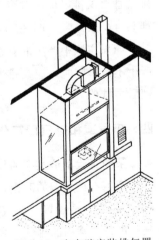

图 3-27　在夹壁安装排气罩

① 安装在实验（操作）台上空的伞形或喇叭形排气罩（图 3-27）。

如果在实验台面板与排气罩之间的适当位置加上挡板，可以进一步改善实验环境。但是，也有某些"实验室装备公司"把这种改良的"排气罩"当作"通风柜"推出，由于"效能"上有显著差异，在实际应用中必须慎重对待（尤其是进行有毒性物质参与的反应操作）。

② 安装在实验（操作）台面上操作位置的排气口（见第二章图 2-41）。

实践证明，后者排除废气的效果显著优于前者，但制作难度较大。二者各有优缺点，选择时应该进行多方面的比较。

常见排气罩的类型及其排风量计算见图 3-28。

排气罩类型	说　明	纵横比 $\dfrac{W}{L}$	通　风　量
	条缝	0.2 或更小	$Q=3600\times3.7Lvx$
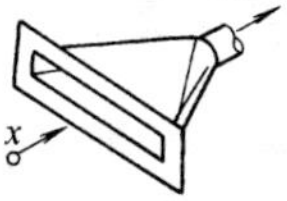	围挡法兰条缝	0.2 或更小	$Q=3600\times2.8Lvx$
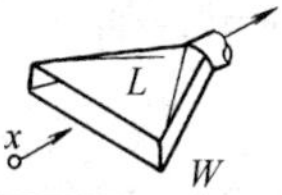	普通开口	0.2 或更大,圆形	$Q=3600\times v(10x^2+A)$
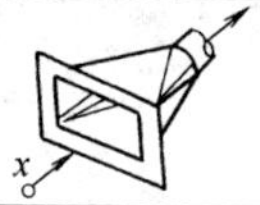	围挡法兰开口	0.2 或更大,圆形	$Q=3600\times0.75v(10x^2+A)$
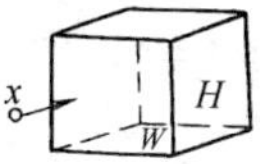	柜	适合操作需要	$Q=3600\times vA=3600\times vWH$
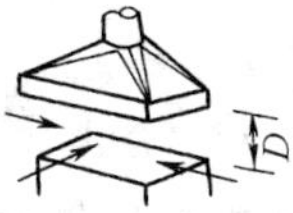	伞形罩	适合操作需要	$Q=3600\times1.4pDv$ p—设备或机件周长 D—设备至罩高度

图 3-28　排气罩的类型及其排风量计算
A—抽风罩口面积，m^2；v—控制风速，m/s（一般取 1m/s）；
x—排风罩口与控制点的距离，m

五、化验室废物的回收利用和处置

1. 化验室废物的处理处置原则

根据环境保护的要求，化验室的废物对环境构成危害，必须加以处理。按照最新的环境保护观念，化验室废物的处理处置应遵循如下基本原则。

（1）回收利用　由于废物中实际上含有不少有用物质的环保新观念，废物应首先考虑回收利用，某些暂时无实际用途但可以用于处理其他废物的废物（以废治废），应先予以储存待用。

（2）无毒害化　对于确实无利用价值的有毒害废物，可以采取"无毒害化"处理，以消除其毒害性，然后再行排放。

（3）低毒害化　某些无法完全消除其毒害性的废物，应尽量使其以毒害性最小的状态存在，然后再行排放。

2. 化验室常见有毒害废弃物质的处理

（1）废酸、废碱溶液的回收和处理

① 没有受到污染的废弃的酸、碱溶液，可以回收利用，如加入新的试剂中使用。

② 受到污染或者没有必要再回收的废弃的酸、碱溶液，应集中储存于耐腐蚀的容器中，用于中和其他需要处理的废物，以消除（或降低）其毒害性。

③ 浓度很稀的废酸、碱溶液，可以简单中和后再用比较大量的清水稀释后排放。

（2）有机溶剂的回收利用

① 乙醚　先用水洗两次，再中和至中性，然后用 5g/L 的 $KMnO_4$ 溶液洗涤以除去还原性物质，再用水洗脱高锰酸钾，然后再用 $5\sim10g/L$ $(NH_4)_2Fe(SO_4)_2$ 溶液洗脱氧化物。最后用水洗两次，用氯化钙干燥、蒸馏，收集 34.5℃馏分。

② 甲苯 用（1＋9）盐酸洗至盐酸无色，再用水洗两次，用氯化钙干燥、蒸馏，收集 110.6℃馏分。

③ 氯仿 废液依次用水、浓硫酸（氯仿量的 1/10）、纯水、盐酸羟胺（5g/L）、重蒸馏水洗涤，最后用氯化钙干燥，并蒸馏两次。

（3）废铬酸洗液的再生

① 废铬酸洗液经过浓缩，冷却后，缓缓加入高锰酸钾粉末（每升约 10g），边加边搅拌加热至 SO_3 出现，稍冷却，用砂芯漏斗滤去沉淀后即可再用。

② 浓度过稀的废洗液，一般不进行再生，可按相关项目处理。

（4）贵金属溶液、废液及废渣的处理

① 金的回收 含金的废渣可加入王水，使其转入溶液，必要时可加热促进溶解，过滤后得到澄清的含金溶液。加入硫酸亚铁、草酸或通入 SO_2，金沉淀，滤出、洗涤，熔化可得 99％以上纯金。

② 银的回收 含银溶液或废渣，加盐酸使转化为氯化银沉淀，过滤、洗涤，用浓氨水溶解沉淀物，过滤除去不溶物，再加（1＋1）盐酸使银重新沉淀。洗涤沉淀至中性，在稀盐酸中用锌粒（棒）还原，可得暗灰色银粉。以稀盐酸洗去夹杂的锌粉，可得 99％的银粉。

③ 铂的回收 含铂废渣可用王水处理，铂转入溶液，滤出清液，加入 NH_4Cl，则铂成氯铂酸铵沉淀。沉淀经过滤、洗涤后，加热分解可得海绵铂。产物再用王水溶解重新沉淀提纯，煅烧产物为纯净海绵铂。

初处理过程中如含氧化剂过多并影响反应时，可以加还原剂除去。

④ 铑的回收 含铑的废渣用王水溶解（必要时可以用焦硫酸钾熔融），铑进入溶液。调整溶液至微酸性，先加入金属锌，继而加入金属镁，铑即沉淀。

如溶液中含有锇或钌时，可在（1＋5）硝酸中加热煮沸 1h，使锇、钌挥发除去，再用还原剂使铑析出。

⑤ 钯的回收 含钯废渣用王水处理，钯以 Pd^{4+} 形态进入溶液，加入硫酸亚铁使其还原为 Pd^{2+}，加入氨水，钯转化为四氨配合物，再加入盐酸，即转化为不溶的二氨配合物。

将沉淀过滤后，即可以用与铂相类似的方法处理以回收纯钯。

（5）汞的回收和处理

① 直径大于 1mm 的汞粒应尽量收集，可用小滴管、毛笔或在硝酸汞的酸性溶液中浸过的薄铜片收集。最好用真空收集器（图 3-29）收集，其中"汞净化器"内装有经氯处理（或用经 200g/L 的 $CuSO_4$ 和 400g/L 的 KI 溶液处理过的）活性炭，以吸收净化汞蒸气。

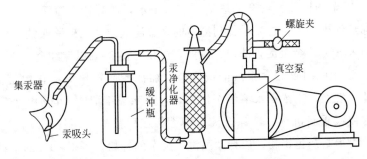

图 3-29　机械法收集流散汞的实验装置

② 泼洒于地面形成微小颗粒而又无法收集的汞微粒，应用 200g/L 的 $FeCl_3$、100g/L 的漂白粉水溶液喷洒。也可以用（1+50）的稀硝酸清除汞微粒。

③ 吸附于其他表面的汞蒸气，可以用碘蒸法除去。一般按每 $10m^2$ 用 $0.02m^2$ 蒸发面的碘片自然升华（需关闭门窗）12h 以上。紧急处理时，按每 $1m^2$ 用 0.5g 碘，加热熏蒸。

④ 无适当药物时，可以用研磨细的硫黄粉覆盖，最后冲洗。

⑤ 敞口的盛汞容器，应加甘油覆盖，也可以用 50g/L 的 Na_2S 溶液，应急时还可以用水，防止汞的蒸发。

⑥ 汞盐　将废液调节至 pH 为 8～10，加入过量的硫化钠，使生成硫化汞沉淀，再加入硫酸亚铁将其凝集，清液弃去，沉淀可以回收汞。

（6）酚的回收和处理　高浓度的酚可用乙酸丁酯萃取，蒸馏回收。低浓度的酚可以加入次氯酸钠或漂白粉氧化分解。

（7）其他毒害物质的处理

① 氰化物　可用硫代硫酸钠反应生成毒性较低的硫氰酸盐；也可以用硫酸亚铁处理；或者使 $pH \geqslant 10$ 用高锰酸钾或次氯酸钠将其氧化解毒。

② 含砷废液　可用碱液及氢氧化铁解毒；也可以在 $pH \geqslant 10$ 加硫化钠使生成难溶解、低毒的硫化砷沉淀。

③ 铅与镉　可用消石灰将废液的 pH 调到 8～10，加入硫酸亚铁，使之沉淀。

④ 铬（Cr^{6+}）　铬酸或铬酸盐废液，可用铁屑或硫酸亚铁将其还原为 Cr^{3+}，再用废碱或石灰使其生成 $Cr(OH)_3$ 沉淀。

⑤ 甲醛　可用漂白粉加 5 倍水浸湿，使之氧化。

⑥ 苯胺　可用稀盐酸或稀硫酸使其生成不挥发的盐。

⑦ 溴　可用氨水浸湿，再用水冲洗。

第六节　化验室的清洁卫生要求

一、化验工作与清洁卫生

世界上不少有名望的实验室管理专家指出："实验室的管理步骤首先从打扫卫生开始"，国内也有"未学化验先学干净"的说法。这些话听来似乎有些俗气，但是却是人们从无数失败的经历中得到的教训。

事实上，想要从一个脏乱不堪的实验室里进行精确的实验，并获得可信的实验结果，是不可能的，很多时候还会造成仪器的损坏。

现代科学技术高度发展的今天，分析化验的目标在很多情况下已经进入微量分析领域，化验室的清洁卫生对实验结果的影响将更加显著。

1. 灰尘

灰尘对于实验的影响是公认的，大颗粒的灰尘很容易引起人们的注意，很多实验室都会在实验室的窗户上安装纱窗之类的阻隔物。但是，微细的、肉眼不能观察到的飘尘，却往往被人们忽略。它们很容易通过纱窗进入室内，甚至某些"粗滤器"也对它们无能为力。可是，对于微量分析，这些微不足道的飘尘却可能给实验带来各种各样的麻烦。

有实验证明：在普通实验室的通风柜里蒸发 200g 仅含有 0.08mg 残留物的纯溶剂，结果发现在蒸发后竟然可以称量到 6mg 的残留物。由此可见在低含量乃至微量测定实验中，灰尘带来干扰之大是不可忽略的。

2. 污迹

污迹是仅次于灰尘的第二干扰源。操作者的手汗、老化的橡胶、凡士林，都可以使仪器沾上污迹，加上灰尘，还是微生物的"营养大餐"。各类实验中的残存物质，也会形成污迹，有些还具有侵蚀性。

各种各样的污迹，有些可能直接影响分析测试结果，如引起玻璃仪器的"挂水（珠）"，影响容积计量或带来读数误差；有些可能导致仪器的电子线路绝缘下降、感应元件变值等。

某些污迹自身或由于污迹使微生物大量繁殖，可能导致仪器设备损毁，如线路霉断、毛细管堵塞、光学镜头发霉等，都给化验工作带来严重影响。

3. "过于清洁"

某些工作人员为了干净和方便，大量使用各种先进的"无泡"或"低泡"洗涤剂，却不知道可能因此而造成对实验的干扰。

由于"无泡""低泡"给人的直接印象，人们往往忽略了对洗涤后的纤维织物进行彻底的清洗和漂净，结果残留的洗涤剂和洗涤剂中的附加成分，便成为化验过程的干扰物。

4. 其他

某些精密测量的分析室，就曾因为女性工作人员使用具有挥发性物质的化妆品，导致仪器反应异常，其中以口红、指甲油、香水类尤为显著。凡有影响实验者均应避免。

实验室里不要使用可能影响实验的"非必要物质"。

二、化验室的清洁卫生工作

1. 化验室的日常清洁工作

（1）经常保持化验室内清洁卫生，班前、班后均应进行必要的清洁工作。

（2）室内各种物品摆放合理，排列整齐有序，且便于清洁和整理。

（3）化验人员工作前必须洗手，特别是夏季高气温时期，带汗的双手尤其要清洗干净。

【注意】即使是在有空调的实验室工作，人们从高温度的室外进入化验室的时候，仍然可能是有汗的。

（4）实验服、窗帘、仪器罩和抹布等纤维织品，要经常洗涤，保持清洁。要注意避免使用有荧光增白剂等可能干扰实验的添加物的洗涤剂。

必要时可以考虑采用浅灰色的实验工作服（国外已经有实验室采用）。

（5）不随地吐痰、不随手扔东西、泼水，要注意保持化验室室内和地面清洁。

（6）化验室内应备有卫生桶、废液缸等盛放废物的容器，垃圾、废液和废渣应分别存放，并及时处理。

（7）坚持每日一小扫，每周一中扫，每月最少大扫除一次。

2. 化验室清洁工作注意事项

（1）化验室负责人应把清洁卫生工作作为搞好化验室工作的基础，要亲自过问，直至亲自动手，以身作则。

（2）大扫除不只是外观上的整洁，必须彻底，包括所有的死角，直至仪器、设备的内部，也不可忽略天花板、墙壁乃至家具、器具的背后及向下的表面上的灰尘。

（3）"灰尘搬家"式的清扫绝对不可取，没有吸尘设备的实验室，可以经常用以水沾湿的拖把拖地。

（4）为了避免灰尘或微细物体藏匿，可以对有细缝隙、小孔的地板涂布"地板漆"，有条件的还可以给地板打蜡、抛光（必须注意防滑，必要时加防滑垫），以便于清洁。

洁净而俭朴的化验室会给人们一种清新感觉，有利于化验工作的开展和效率的提高。

习题 ◄◄◄

1. 化验室仪器设备管理的意义和内容是什么？

2. 仪器设备选购需要做什么工作？为什么？

3. 什么是事故分析的"三不放过"原则？有什么意义？

4. 仪器设备的维护保养有什么作用？

5. 仪器设备在什么情况下需要维修？维修有什么要求？

6. 仪器设备的计量管理有什么作用？有什么要求？

7. 什么是精密玻璃计量仪器？在管理上需要注意什么？

8. 何谓"化学试剂"，其管理重点是什么？

9. 《化验人员手册》的作用是什么？有哪些主要内容？

10. 化验室废气、废液的处理原则是什么？

11. 化验室为什么要进行清洁卫生工作？为什么说需要领导亲自过问？

第四章 >>>

化验室安全管理

化验室是一个复杂的系统。化验室工作人员在工作的时候需要接触各种各样的化学试剂、试样，在化验过程的化学反应中还有各种各样的气体、蒸气、烟雾等不同形态的物质产生。这些物质有的有毒害作用、腐蚀作用，有的易燃易爆，甚至具有放射性。各种仪器设备、电器、机械在运行和使用过程中也可能存在危险性。因此，分析测试工作者必须学习化验室的安全技术，并掌握必需的安全防护急救技能。

安全技术又称为安全工程，是研究如何发现和预防在工作过程中的不安全因素，并为防止这些不安全因素所导致的事故发生，为人员创造良好的安全劳动条件，而采取各种相应措施的综合技术。

> 第一节 安全概论

自然环境和生物活动都潜存着各种各样的危险因素，或者说危险因素的存在是绝对的。但是当人们对可以预知的相关的危险危害因素采取了有效的对应措施，则事故是可以预防的。人类社会的发展过程，其实就是人类利用自己的智慧和技能不断地趋吉避凶的结果。

在大自然面前，人类其实是很渺小的。尽管人类在科学技术上取得了很多成就，但是一旦发生安全事故（无论是来自人们的错误，还是来自自然运动引发的危险因素所造成的），事故所涉及的地方的局部、甚至全部的成果，乃至生命都可能瞬间化为乌有。

由于人类对地球环境和地球环境的变迁的认识还存在各种各样的误区或盲点，客观世界存在的危险因素仍然有很多不为人们所认识，因此，人们采取的各种措施所获得的安全，只能够说是相对的。而且，过去的安全不等于现在就一定安全，现在的安全不等于将来的安全。因此，抓生产安全必须警钟长鸣，生产部门是这样，化验室也是如此，来不得半点含糊。

一、安全生产法律法规

"法律法规"是人类社会为了规范人们的行为而制定的强制性"行为准则"。"安全生产法律法规"则是国家从生产安全的角度出发，为加强安全生产监督管理，落实安全生产技术措施，保障人民群众生命、财产安全，避免生产过程中的危险因素对生产（工作）现场的破坏以及对生产（工作）现场相关人员的造成人身伤害，防止和减少生产安全事故，促进经济发展，而对生产（工作）环境中的人员的行为的强制要求，制定并颁布的法律规范。

1. 安全生产法治的意义

建立和实施安全生产法规的意义在于：通过法律法规的形式，可以以"强制"手段对各种危害社会生产安全的违法、犯罪行为实施制裁。以及对由于忽视安全而产生的"无心之过"予以制止。从而确保社会生产安全和经济发展，促进社会进步。

当前，我国的安全生产相关法律、法规主要有：《中华人民共和国安全生产法》，以及《危险化学品安全管理条例》《作业场所安全使用化学品公约》等专门法规和配套的各种安全管理"规定"等，已经基本形成门类比较齐全的安全法律、法规体系。

2.《中华人民共和国安全生产法》要点

（1）明确安全生产的三大目标任务 《中华人民共和国安全生产法》（以下简称《安全生产法》）第一条就明确规定了加强安全生产监督管理，防止和减少生产安全事故的三大目标：保障人民生命安全，保护国家财产安全，促进社会经济发展。

（2）阐明我国安全生产的五方面的运行机制 《安全生产法》总则规定了保障安全生产的国家总体运行机制，包括如下五个方面："政府"监管与指导（通过立法、执法、监管等手段）；"企业"实施与保障（落实预防、应急救援和事后处理等措施）；"员工"权益与自律（8项权利和5项义务）；"社会"监督与参与（公民、工会、舆论和社区监督）；"中介"支持与服务（通过技术支持和咨询服务等方式）。

（3）确立我国安全生产实行两结合监管体制 任何组织的管理架构、管理制度和管理措施的实施都难免存在不足或缺陷，而这些"不足或缺陷"却往往就是形成事故发生的间接原因。为了避免这些"不足或缺陷"及其影响，需要对它们进行必要的监督，促使它们不断完善和进步。

《安全生产法》明确了我国现阶段实行的国家安全生产监管体制——国家安全生产综合监管与各级政府有关职能部门（公安消防、公安交通、煤矿监察、建筑、交通运输、质量技术监督、工商行政管理）专项监管相结合的体制。各有关部门合理分工、相互协调。明确规定我国安全生产法的执法主体是国家安全生产监督管理总局和相应的专门监管部门。

（4）确立安全生产七项基本法律制度 《安全生产法》确定了我国安全生产的基本法律制度是：安全生产监督管理制度；生产经营单位安全保障制度；从业人员安全生产权利义务制度；生产经营单位负责人安全责任制度；安全中介服务制度；安全生产责任追究制度；事

故应急救援和处理制度。

（5）确定四个责任对象　《安全生产法》明确了对我国安全生产具有责任的各方，包括如下四个具有责任的方面：政府责任方，即各级政府和对安全生产负有监管职责的有关部门；生产经营单位责任方；从业人员责任方；中介机构责任方。

（6）明确安全生产违法、犯罪行为的法律责任追究　《安全生产法》明确了相关违法行为的处罚、追究方式；对政府监督管理人员、对政府监督管理部门、对中介机构、对生产经营单位、对生产经营单位负责人以及对从业人员的违法责任追究。

（7）明确规定生产经营单位的主要负责人对本单位的安全生产工作全面负责　生产经营单位的主要负责人应当在生产经营单位内建立相应的机制，加强对安全生产责任制落实情况的监督考核，保证安全生产责任制的落实。

生产经营单位应当对从业人员进行安全生产教育和培训，保证从业人员具备必要的安全生产知识，熟悉有关的安全生产规章制度和安全操作规程，掌握本岗位的安全操作技能，了解事故应急处理措施，知悉自身在安全生产方面的权利和义务。未经安全生产教育和培训合格的从业人员，不得上岗作业。

无论任何人，违反安全法律法规造成严重后果，构成犯罪的，会被依照刑法有关规定追究刑事责任。

3. 安全生产基本方针

（1）《安全生产法》规定的安全生产基本方针　《安全生产法》规定的"安全第一，预防为主"的方针是我国安全生产工作长期经验的总结。

经过近几年的深入实践，国家又把安全生产基本方针进一步充实为"安全第一、预防为主、综合治理"，从而把我国的安全生产工作推进到一个新的高度。

（2）"安全第一，预防为主，综合治理"的人文含义。

① 发展生产必须坚持以人为本　人的生命是最可贵的。人民的利益高于一切，首先表现在要始终把保证人民群众的生命安全放在各项工作的首要位置。

"生产经营单位的从业人员有依法获得安全生产保障的权利""从业人员发现直接危及人身安全的紧急情况时，有权停止作业或者在采取可能的应急措施后撤离作业场所"等规定，就是源于"以人为本"基本理念。

② 安全是生产经营活动的基本条件　一切生产经营单位从事生产经营活动，首先必须确保安全，绝不允许以生命为代价来换取经济的发展。

为劳动者创造安全生产环境是生产经营单位的基本义务。

③ 安全生产"重在预防"　任何事故一旦发生，即使能够及时地控制和抢救，都仍然会给企业乃至社会带来损失，生产安全事故也毫不例外。

"隐患险于明火，防范胜于救灾，责任重于泰山"是国人在经历无数惨痛教训后的总结，安全生产工作必须"重在防范，防治结合"。

然而，由于"危险因素的存在是绝对的"，即使人们已经采取了大量预防措施，某些意外仍然有可能发生。因此，在实施安全预防措施的时候，应该做到：既要重视防范事故的发生，也要对万一发生的生产安全事故采取必需的抢救措施，减少事故损失；更要从发生的事故中吸取教训，完善安全生产措施，不断地为劳动者创造安全舒适的工作环境，促进企业不断向前发展。

④ 贯彻国家的安全生产方针，必须"标本兼治，重在治本"　安全生产是一项复杂的系统工程，是生产力发展水平和社会公共管理水平的综合反映。

安全事故的发生的原因是多方面的，必须标本兼治，在采取断然措施遏制重特大事故的同时，综合运用法律手段、经济手段、文化手段和必要的行政手段，从人、机、环境、管理等方面积极探寻和采取治本之策。

⑤ 要依法追究生产安全事故责任人的责任　发生生产安全事故，既要追究生产经营单位及其有关人员的法律责任；也要追究有关行政机关及其工作人员违法行政（失职、渎职等）的法律责任。

追究法律责任并不是目的，最终是为了促进生产安全的"长治久安"。

4. 企业安全生产与化验室

（1）化验室安全是企业安全工作的重要组成部分

① 化验室安全是企业安全不可或缺的部分。企业安全工作是一个整体，化验室作为企业的有机整体的不可缺少的组成部分，其安全自然是企业安全工作的重要组成之一。

② 化验室安全是完成化验室工作的基本条件。没有安全的化验室，完成化验室工作将成为空话。

③ 化验室是安全工作的敏感部门。化验室内部存在多种危险危害因素和诸多未知因素，在特定条件下容易被激发，是企业安全工作的敏感部门之一，不可等闲看待。

（2）化验室在企业安全工作中的地位

① 化验室是作业场所安全分析的基本技术力量。生产作业场所危险因素信息的重要来源是对现场相关试样的分析化验结果。

② 生产作业现场危险因素的微小变异对安全事故预测和预防具有重要意义。危险因素的微小变异信息离不开化验人员的艰苦细致工作。

③ 企业生产安全事故的调查、分析以及整治需要化验室的全程配合。事故现场危险危害因素的实际数据往往是事故预防和事故原因

分析推断的重要依据，通过化验获得真正有用的信息，可以为企业生产安全综合治理和正确分析事故原因打下良好基础。

二、安全技术原理

1. 基本安全原理

人们在对安全生产的分析研究中，总结出多种预防人为事故的原则，其中比较流行的主要有以下三种。

（1）"三E"措施　"三E"是指安全技术（engineering）、安全教育（education）和安全管理（enforcement）三个方面。

"三E"措施认为要确保安全生产和防止人为错误造成事故，必须从这三个方面采取综合措施（图4-1）。

"三E"措施是相辅相成的，必须同时进行，缺一不可。"三E"措施指出：不经常进行安全教育本身就是一种不安全的隐患。这种观点与美国心理学家马斯洛（A. Maslow）提出的"人的安全需要是仅次于生理需要的五大需要之一，很多事故所以会发生，往往是当事人不懂得其危险性所致"是相一致的（图4-2）。

图 4-1　"三E"措施

图 4-2　人的"需要层次关系"示意图
1—生理需要；2—安全需要；3—社交需要；
4—尊敬需要；5—成就需要

（2）"四M"原则　"四M"是指人（men）、机械（machine）、媒介或环境（media）和管理（management）四个方面。它指出：人是安全生产的关键（包括所有的有关人员）；机械、媒介或环境都是与安全有密切联系的重要因素；安全管理则是要使人们有安全感和必须安全的欲望。

根据"四 M"原则的观点，制订必要的安全法令、规章制度，使人们明白，人是安全的核心，却往往又是制造安全事故的原因，在生产中没有任何一个与安全无关的人。因而，必须充分发挥人在安全工作中的作用。

（3）工伤事故的海因利希法则　　美国人海因利希（H. W. Heinrich）在系统研究了 50 万件工伤事故后，得出一个规律：重伤死亡、轻伤及无伤事故的比例为 1：29：300。这组数字显示了一个严峻的事实：一些没有发生人员伤害的事故，却往往潜藏着导致有人受到伤害的事故的隐患。如果发生轻伤事故仍然没有引起重视，则难免会有重伤甚至死亡事故发生。因此要消除重伤死亡事故，就必须避免轻伤事故，并重视无伤事故，切不可麻痹大意。

在安全工作中首先处理危急的和影响面大的危险因素，无可厚非，但是安全工作事无"大""小"，任何容易为人们忽视的小问题（人们通常都很关注"大问题"），在特定的条件下，都有酿成事故，甚至是重大事故的可能❶。

2. 安全系统工程

（1）安全系统工程基本概念　　安全系统工程起源于 20 世纪 60 年代，美国科学家为解决航空（航天）的安全问题开展了相关研究，基于任何组织和过程实质上都是"系统"的基本认识，提出了以"系统分析"为基础的，从设计开始进行可靠性和安全性分析和相关对策的研究，并运用于实际工作，取得显著成效。

美国人的成功，给全世界带来良好的正面效应，世界各国，尤其

---

❶　美国的价值过亿美元的"挑战者号"航天飞机，就是因为一个价值仅 10 美元的密封圈的"不安全状态"而导致"机毁人亡"惨剧。

是发达国家的安全专家纷纷仿效,"安全系统工程"理论逐步发展成为安全生产管理的重要理论。

(2) 安全系统工程的基本内容

① 系统安全分析 由于任何组织和过程实质上都是"系统",要实现组织和过程的"安全",自然离不开"系统安全分析"。通过"系统安全分析",人们可以识别系统中存在的危险性和危险因素,预测它们对系统可能造成的威胁,以及导致事故的可能性。

② 安全评价 "系统安全分析"在多数情况下是比较倾向于"定性"的,而人们要实现安全生产,更加需要对系统安全缺陷有"定量"的了解,这样才能运用比较少的资源,应对危险危害因素所造成的威胁。在"系统安全分析"的基础上进行的"安全评价"就是实现这一目标的基本途径。

"安全评价"也有"定性"和"定量"的区分,为实现"安全系统工程"的最终目标的安全评价,必须进行"定量"的评价。

③ 安全措施 通过"系统安全分析"和"安全评价",人们就可以提出应对措施,并组织资源加以实现。

a. 预防事故的措施,排除危险危害因素,避免事故的发生;

b. 控制事故的措施,在万一预防失效而发生事故的时候,采取补救措施,避免事故扩大,尽量减少损失。

3. 本质安全技术

"本质安全"是指设备、设施或技术、工艺具有包含在内部的,能够从根本上防止发生事故的功能。可以归纳为三个方面。

① 失效安全功能;

② 故障安全功能;

③ 上述安全功能应潜藏于设备、设施或工艺技术内部,即在它们的规划设计阶段就被纳入,而不应在事后再补偿。

"本质安全"的概念始于电气设备的防爆构造设计,其安全理念与"安全系统工程"如出一辙，也是从设计开始就要求实现"安全'保障'"。

事实上，现代安全管理中所采取的各种管理措施和技术措施，包括各种安全生产法律法规以及安全技术规程、标准，几乎都是以实现生产经营单位的"本质安全"为最终目标。

实现本质安全，需要使相关的人群认识"本质安全"的根本意义，自觉执行相关法律、法规和标准的规定。因为，如果实施方案的人没有正确执行规定的指令——即"出现'人的不安全行为'"，有可能导致原先的"物的安全状态"发生改变，以致引发事故。那些原先已经发生的"物的不安全状态"更加不可能得到纠正，从而无法保障生产安全。在现实生产当中，由于"人的不安全行为"直接引发的事故也不在少数。

另一方面则由于人们对环境和客观事物的认识本身是一个渐进过程，由于认识的滞后，即使是目前人们认为已经完善的"本质安全方案"，也还有可能存在"盲点"，现有的法律、法规和标准难免存在不足，需要人们通过实践不断发现、补充和完善。

此外，很多在大型生产装置中使用的"本质安全"方案，在实验仪器上未必可以全面实现，而且很多时候，由于实验需要的仪器组合以后，原先的"各自"的"本质安全"措施也可能会失效（未必能够形成新的"系统的本质安全"体系）。必须引起重视。

因此，必须对所有工作人员进行安全教育，提高人们执行相关法律、法规和标准的自觉性以及安全技能，以推进"本质安全"目标的实现。

三、安全保障原则

1. 安全技术保障原则

安全技术是从技术角度上采取必要的措施，防止事故的发生。从根本上消除危险因素，是安全生产的最大保障。

（1）安全预防技术原则　采取各种可行的技术措施，使人们避免与危险因素接触是安全预防的最基本原则。

在实际工作中经常采用的有：电气的保险丝、漏电保护开关、隔离变压器；压力设备的安全阀；机械设备的安全连锁；增加工作人员与噪声源、放射线源的距离；或缩短具有危害工作人员的工作时间（或强制工间休息）等措施。

（2）安全隔离原则　在不可能完全避免危险事故的工作环境中，采取适当的隔离装置，使人员与"危险"分隔，而避免受到损害。

常用的措施有：在危险区设置防护屏蔽；采用机械装置代替人员进行危险性操作；在可能发生危险的地区（地段）设置安全警告牌、信号装置；爆破作业时间的安全疏散、警报信号等。

（3）个人安全防护原则　对于在作业中可能发生危险的工作人员，采取适当的个人防护措施，可使工作人员在受到危险威胁时，避免受到严重伤害。

常见的做法有：对人员配备必要的个人防护用具，如防护服、安全防护眼镜、橡皮手套、绝缘靴、防毒面具、安全头盔等。对于从事有危险性作业人员都具有一定的保护作用。

为了保障工作人员的人身安全，安全技术措施的采取必须切合实际，方便使用。

必须注意：个人防护措施是人身安全防护的最后防线，其保护能力其实是很有限的，在实际应用中必须与"安全预防技术"以及"安全隔离技术"配合运用，才能充分发挥其保护作用。

2. 安全教育原则

加强对工作人员的安全教育，使人们对"生产必须安全，安全为了生产"的关系确立正确的认识，从而促进安全工作的实施，确保人员工作安全，是进行安全教育的根本目的。

安全教育的工作原则如下。

① 加强安全宣传及教育，不断地提高人员的安全意识及安全操作技能，懂得发现操作过程中的不安全因素，掌握防止事故发生的方法和事故的排除方法；

② 通过教育提高人员的自我防护意识和防护技术能力，避免或减少事故过程对人员的伤害；

③ 所有的工作人员都必须参加安全知识和安全技能教育，参加和接受安全教育也是从业人员必须履行的义务；

④ 坚持三级安全教育制度，对工作调整人员应及时补充安全教育；

⑤ 根据社会科学技术发展，配合企业发展目标以及生产工作条件的变化，适时地对员工进行安全知识及安全技能的继续教育，不断提高员工的安全技术水平；

⑥ 确保所有员工都有接受安全教育，获得安全技术知识的权利。

3. 安全管理原则

安全管理是促进人员安全意识并遵守安全规范的重要措施。

随着社会科学技术的发展，人们发现科学技术越发展，能源的利用越来越大，由于能源利用带来的危险也越大，受到危害的可能性也就越大。

在现实生产安全事故当中，尽管造成事故的直接原因包含"物的不安全状态"和"人的不安全行为"，但是在人与物两大系列中，人的失误是占绝对地位。统计分析表明，只有约 4% 的事故与"人的不安全行为"无关。因此，安全管理的关键在于对人的管理。

和"组织管理"一样，安全管理的主客体都是人。有效的管理必须以人为本，重视人、激励人、充分调动人的主观能动性，实行系统的、动态的管理。

在实施安全管理的时候必须坚持如下原则。

① 所有组织都必须根据国家的安全法令制订适合自身组织人员的安全生产（工作）及劳动保护制度（安全管理及工作标准），并使之实施，确保所有的工作人员都处于管理之下，各司其职、明确要求，统一在安全的大前提下开展工作。

② 对不幸发生的安全事故，必须及时报告，并迅速组织抢救，在事故消除后应及时按照"四不放过"原则进行事故调查、分析和处理，惩前毖后，治病救人，教育群众。

③ 注意合理安排人员的作息时间，避免非生产（工作）因素导致的安全事故。

④ 组织和加强安全生产和劳动保护技术的研究及应用。

四、化验室安全事故管理

1. 安全事故的概念

安全事故是人们在实现有目的的行动过程中，由人的不安全行为、动作或物的不安全状态引起的、突然发生的导致人身伤亡、生产中断、财产损失的意外事件。

安全事故也可以由于设备事故引起的继发后果。

2. 安全事故的特点

安全事故的最基本特征是有人身伤害，财产损失，社会影响大，或兼有之，严重的生产安全事故可导致生产中断，甚至危及周边环境的安全，危及社会公众。

3. 化验室的安全事故

在进行分析化验和相关工作中，由于分析化验人员的不安全行为，或化验室的各种仪器设备、装置以及配套设施出现不安全状态，而又没有及时纠正的情况下，发生的意外事件引起的人员伤害或财物损失，均可以定义为"化验室安全事故"。

4. 化验室安全事故的管理

一般事故管理的基本模式和原则（参看本书第三章有关"事故管理"的内容），均适用于化验室安全事故的"事故管理"，所不同的就是安全事故中除了可能导致仪器设备的损坏通常还伴随有人员伤害，加上化验室空间的局限，而且往往有多个危害因素共同作用形成复合伤害和破坏，加大了抢救难度。因此，除了做好日常的安全防范工作以外，还应制定完善的"事故应急预案"。

利用化验室比较清洁的环境，适当储备一些必要的急救药物，有利于一些相对轻微的伤害的救护。

五、安全分析及其意义

1. 安全分析的意义

为了实现安全生产，生产单位需要对各种可能的危险危害因素加以控制——采取各种各样的防御措施，降低其危害作用；加强人员安全防护，避免人身伤害，直至消除危害因素。

鉴于在现代社会生产中大量使用化学品的事实，采取"理化分析测试"技术监测生产环境中的危险化学品的存在及其变化，就成为现代安全生产控制的重要手段。

2. 安全分析的内容

（1）一般作业场所的安全分析　由于种种原因，生产原料、半成品以及生产过程排放的废气、废水、废渣等所含有的化学品或其他危害因素，经常不可避免地从各种渠道进入作业环境，形成对生产作业人员的安全威胁。

作业场所安全分析，就是针对生产环境中构成危险危害因素的化学品或其他危险物质进行的分析测试，以判断作业场所是否符合"职业卫生条件"的要求，会否危及人员健康和生产安全。

（2）特殊作业安全分析

①"动火"分析　对生产环境中的设备进行安装、拆卸、调整或维修作业，往往需要"动火"，如果环境中存在易燃易爆物质，容易引发燃烧爆炸事故。这种对现场易燃易爆物质的存在情况进行的分析测试，就是"动火分析"。

如果动火环境中可能存在受热挥发的毒性物质，也应该根据作业要求进行分析，以掌握其"踪迹"，做好安全防御。

②"进罐、入塔"分析　工作人员进入密闭容器或封闭环境里作业，往往会由于"缺氧"或者有毒性物质的存在而导致不测。因此，对这类作业环境进行"作业前环境分析"非常必要。

达不到"起码"的安全要求，禁止人员进入"罐""塔"等密闭或狭小场所作业。

必须注意：现场危险危害因素的分析检测项目和要求，都因"控制目的"的不同而有差异，工作人员必须保持清醒的头脑，否则不但不可能取得预期效果，还可能导致事故发生❶。

（3）事故现场分析　安全事故发生以后，需要进行事故原因调查和分析，现场环境状况也是重要的调查对象之一，对现场环境的空气和残留物的分析，可以"推断"事故发生前的状况，从而为事故原因的确定、处理和提出整改措施提供科学依据。

3. 安全分析的要求

（1）认真负责　安全分析关乎"人命"，来不得半点疏忽，即使是"事故现场分析"这样的"事后"分析，由于分析结果对事故处理具有重大影响，也不允许有半点含糊。只有认真负责的工作态度，才

---

❶　国内某危险化学品生产企业的甲酸生产装置就曾发生相关管理人员把"动火分析结果"作为"人员进入槽罐"的依据，错误下达指令，导致"入罐"工作的人员一氧化碳中毒死亡。

能保证分析数据的可靠性，达到安全分析的目的。

（2）实事求是　威胁安全的化学因素当中，不少是微量组分，有可能给分析工作带来困难，有时可能出现"疑似"的结果，工作人员应重新进行分析测试，以求获得真实的信息。

某些"一瞬即逝"事物，确实由于客观原因不能重新测试"求证"的时候，应该如实说明。

六、化验室的基本安全守则

① 实验人员进入化验室，应穿着实验服、鞋、帽。

② 严格遵守劳动纪律、坚守岗位、精心操作。

③ 实验人员必须学习并掌握安全防护及事故处理知识。

④ 实验人员必须熟悉化验仪器设备的性能和使用方法，并按规定要求进行实验操作。

⑤ 凡进行有危险性的实验，工作人员应先检查防护措施，确认防护妥当后，才可开始进行实验。在实验进行过程中，实验人员不得擅自离开，实验完成后应立即做好清理善后工作，以防残留物引发事故发生。

⑥ 凡有毒或有刺激性气体发生的实验，应在通风柜内进行，并要求加强个人防护。实验中不得把头部伸进通风柜内。

⑦ 酸、碱类腐蚀性物质和毒害性物质及溶液，以及液体的易燃易爆炸物质，应放置在库房的低处或实验试剂架的底层，并避免受到碰撞或打击。开启腐蚀性和刺激性物品的瓶子时，应佩戴护目镜；开启有毒气体容器时，应佩戴防毒用具。并禁止用裸手直接拿取上述物品。

⑧ 不使用无标签（或标志）的容器盛放试剂、试样。

⑨ 实验中产生的废液、废渣和其他废物，应集中处理，不得任意排放。酸、碱或有毒物品溅落时，应及时清理及除毒。

⑩ 严格遵守安全用电规程。不使用绝缘损坏或绝缘不良的电气设备。不准擅自拆修电器。

⑪ 禁止在实验区域，尤其是在有可燃气体、易燃液体及其蒸汽等燃烧危险性环境中使用手机，更不允许在这些环境中对手机、充电宝或者其他"锂电池"供电电器进行充、放电操作。

在实验室的非实验区域中使用手机或者充电，必须避免电池"过热"现象发生（一旦发现发热现象，应立即停止）。

⑫ 实验完毕，实验人员必须洗手并确保没有残留以后方可进食。并不得把食物、食具带进化验室。化验室内禁止吸烟。

⑬ 化验室应配备足够的消防器材，实验人员必须熟悉其使用方法，并掌握有关的灭火知识和技能。

⑭ 实验结束，人员离开实验室前应检查水、电、燃气和门窗，以确保安全。

⑮ 禁止无关人员进入化验室。

▶第二节　化验室及化验工作中的危险因素

一、化验室电气线路及用电器具的危险因素

1. 化验室常用电器

化验室电器最常见的是电热器具，包括普通电炉、高温箱式电炉、管式电炉、电热棒、电热夹套、电锅炉等，还有与各种机械设备配套的电机，仪器、仪器配套电源（稳压电源、整流电源）等。

多数的用电实验装置是移动式设备，采用插头、插座进行临时接插连接。

2. 化验室电气系统的特点和危险因素

① 用电器具分散、运行时间不固定，容易造成负荷不均衡、用

电器之间相互干扰，甚至发生局部线路超负荷情况。

②实验仪器在实验中通常都可能带水运行，容易因潮湿引起漏电。

③电器插头、插座之间容易发生接触不良现象，可能导致发热或电火花发生。

④移动式用电器线路容易发生交叉干扰。

⑤在腐蚀环境中使用的电器及线路容易被腐蚀，形成危险因素。

⑥某些"开放式"电器，容易发生人身直接接触带电体导致触电危害事故。

二、化验室机械设备的危险因素

1. 化验室常用机械设备

一般化验室常用的机械设备不多，通常有真空泵、离心机、压缩机、搅拌机，也有些单位有粉碎机、研磨机、压滤机、振动筛等。

一些物理检验设备，如万能材料试验机、疲劳试验机、微型炼胶机等，既是仪器也属于机械设备。

2. 化验室机械设备的特点以及危险因素

①体形小、功率小、结构简单，由于"形""位"尺寸的限制，一些在大型设备上使用的安全技术措施无法应用于实验室的仪器设备，往往因此带来安全防护设施相对"简化""简陋"，实验室的仪器设备的安全防护性能级别相对较低。

②通常情况下多数只有"单机"，由于没有"备用"设备，不便安排预防维修时间，容易导致机械工况不良。

③化验室机械通常多与实验仪器配套使用，设备中常有玻璃、陶瓷易破碎物质配件，运行中容易发生破裂、破碎。

④多数是移动式设备，通常不配备固定的防护装置，也较少有固定的安装位置，容易发生振动，也容易导致联结松动。

三、化验室中的危险物品

化验室危险物品主要是危险化学品，通常是在分析化验中使用的化学试剂。对于涉及危险化学品的企业而言，还可能存在于原材料、中间产品、产品或者废弃物之中，并以样品的形式进入化验室。

GB 6944—2012《危险货物分类和品名编号》把具有爆炸、易燃、毒害、感染、腐蚀、放射性等危险特性，在运输、储存、生产、经营、使用和处置中，容易造成人身伤亡、财产损毁或环境污染而需要特别防护的物质和物品——危险性货物，按其所具有的主要的危险性分为 9 个类别（有些类别还有分项，但这些"项"的"序"并不是危险性顺序）。

该标准包含了危险化学品的所有的 8 个类别（见 GB 13690《常见危险化学品的分类和危险性公示　通则》❶）。

各类危险物品的"类别"及主要危险性质摘要简述于后。

1. 以燃烧、爆炸危险为主要危险性质的危险货物

以燃烧、爆炸危险为主要危险性质的危险物资有"爆炸品"等 5 类。

（1）第 1 类　爆炸品

a. 爆炸性物质（物质本身不是爆炸品，但能形成气体、蒸汽或粉尘爆炸环境者，不列入第 1 类），不包括那些太危险以致不能运输或其主要危险性符合其他类别的物质；

b. 爆炸性物品，不包括下述装置：其中所含爆炸性物质的数量或特性，不会使其在运输过程中偶然或意外被点燃或引发后因迸射、

---

❶ 《常见危险化学品的分类和危险性公示 通则》（GB 13690—2009）标准中的危险化学品分类的"名称"是取自《危险货物分类和品名编号》（GB 6944—2005），与最新的《危险货物分类和品名编号》（GB 6944—2012）中使用的名称未必完全一致。

发火、冒烟、发热或巨响而在装置外部产生任何影响；

c. 为产生爆炸或烟火实际效果而制造的 a. 和 b. 中未提及的物质或物品。

爆炸性物质是指固体或液体物质（或物质的混合物），自身能够通过化学反应产生气体，其温度、压力和速度高到能对周围造成破坏。烟火物质即使不放出气体，也包括在内。

爆炸性物品是指含有一种或者几种爆炸性物质的物品。

第 1 类又划分为 6 项。

第 1.1 项　有整体爆炸危险的物质和物品。

整体爆炸是指瞬间能影响到几乎全部载荷的爆炸。

如叠氮铅、三硝基甲苯（TNT）、硝化纤维素/硝化棉（干的）、硝铵炸药（硝酸铵）、高氯酸铵等。

第 1.2 项　有迸射危险，但无整体爆炸危险的物质和物品，如白磷燃烧弹药、摄影用闪光粉等。

第 1.3 项　有燃烧危险并有局部爆炸危险或局部迸射危险或这两种危险都有，但无整体爆炸危险的物质和物品，本项包括：

a. 可产生大量辐射热的物质和物品；

b. 相继燃烧产生局部爆炸或迸射效应或两种效应兼而有之的物质和物品。如二亚硝基苯等。

第 1.4 项　不呈现重大危险的物质和物品。

本项包括运输中万一点燃或引发时仅出现小危险的物质和物品；其影响主要限于包件本身，并预计射出的碎片不大、射程也不远，外部火烧不会引起包件内全部内装物的瞬间爆炸。

第 1.5 项　有整体爆炸危险的非常不敏感物质。

本项包括有整体爆炸危险性、但非常不敏感以致在正常运输条件下引发或由燃烧转为爆炸的可能性很小的物质。

船舱内装有大量本项物质时，由燃烧转化为爆炸的可能性很大。

第1.6项　无整体爆炸危险的极端不敏感物品。

本项包括仅含有极端不敏感起爆物质、并且其意外引发爆炸或传播的概率可忽略不计的物品。本项物品的危险仅限于单个物品的爆炸。

（2）第2类　气体

本类气体指满足下列条件之一的物质：

a. 在50℃时，蒸气压力大于300kPa的物质；

b. 20℃时在101.3kPa标准压力下完全是气态的物质。

本类包括压缩气体、液化气体、溶解气体和冷冻液化气体、一种或多种气体与一种或多种其他类别物质的蒸气的混合物、充有气体的物品和烟雾剂。

压缩气体是指在−50℃下加压包装供运输时完全是气态的气体，包括临界温度小于或等于−50℃的所有气体。

液化气体是指在温度大于−50℃下加压包装供运输时部分是液态的气体，可分为：

a. 高压液化气体：临界温度−50～65℃之间的气体；

b. 低压液化气体：临界温度大于65℃的气体。

溶解气体：加压包装供运输时溶解于液相溶剂中的气体；

冷冻液化气体：包装供运输时由于其温度低而部分呈液态的气体。

第2类又根据气体在运输中的主要危险性分为3项。

第2.1项　易燃气体。本项包括在20℃和101.3kPa条件下：

a. 爆炸下限小于或等于13%的气体；

b. 不论爆炸性下限如何，其爆炸极限（或燃烧范围）大于或等于12%的气体。

如氢、甲烷、一氧化碳、乙烷、丙烷、正丁烷、异丁烷，以及某些实验室使用的作为能源的燃气等。

第2.2项　非易燃无毒气体。本项包括窒息性气体、氧化性气体以及不属于其他项别的气体。

本项不包括在20℃时的压力低于200kPa、并未经液化或冷冻液化的气体。

如空气、氧、氮、二氧化碳等。

第2.3项　毒性气体。本项包括满足下列条件之一的气体：

a. 其毒性或腐蚀性对人类健康造成危害的气体；

b. 急性半数致死浓度LC_{50}值小于或等于$5000mL/m^3$的毒性或腐蚀性的气体。

使雌雄青年白鼠连续吸入1h，最可能引起这些试验动物在14d内死亡一半的气体的浓度，如氯、氨、二氧化硫、氯甲烷、溴甲烷等。

具有两个项别以上危险性的气体和气体混合物，其危险性先后顺序为2.3项优先于其他项，2.1项优先于2.2项。

气体的危险性除了其自身特有的危险性以外，还因为其包装物——钢瓶在长期储存和使用中因自然衰变、腐蚀或人为损伤，可能引起物理性爆炸，其进行过程中也可能导致化学性爆炸或其他危险性质的释放，其影响往往高于各自发生的危害。

由于储存钢瓶附件或输送管道的泄漏，也可能引起气体危害。

（3）第3类　易燃液体

本类包括易燃液体和液态退敏爆炸品。第3类分为2项。

第3.1项　易燃液体是指易燃的液体或液体混合物，或是在溶液或悬浮液中含有固体的液体，其闭杯试验闪点不高于60.5℃，或开杯试验闪点不高于65.6℃。易燃液体还包括满足下列条件之一的液体：

a. 温度等于或高于其闪点的条件下提交运输的液体；

b. 以液态在高温条件下运输或提交运输、并在温度等于或低于最高运输温度下放出易燃蒸气的物质。

第 3.2 项　液态退敏爆炸品，是指为抑制爆炸性物质的爆炸性能，将爆炸性物质溶解或悬浮于水中或者其他液态物质后形成的均匀液态混合物。

符合易燃液体定义，但闪点高于 35℃ 而且不能持续燃烧的液体：按照 GB/T 21622 规定试验不能持续燃烧的液体、按照 GB/T 3536 确定燃点大于 100℃ 的液体和按质量含水大于 90％ 且混溶于水的溶液，不视为易燃液体。

易燃液体大都是些蒸发热（或称气化热）较小的液体，极易挥发，挥发出来的易燃液体蒸气与空气混合，如达到爆炸极限浓度范围，遇明火会立即爆炸，这就是易燃液体蒸气的易爆性。

易燃液体受热后，本身体积要膨胀，同时其蒸气压力也随之增加，部分挥发成蒸气，因此整个体积膨胀更为迅速。如贮存于密闭容器中，就会造成容器的鼓胀破裂。

此外，易燃液体大部分黏度较小，很易流动。除醇类、醛类、酮类可以与水相溶外，大多数易燃液体不溶于水，而且密度小于水。发生火灾时要正确选择相适应的灭火剂。

大部分易燃液体如醚类、酮类、脂类、芳香烃、石油及其产品、二硫化碳等，都是电的不良导体，当其在管道、贮罐、槽车的灌注、输送、喷溅和流动过程中，容易由于摩擦而产生静电，有引起燃烧和爆炸的危险。

（4）第 4 类　易燃固体、易于自燃的物质、遇水放出易燃气体的物质。

第 4 类分为 3 项。

第 4.1 项　易燃固体、自反应物质和固态退敏爆炸品。

a. 易燃固体：易于燃烧的固体和摩擦能够起火的固体；

燃点低，对热、撞击、摩擦敏感，易被外部火源点燃，燃烧迅速的固体物质（不包括已列入爆炸品的物质）。

b. 自反应物质：即使没有氧（空气）存在时，也容易发生激烈放热分解的热不稳定物质。

c. 固态退敏爆炸品：为抑制爆炸性物质的爆炸性能，用水或酒精湿润爆炸性物质或用其他物质稀释爆炸性物质后，而形成的均匀的固态混合物。

红磷、硫黄、三聚甲醛、多聚甲醛、镁粉、铝粉等等容易燃烧的物质，属于易燃固体。

第 4.2 项　易于自燃的物质。本项包括：发火物质和自热物质。

a. 发火物质：即使只有少量物品与空气接触，在不到 5min 内便能燃烧的物质，包括混合物和溶液（液体和固体）。

b. 发火物质以外的与空气接触不需要能源供应便能自己发热的物质。

常见的易于自燃的物质有黄磷、硫化钾、甲醇钠、硝化纤维片基（硝化纤维胶片）、含动植物油的油纸、油布等。

第 4.3 项　遇水放出易燃气体的物质。本项物质是指遇水放出易燃气体，且该气体与空气混合能够形成爆炸性混合物的物质。

如钾、钠、锂、钠汞齐、钾钠合金等活泼金属及其合金；氢化钠、氢化钙、氢化铝等金属氢化物；硼氢化合物、碳化钙、碳化铝、磷化钙、磷化锌、保险粉等。

（5）第 5 类　氧化性物质和有机过氧化物

第 5 类分为 2 项。

第 5.1 项　氧化性物质。氧化性物质是指本身未必燃烧，但通常因放出氧可能引起或促使其他物质燃烧的物质。

氧化性物质按其形态又分为氧化性固体和氧化性液体。

氧化性物质是一些处于高氧化态,具有强氧化性,易分解并放出氧和热量的物质。包括含有过氧基的无机物,其本身不一定可燃,但能导致可燃物的燃烧。与松软的粉末状可燃物能组成爆炸性混合物,对热、震动或摩擦较敏感。

第5.2项　有机过氧化物。有机过氧化物是一类分子内既含有氧化性基团(过氧基—O—O—)的有机物。

由于分子内同时存在氧化性基团和还原性基团,所以有机过氧化物是具有很强的化学活性并容易引发危险的物质。

有机过氧化物为热不稳定物质,可能发生放热的自加速分解。该类物质还可能具有:可能发生爆炸性分解;迅速燃烧;对碰撞或摩擦敏感;与其他物质起危险反应;损害眼睛以及毒害性等危险性质。

不同强度的氧化性物质或有机过氧化物之间可以发生反应,构成氧化-还原"物质对"。

大多数氧化性物质和有机过氧化物有遇热分解的特性。

大多数氧化性物质和有机过氧化物会遇酸分解,反应常常是很猛烈的,往往引起爆炸。如过氧化钠遇强酸能引起燃烧或爆炸。

有些氧化性物质或有机过氧化物吸收水分、二氧化碳就能分解。

常见的氧化性物质和有机过氧化物如高锰酸钾、重铬酸钠、过氧化钠、硝酸钾、硝酸钠、过氧化苯甲酰等。

有机过氧化物按其危险性程度又分为7类(从A、B、C、D、E、F到G)。

2. 其他危险性质的危险物资(以燃烧、爆炸危险性质以外的危险物质)

(1) 第6类　毒性物质和感染性物质

第 6 类又分为 2 项。

第 6.1 项　毒性物质。毒性物质是指经吞食、吸入或皮肤接触后可能造成死亡或严重受伤或健康损害的物质。

毒性物质包括满足下列条件的物质（固体或液体）。

a. 急性口服毒性**❶**：$LD_{50} \leqslant 300\text{mg/kg}$；

b. 急性皮肤接触毒性**❷**：$LD_{50} \leqslant 1000\text{mg/kg}$；

c. 急性吸入粉尘和烟雾毒性：$LC_{50} \leqslant 4\text{mg/L}$；

d. 急性吸入蒸气毒性**❸**：$LC_{50} \leqslant 5000\text{mL/m}^3$，且在

联合国《化学品分类和标签全球协调系统》（GHS），还对毒性化学品进行了毒性分级：凡大鼠试验，经口 $LD_{50} \leqslant 50\text{mg/kg}$，经皮 $LD_{50} \leqslant 200\text{mg/kg}$，吸入 $LD_{50} \leqslant 5/10000$（气体）或 2.0mg/L（蒸气）或 0.5mg/L（尘、雾）的毒性物质，划定为"剧毒品"，其余的毒性物质为"有毒品"。编号为"GB 57—93"和"GA 57—93"的国家标准又把它们进一步细分为 A 级剧毒品和 B 级剧毒品：其中，经口 $LD_{50} \leqslant 5\text{mg/kg}$，经皮 $LD_{50} \leqslant 40\text{mg/kg}$，吸入 $LD_{50} \leqslant 0.5\text{mg/L}$（尘、雾）的化学品列为"A 级剧毒品"。

常见的毒性物质有氰化物、砒霜、铊、铍、三氯甲烷、溴甲烷、硫酸二甲酯、硫脲、苯肼类、硝基苯、有机农药、杀虫剂、杀菌剂

---

❶　青年大白鼠口服后，最可能引起受试动物在 14d 内死亡一半的物质剂量，试验结果用 mg/kg 体重表示。

❷　使白兔的裸露皮肤持续接触 24h，最可能引起这些试验动物在 14d 内死亡一半的物质剂量，用"mg/kg"体重表示。

❸　使雌雄青年白鼠连续吸入 1h，最可能引起这些试验动物在 14d 内死亡一半的蒸气、烟雾或粉尘的浓度。其结果表示为每升空气中粉尘和烟雾的毫克数 mg/L 表示，或每立方米空气中蒸气的毫升数 mL/m³ 表示。固体物质如果其总质量的 10% 以上是在可吸入范围的粉尘（即粉尘粒子的空气动力学直径 $\leqslant 10\mu\text{m}$）应进行试验。液态物质如果在运输密封装置漏泄时可能发生烟雾，应进行试验。不管是固态物质还是液态物质，准备用于吸入毒性试验的样品的 90% 以上（按质量计算）应在上述规定的可吸入范围。对粉尘和烟雾，试验结果用 mg/L 表示；对蒸汽，试验结果用 mL/m³ 表示。

等等。

第 6.2 项　感染性物质。感染性物质是指已知或者有理由认为含有病原体的物质。

感染性物质又分：

A 类，在感染性物质泄露到保护性包装物以外与人或动物接触时，可造成健康的人或动物永久性失残、生命危险或致命疾病的物质。

B 类，A 类以外的感染性物质。

（2）第 7 类　放射性物质

任何含有放射性核素且其放射性活度浓度和总活度都分别超过 GB 11806 规定的限值的物质。

放射性物质的危险性尤其是在于人们不能使用化学或者其他方法使放射性物质不放出射线。唯一可以采取的方法是用坚固的足够厚度的金属容器，把它们密封起来。从而给人们对于它们的安全生产、使用、运输、储存乃至最终处置带来极大的困难。

少部分"重核"元素因容易与放射性元素"共生"，它们的制品（甚至"单质"）也可能因为掺杂了微量的放射性元素而带有放射性。

放射性元素进入生物体内的产生的内照射，危害性比体表照射严重。

（3）第 8 类　腐蚀性物质

腐蚀性物质是指通过化学作用使生物组织接触时会造成严重损伤、或在渗漏时会严重损害甚至毁坏其他货物或运载工具的物质。包括满足下列条件之一的物质：

① 使完好皮肤组织在暴露 60min、但不超过 4h 之后开始的最多 14d 的观察期中全厚度损毁的物质；

② 被判定不引起皮肤组织全厚度损毁，但在 55℃ 试验温度下，

对钢或铝的表面腐蚀率超过 6.25mm/a 的物质。

（4）第 9 类　杂项危险物质和物品，包括危害环境物质。

本类是指存在危险但不能满足其他类别定义的物质和物品。包括：

a. 以微细粉尘吸入可危害健康的物质；

b. 会放出易燃气体的物质；

c. 锂电池组[❶]；

d. 救生设备；

e. 一旦发生火灾可以放出二噁英的物质和物品；

f. 在高温下运输或提交运输的物质；

g. 危害环境物质；

h. 不符合 6.1 项毒性物质或 6.2 项感染性物质定义的经基因修改的微生物和生物体；

i. 其他。

由于第九类危险物资大部分不是化学品，所以以前不加以讨论，但是并不等于它们不会对社会产生危害。而且随着科学技术和社会生产的不断发展，这一类物质也会越来越多，必须引起重视并采取相应的防范措施。联合国危险货物运输专家委员会（TDG）因此决定将它们归纳并编制为"第 9 类危险货物"。

第三节　化验室安全事故的发生和预防

一、用电安全和触电预防

电能是现代能源，具有使用方便、易于控制的特点，而且在使用

---

❶　锂电池组虽然属于第九类危险物品，但是其危险性其实并不小，已经发生过手机电池在充电的时候发生燃烧或爆炸，并造成人员伤亡，因此不可等闲视之。

过程中，不会给环境带来不良影响，故在化验室里广泛应用。

但是，电气事故却又往往毫无先兆，必须认真注意。

1. 电的基本性质

电是一种物理现象，来无影去无踪。电力泄漏不容易察觉。

① 有很强大的穿透能力，电压越高，穿透能力越强。

② 有很强大的输送能力，可以在瞬间输送大量的能量。

③ 有很强大的感应能力，可以使导电体产生感应电流。

④ 电能的释放既可以获得效益，也可以造成破坏，视乎其释放对象和释放过程的控制程度。

2. 电对人体的危害

（1）电伤　通常指对于人体的伤害，包括电外伤（灼伤）、电内伤（电击）及其他，如电光对视力的伤害及触电导致的跌伤等伤害。

电灼伤如累及重要器官或关节可致严重后果，电击可致死。

（2）电击对人体的影响　一般情况下，通过人体的电流越大、人体的生理反应越明显、越强烈，生命的危险性也就越大。通过人体的电流大小则主要取决于以下因素。

① 施加于人体的电压　电压越高，通过人体的电流越大。

② 人体电阻的大小　人体电阻与皮肤干燥、完整程度以及接触电极的面积等因素有关。一般情况下，人体电阻大致为 $1000 \sim 2000\Omega$，而潮湿条件下的人体电阻约为干燥条件下的一半。人体电阻越小危险性越大，而且人体电阻呈非线性❶，随着接触电压增高而降低。

③ 电击的路径　通过（或接近）心脏或脊柱的电击危害性最大。

---

❶　一般人使用"万用表"直接测量"人体电阻"时可能得到数百千欧姆乃至"兆欧"级的电阻值，是由于"万用表"使用低压电池电源的缘故。

④ 电流的性质　交流电比直流电危险（见表4-1）。

表4-1　电流作用与人体伤害的关系

电流/mA	触　电　现　象	
	工频电（50～60Hz）	直流电
0.6～1.5	开始感觉,手指微颤抖,无痛	无感觉
5～10	感觉强烈,产生痉挛,动作困难,但尚能摆脱	发痒发热
10～25	双手麻痹,呼吸困难,无法摆脱电源	手肌肉稍有紧张
50～80	呼吸麻痹,心脏开始震颤	肌肉紧缩,呼吸困难
90～100	呼吸麻痹,延续3s心脏震颤	呼吸麻痹

⑤ 性别　在相同情况下女性的感觉和受伤程度都比男性大。

3. 触电的形式

（1）单相触电　人体触及带电体的一线,引起触电,电网中性点不接地时受到的电压较小,中性点接地时受到的电压较大。

（2）两相触电　人体触及带电体的两条相线,受到相电压的作用。

（3）跨步电压触电　人进入落地的带电体的电场影响范围,由于电场电位差而受到电击。

工业企业常用三相380V工频（50Hz或60Hz）电,人体单相触电只承受220V以下电压,两相触电则要承受380V电压的作用。

4. 化验室用电安全要求

为了确保在化验室的化验工作中,工作人员不致受电力的危害,化验室工作人员必须遵照如下安全用电基本守则。

① 严格遵守电气设备使用规程,不得超负荷用电。

② 使用电气设备时,必须检查无误后才可开始操作。

③ 开关电气开关,要使用绝缘手柄,动作要迅速、果断和彻底,以避免形成电弧或火花,及造成电灼伤。

④ 发生电气开关跳闸、漏电保护开关开路、保险丝熔断等现象，应先检查线路系统，消除故障，并确证电器正常无损后，才能按规定恢复线路、更换保险丝，重新投入运行。严禁任意加大保险丝。

⑤ 电器或线路过热，应停止运行，断电后检查处理。

⑥ 线路及电器接线必须保持干燥和绝缘，不得有裸露线路，以防漏电及伤人。

⑦ 实验过程中发生停电，应关闭一切电器，只开一盏检查灯。恢复供电后，再按规定进行必要的检查后重新送电进行实验工作。

⑧ 需要使用高压电源时（如电气击穿试验等），要按规定穿戴绝缘手套、绝缘靴，并站在橡胶绝缘垫上，用专用工具操作。

⑨ 所有电气设备和辅助设施，不得私自拆动、改装、改接或修理。

⑩ 室内有可燃气体或蒸气时，禁止开、关电器，以免发生电火花而引起爆炸、燃烧事故。

⑪ 定期检查漏电保护开关，确保其灵活可靠。

⑫ 电气开关箱内，不准放置杂物，并定期进行清洁。禁止用金属柄刷子或湿布清洁电气开关。

⑬ 发现有人员触电，应即切断相关电源，并迅速抢救。

⑭ 每天的实验工作结束后，应切断电源总开关。

二、化验室火灾的发生、危害和预防

1. 燃烧、爆炸和火灾

（1）燃烧　燃烧是指可燃物（有机物等可以燃烧的物质）与助燃物（氧或氧化剂等能够帮助燃烧的物质）相互接触，在环境达到一定的温度（着火温度）的时候，发生的释放热量并发出光亮的氧化反应，通常还可能伴有发烟现象。如果其发生不是按人的意愿进行，在时间或空间上失去控制的燃烧造成的灾害，叫做"火灾"。

任何物质发生燃烧，都必须具备三个条件，即可燃物、助燃物和着火温度，并且三者要相互作用。它们又合称为"燃烧三要素"。

人们把能够使可燃烧物质温度达到着火温度的事物称为"着火源"，常见的有热能，还有电能、机械能、化学能等转变的热能，具体表现可以是明火、各种电火花、火星、静电，也可能是高温物体、化学反应热甚至生物热或者特定聚焦的光束。

物质发生燃烧的强度和持续时间还与"燃烧三要素"的"匹配"程度有关，数量充足的可燃烧物质、数量（或浓度）充足的助燃物质以及足够的点火能量，是燃烧持续进行的重要条件。

物质经过燃烧，其组成和结构都发生变化。

（2）爆炸 当氧化（或分解）反应在瞬间快速进行，同时放出大量的热和气体，体积急剧膨胀，产生强烈的震动（冲击），并发出巨大声响，就形成爆炸。由于存在化学反应，又称为化学爆炸，化学爆炸前后，物质发生质的变化。

有时候爆炸的发生是由于物质的存在状态发生变化，如体积膨胀、液体汽化等物理原因所造成的，这类爆炸称为"物理性爆炸"，物质在单纯的"物理性爆炸"中不发生本质性的变化。

可燃气体、易燃液体蒸气及某些可燃烧物质的粉尘，如果与空气充分混合，在一定条件下被引燃就可以发生极为迅速的燃烧反应导致爆炸，可以造成比较大的危害，必须引起重视。

根据爆炸冲击的传播速度，爆炸又可分为：轻爆，传播速度每秒零点几米至数米；爆炸，传播速度每秒十米至数百米；爆轰，传播速度每秒一千米至数千米。爆炸冲击传播速度的大小对爆炸周围环境事物的破坏程度有显著影响。

（3）燃烧和爆炸的关系 燃烧与爆炸之间有时关联，但有时也不关联。

当燃烧与爆炸之间发生关联的时候，燃烧与爆炸可以同时发生；

也可以是先发生燃烧，继而发生爆炸；有时则是先发生爆炸，而后再延续燃烧。

单独发生燃烧而没有爆炸的情况也不少见，但单纯发生爆炸而不引起延续燃烧的现象则比较罕见。

（4）火灾的发生和发展　任何由一般原因引起起火所造成的火灾都有共同的发生发展规律，都是先发生局部小面积的燃烧，然后再逐渐扩大成为猛烈的大面积强烈的燃烧，进而形成蔓延之势。但不论是哪类物质，在刚起火后的最初几分钟里，燃烧面积一般都不大，烟气流动速度较缓慢，火焰辐射出的能量也不多，属于火灾初级阶段。如果在这个阶段能及时发现，并正确扑救，就可能用较少的人力和简单的灭火器材将火控制住或扑灭。

因此，把握时机及时扑救起火初期的火灾（苗头），对控制和扑灭火灾，减少人员伤亡和财产损失都具有重要意义。

2. 化验室的火灾危险性

化验工作的自身性质决定了化验室必须使用多种化学物质，包括某些具有燃烧性、助燃性、自燃性、氧化性甚至是爆炸性的化学试剂和其他实验用辅助化学品，加上分析试验中需要使用电、燃气等多种能源，以及在各种各样的实验装置上进行加热、蒸馏、灼烧等强热、高温操作。

因此，化验室随时可能有"燃烧三要素"同时存在的条件，具有发生燃烧，甚至爆炸危险的不安全因素。根据相关的"事故致因理论"，危险因素一旦失控（如超过预定的温度、压力或脱离原先的实验设施等）就有可能导致事故。因此，存在于化验室的"燃烧三要素"在失控的时候也可能形成火灾或发生爆炸事故。

电器设备的超负荷运行、漏电、短路；机械运动部件的长时间超温运行；可燃烧物质的泄漏；加热装置的失控；可燃性反应物质的过度加热、迸沸；禁忌化学品的接触、混合；或者其他的错误的实验操作，以及外来火种的侵入（其他部门的燃烧、爆炸或火灾事故的干扰）等，都有可能成为导致化验室发生火灾的激发因素。

因此，化验室人员必须学习并掌握火灾的预防等基本的消防知识，学会火灾扑救的实际技能。万一发生火灾的时候可以及时有效应对，控制并减低灾害的破坏程度。

3. 化验室火灾的危害

（1）危险物品多　化验室使用和存放的化学试剂中，很多包含有危险危害性质，数量和品种也比较多，一旦发生火灾，容易受到牵连或相互影响，可能导致火灾迅速扩大，增加损失。

（2）贵重仪器和实验设施多　化验室的仪器和实验设施通常都有比较高的价值，一旦受到火灾影响，容易失去原有功能，需要花费高昂的维修费用，有些甚至只能报废，导致高额的经济损失。

（3）电气设备多，容易因绝缘破坏引起短路　电器设备和电气线路在火灾中不但会被烧毁，电气绝缘的破坏还可能形成电气短路，产生大电流或者电弧引起局部高温而引发更大的危险。

（4）技术资料、文件多　化验室内存放大量企业质量检验资料，其中很多还是企业的内部的具有很高商业价值的技术机密，有些资料甚至还是唯一的"孤本"，一旦受到火灾的破坏，损失将非常惨重。

（5）相关实验室相互关联，火灾容易蔓延扩散　为了方便地开展工作，化验室的相关工作室之间通常是相互关联的，在发生火灾的时候很容易发生窜火，并迅速蔓延扩散，加大了扑救的难度。

4. 化验室火灾的预防

化验室发生火灾的可能性以及化验室火灾所造成的损失的严重危害，使化验室火灾的预防成为生产经营企业安全工作的重要内容——或者说"化验室不允许发生火灾"。

作为企业安全工作的重要组成部分，化验室必须做好火灾的预防工作。

（1）化验室建筑物、构筑物必须符合防火要求　建筑物、构筑物的耐火性对防止外部火灾对建筑内部的影响，或者避免建筑物内的火灾向外部扩散蔓延具有重要意义，化验室建筑应根据化验室的规模、火灾危险性等因素确定其耐火等级，并依据 GB 50016《建筑设计防火规范》的要求进行设计及建造。

化验室室内布置也应该充分考虑安全防火的需要，避免影响火灾扑救和堵塞疏散通道。

化验室必须通风良好，避免实验中排放的气体（尤其是可燃烧气体或蒸气）的积聚。

（2）工程管网安全防火　化验室工程管网布置首先必须服从安全要求，管道的材质、压力等级，制造工艺、焊接、安装质量必须符合国家有关规定，具有良好的密闭性能，在可能发生静电的管线上应该妥善接地或安装静电导除设施。

管线上应该按规定涂刷颜色标志（或文字），以示区分。

压力管线要有防止高低压窜气、窜液措施。

排放含有可燃烧气体（蒸气）的管道，出口应设置"安全水封"或"阻火器"。

（3）实验用压力容器安全防火　实验用压力容器必须采购自国家认可的制造商，并附有检定证书。自行设计制造的压力实验装置必须严格执行国家相关安全规范，委托符合资质要求的专业设计机构设计，交由符合资质要求的专业制造商加工制作，并经过国家认可的质量检验部门检测、鉴定合格方可投入实验运行。

在用的实验用压力容器，必须做好日常维护保养，确保完好和安全使用，并定期检验、检测，确保其安全可靠。

（4）做好日常分析化验安全防火　避免"燃烧三要素"的同时存在和发生作用。

① 控制易燃易爆物品的使用和储存　尽可能不用或少用易燃易爆物品（尤其是"爆炸性物质"），控制其库存量，并避免在化验室内存放超过使用需要量的过多的易燃易爆物品。

储存易燃易爆物品的仓库，必须符合安全防火规范，严格控制易燃易爆物品储存量。

② 避免易燃物与助燃物的接触　经常检查易燃物品的储存器，确保易燃物品的密封保存，避免泄漏和扩散，注意防止爆炸性混合物的形成和积聚。一些具有强挥发性的易燃物品（易燃液体、具升华性易燃固体等），必要时可以在其包装容器中充氮，以降低其危险性。

凡是相混可能产生燃烧、爆炸危险的物质（表 4-2），不得混合储存。

表 4-2　常见氧化性强的物质与其他物质相混危险情况

物　质	相　混　物　质	条　件	现　象
氧气	黏性油或有机物	空气、30℃	自燃爆炸
氧气	混有铁锈的活性炭	空气中加热	自燃爆炸
过氧化氢	金属粉、油、树脂、棉、毛、木屑	常温	自燃爆炸
过氧化钠	水、铝	常温	燃烧
过氧化钡	有机物	加水、摩擦	燃烧
过氧化苯甲酰	稀土类金属、环烷酸钴		
过氧化甲乙酮	稀土类金属、环烷酸钴	冲击	燃烧
过氧化乙烯	稀土类金属、环烷酸钴	升温	爆炸
乙基过氧化物	稀土类金属、环烷酸钴		
乙醛过氧化物	稀土类金属、环烷酸钴		
氯酸盐	铵盐、硫酸、氰化物	冲击	燃烧
	铝、镁、铁粉、糖、硫黄		
	二硫化碳、油脂	升温	爆炸
漂粉精	木屑、炭粉	遇热	爆炸
硝酸钾	有机物	加热	爆炸
硝酸钠	锡、锌粉等	加热、较长时间反应	爆炸

物　　质	相　混　物　质	条　　件	现　　象
硝酸铵	锌	常温、水分	燃烧爆炸
硝酸	乙醇、甲醇等	加热	燃烧
硝酸铅	亚磷酸铅	摩擦加热	爆炸
硝酸甲酯	赤磷	常温	爆炸
硝酸乙酯	赤磷	常温	爆炸
硝基氯化铵	赤磷	冲击	爆炸
高锰酸钾（钠）	吡啶	冲击加热	爆炸
	乙醚、酒精、松节油		燃烧
	硫酸	常温	爆炸
	硫黄	177℃	爆炸
	甘油、铁粉	冲击	燃烧
	硝酸铵	冲击	爆炸
无水铬酸	苯胺、吡啶、喹啉、乙醚、乙醇、润滑油	常温	爆炸
重铬酸钾	氰化汞	摩擦	燃烧
重铬酸铅	碳化物	摩擦	燃烧
氧化铬	乙醚、乙醇等	接触、混合	燃烧
铬酐	苯胺、乙醇、润滑油等有机物	常温	爆炸

③ 控制和消除点火源。

a. 在易燃易爆环境中使用防爆电器，避免电火花并禁用明火。

b. 防止易燃易爆物品与高温物体表面接触。

c. 避免摩擦、撞击产生火花及热的作用。

d. 避免光和热的聚焦作用。

e. 采取措施做好静电泄放，防止静电积聚。

f. 做好通风、降温工作，避免易燃易爆物品储存和使用环境达到着火温度。

④ 注意做好日常实验工作的防火防爆。

a. 化验室人员应了解实验的燃烧、爆炸危险性和防止方法。

b. 化验室内不得乱丢火柴及其他火种，禁止吸烟。酒精灯必须在火种熄灭后才能添加酒精。

c. 使用易燃液体时，必须取去火源并远离火种。

d. 加热或蒸馏可燃液体时应使用水浴或蒸汽浴，禁止直接火加热。

e. 乙醚应避免过多接触空气，防止过氧化物生成。

f. 禁止把氧化剂与可燃物品一起研磨，不得在纸上称量过氧化物和强氧化剂。

g. 使用爆炸性物品如苦味酸（三硝基酚）、高氯酸及其盐、过氧化氢等物品，要避免撞击、强烈震荡和摩擦。

当实验中有高氯酸蒸气产生时，应避免同时有可燃气体或易燃液体蒸气存在。

h. 进行可能发生爆炸的实验，必须在特殊设置的防爆炸的地方具有爆炸防护的装置内进行，并注意避免发生爆炸时爆炸物飞出伤人或飞到储存有危险物品的地方。

i. 散落的易燃易爆物品必须及时清理，含有燃烧、爆炸性物品的废液、废渣应妥善处理，不得随意丢弃。

内部含有可燃物质的仪器，实验完成后，应注意彻底排除。

j. 不要使用不知成分的物质。

⑤ 做好气体钢瓶的安全管理。

a. 使用气体钢瓶必须遵照国家《气瓶安全监察规定》及其他有关规定进行管理。

b. 气瓶必须标志清楚，专瓶专用（含压力表等附件），不得擅自改装其他气种。阀门等附件必须安全完好，并定期检验。

c. 气体钢瓶严禁抛、滚、撞击及摩擦，避免阳光曝晒和受热；冬季出气缓慢可以使用较低温度的暖水（如 35℃ 或以下温度）浸泡温暖瓶身，但不得浸到钢瓶阀门，以策安全。

d. 气体钢瓶及管道附近不得存放易燃易爆物品，并避免与腐蚀性物品接触，以免受到腐蚀。

e. 氧和乙炔气瓶，严禁沾染油脂类物质。

f. 气体钢瓶内气体不准用尽，应保留不小于 50kPa 的余压。

g. 经过检验不合格的钢瓶，必须及时报废，不得再用。

化验室常用气体钢瓶及其包装标志见表 4-3。

表 4-3 化验室常用气体钢瓶及其包装标志

气体名称	瓶身颜色	字样颜色	色环①
氢	绿	红	黄
氧	天蓝	黑	白
空气	黑	白	白
氮	黑	黄	白
氨	黄	黑	—
二氧化碳	铝白	黑	黑
煤气	灰	红	黄
石油气	灰	红	—

① $p \leqslant 15MPa$ 者不加色环。

⑥ 做好燃气的安全使用。

a. 使用燃气器具的实验室必须通风良好，在使用过程中必须保持室内空气清新，避免发生燃气中毒，或者积聚引发危险。

b. 燃气器具必须完好、合格，安全可靠，无泄漏；不得随意拆卸或省却燃气器具的配套器件；所有燃气器具必须与使用的燃气匹配，不得混用。

c. 使用燃气器具，必须认真检查，确保燃气器具安全、完好，操作控制灵敏可靠，燃气输送系统压力稳定、密封良好、无泄漏，方可进行操作，在使用过程中必须有人看管。正常使用的燃气器具应经常进行必要的维护，使燃气设备始终处于完好状态。

使用燃气能源时，在同一房间内，不准同时使用开放式电热设备及明火。即使是密闭的电热设备，如果有引起危险的可能时也应避免使用。

d. 点燃燃气器具时，必须按"先通风后点火再开燃气（即'火等气'），最后调节火焰"的顺序。切忌先开气后点火，熄火时先关燃气后停风。凡是带有自动点火装置的燃气器具，必须严格按照其规定的操作程序操作。如发生"点火"失败，应该稍候数秒钟，待未燃烧的燃气自然扩散排除后才能再次点火，以避免发生"爆燃"引起事故。

e. 燃气发生泄漏，或中断供应，应立即关闭阀门，熄火。待室内残余燃气和故障排除，达到安全要求及供气正常才能再次启用。

f. 室内燃气尚未自然扩散彻底排除以前，禁止点火及开关电器（包括不得企图打开电气通风器具以强制排除燃气等操作）。

如燃气泄漏扩散至室外，则应该立即通知相关部门，并在其扩散范围内禁止一切点火及开关电器动作，直至泄漏的燃气彻底排除为止（或经检验确认没有危险性为止）。

如需要用电话报警，应远离燃气泄漏危险区。

g. 燃气器具、管道附近不得存放易燃易爆物品及腐蚀性物品。

⑦ 使用"瓶装"液化石油气必须遵守"瓶装液化石油气"的相关安全要求。

a. 化验室使用的液化石油气钢瓶必须符合 GB 5842《液化石油气钢瓶》标准要求。并按照标准的要求进行管理。

b. 液化石油气储气钢瓶与燃气器具应有 1m 以上距离，输送胶管长度以 1.2～1.5m 为宜，不宜超过 2m；使用"瓶装"液化石油气的房间，面积不小于 $2m^2$，高度不应低于 2.2m。如果所使用的液化石油气是用刚性的压力管道输送至工作室的，则应该在刚性管道的终端安装控制阀和减压阀，再按常规连接输送胶管。

c. 不得私自拆修、调整减压阀，每次换气后，要检查减压阀上的胶圈有无脱落。

d. 冬天低温天气，有需要时可使用较低温度的暖水（如 35℃ 或以下温度）浸泡以温暖瓶身，但不得浸到钢瓶阀门。

e. 禁止将液化石油气实瓶向空瓶灌气（即过气）。

f. 储气瓶在使用时必须直立，不得卧放，更不得倒置，以免气瓶卧放时液体进入减压阀，使减压阀失去效能，引发火灾危险。

g. 液化石油气钢瓶在使用中必须定期检测，检测不合格或显著腐蚀应及时淘汰；燃气胶管应 2～3 年更换一次。以防胶管老化断裂而造成燃气外泄，引致火灾爆炸，使用中发现胶管有"受伤"时也应该及时更换。

⑧ 做好电气防火工作。

a. 化验室电气系统必须符合安全防火规范要求。具备有效的接地系统。

b. 电气线路和装置必须留有安全余量，严禁超负荷运行。

c. 保证电气装置的安装和检修质量，确保处于优良状态。

d. 电气装置及线路附近禁止存放易燃易爆物品及腐蚀品，或其他可燃物品，并避免潮湿环境。

e. 有可能产生静电的管道、容器及设备，应可靠接地。在有燃烧、爆炸危险的场所，入口处应安装接地门把和踏板，以泄放静电。

f. 发现电器或线路有绝缘老化现象时必须及时维修、更换或淘汰，不允许带病运行。

（5）编制灭火对策表，指导灭火工作　根据化验室的物资情况，编制灭火对策表，并在特定位置以"看板"的形式公布于众，提醒全体员工注意防范及指导消防技术。

（6）根据化验室的火灾危险因素，按照防火规范要求配备必要的消防设施。

① 根据消防规范配置各种消防设施（包括防烟面罩），定点放置并方便使用。

② 配备消防设施必须与可能发生的火灾类型和抢救物资相适应，数量上应能满足先期初起火灾扑救（控制火头）的需要。

③ 消防器材应存放于化验室内（外）方便取用，清洁、阴凉的位置。特别容易发生火警苗头的实验场所，可以在实验地点的适当位置布置适量的小型灭火器具，但必须注意避免妨碍实验操作及人员的疏散逃生，并避免被实验试剂、试样及实验排放物腐蚀或损害。

④ 消防器材必须采购自具有国家认可资质的生产厂或供应商，并应附带有合格证书。不得向无证的厂商购买。

⑤ 有指定的专人负责对所有消防器材、灭火器具做好日常清洁和维护保养，并定期检查，及时更换或补充灭火药剂。

⑥ 发现消防器材、灭火器具出现异常状况，应及时向企业安全、消防管理部门或主管人员报告，及时予以纠正或消除异状，确保随时处于完好、备用状态。

⑦ 化验室人员应熟悉常用消防器材的使用方法，并适时演练。

（7）经常进行安全防火检查。

① 坚持每天工作前后都进行一次安全检查，发现问题要及时处理，没有解决以前不得进行实验。

② 电气设备、燃气等发生热量的器具必须保持完好，在使用前后都要进行检查，避免在使用过程发生事故或遗留隐患。

③ 根据企业安全工作安排，对化验室进行全面的安全防火检查，并对在检查中发现的隐患进行认真的整改，以保证化验室安全和化验工作的安全开展，为实现企业发展目标服务。

5. 火灾对人员的伤害和预防

火灾对人员的伤害主要是烧伤和中毒。因中毒属于"化学性伤害"，放在后面相关章节讨论。

（1）热力烧伤的概念　由于热的作用使机体组织发生病变的伤

害，称为"热力烧伤"。当人员在实验工作中受到一定强度的热力的作用，超过机体组织的耐受能力的时候，受到作用的局部组织就会发生病变，即受到烧伤。

火灾、可燃物质的起火、工作人员错误接触高温度或高热量物体，是引起热力烧伤的经常原因。

（2）热力烧伤的特点

① 烧伤的机体组织是渐变的，即表面组织最为严重，逐渐深入则逐渐减轻。但是，受到烧伤的机体组织可能有相当的厚度。也就是说，表面烧伤严重的，其内部也肯定受到一定程度的烧伤损害。

② 热力烧伤的面积，与受到热力作用的机体表面面积有关，一般情况下，受到热力作用的体表面积越大则烧伤的面积可能越大。

③ 热力烧伤的伤害程度与受到热力作用的时间和热力的强度有密切关系，通常受热力作用的时间越长，受到伤害越大，烧伤越严重；热力的强度越大（温度越高），烧伤程度也越严重。

④ 热力烧伤的伤员在发生烧伤的时候，伤口经常会被环境或热源的物质所污染，不容易清理。

⑤ 热力烧伤的受伤部位，往往会自行产生有害于身体的毒素，可能对伤员造成严重影响。

⑥ 由于热力的作用，伤员往往会发生严重的失水现象，容易产生生命"危象"。加上深层组织受损，强烈的痛感往往造成伤员虚脱、休克，经常会因此而形成危重病例，甚至心跳、呼吸停止。抢救时必须充分注意。

（3）烧伤的分度

① 一度烧伤　只损伤表皮，皮肤发红、灼痛，无水泡。

② 二度烧伤　又有轻二度和重二度之分：轻二度伤及真皮浅层，起水泡，水肿，疼痛；重二度伤及真皮深层，皮肤苍白带灰色，真皮

坏死，间有红斑。

③ 三度烧伤　皮肤全层或其深部组织一并烧伤，凝固性坏死，颜色灰白，硬韧，失去弹性，痛觉消失，表面干燥；严重时有焦痂（火焰烧伤的创伤面上通常都有焦痂）。

（4）烧伤面积的影响　烧伤的面积对伤员的影响很大，是判断伤势的重要指标。

① 小面积烧伤　一般成年人烧伤面积在15％以下的二度烧伤列为小面积烧伤，通常不需要住院治疗。

② 大面积烧伤　超过15％的二度烧伤视为大面积烧伤，需要住院治疗。

③ 严重烧伤　二度烧伤面积超过30％，或三度烧伤超过15％，视为严重烧伤。

（5）热力烧伤的防护

① 做好化验室防火防爆工作，避免发生燃烧、爆炸事故。

② 使用加热设备进行加热实验的时候，要做好防范工作，避免机体与热源直接接触。不要用裸露的肢体接触不知温度的加热器器壁。

③ 需要取下沸腾的溶液时，必须先停止加热片刻，或先用烧杯夹夹住烧杯稍加摇动后再取下使用，避免由于液体接触过热的容器上壁而突然迸沸溅出伤人。

三、化学性伤害的发生和预防

化学性伤害包括毒性化学品及腐蚀性化学品造成的人员伤害。

1. 毒性物质和中毒

（1）中毒　毒性物质经吞食、吸入或皮肤接触进入机体后，造成死亡或严重受伤或健康损害，称为中毒。

1）毒性物质毒害性的一般规律

① 毒性物质在水里的溶解度越大，毒物的危害性越大。

② 毒性物质颗粒越小，液态毒性物质的沸点越低，越容易被吸入肺部引起中毒。

③ 既有水溶性，又具有油溶性的毒性物质极容易经皮肤、黏膜吸收，引起中毒。

2）中毒程度分类

① 急性中毒　较大量毒性物质突然进入人体，迅速造成中毒，很快引起全身症状，甚至死亡。

② 慢性中毒　少量毒性物质，经多次接触而逐渐侵入人体，可因积累而中毒，进程缓慢、症状不明显，容易被忽视。

③ 亚急性中毒　症状介乎于急性与慢性二者之间，常因介乎二者之间的剂量的毒性物质进入人体（或因积累而达到）而引起。有时也因为其他原因引起身体健康情况变劣，"不敌"已经侵入体内的毒性物质的作用所导致。

3）毒性物质进入人体的途径

① 通过呼吸道进入　有毒的气体、烟雾或粉尘，通过呼吸，被总表面积超过 $90m^2$ 的表面布满微小毛细血管的肺泡所吸收，毒性物质可直接进入血液，迅速出现全身中毒症状，危险性很大。

② 通过消化道进入　误食毒性物质由消化系统经过胃、肠吸收进入血液。因毒性物质的性质各异，加上消化道体液的作用，中毒症状反应可能较迟缓，容易造成错觉，故不可忽视。

③ 通过皮肤黏膜进入　完整的皮肤能够阻挡一般毒性物质的侵入，黏膜则明显逊色。若皮肤有伤口或毒性物质具有腐蚀性，则毒性物质能迅速侵入人体。如毒性物质具有水、油溶解性能，侵入速度更快。中毒程度因情况而异。

常见毒性物质侵入人体引起的中毒症状见表4-4。

表 4-4　引起人体中毒症状的常见毒性物质

项目	症 状	常见毒性物质
神经系统	闪电样昏倒	窒息性气体、苯、汽油(急性中毒)
	神经衰弱	铅、四乙基铅、汞、锰、苯、甲苯、二甲苯、汽油
	多发性神经炎	铅、砷、二硫化碳
	震颤	汞、汽油、铅、有机磷、有机氯农药
神经系统	震颤麻痹	锰、一氧化碳(急性中毒后遗症)、二氧化碳
	视神经炎	甲醇
	瞳孔缩小	有机磷、苯胺乙醇
	瞳孔扩大	氰化物
	中毒性脑病	四乙基铅、二硫化碳、一氧化碳、汽油、四氯化碳
	阵发性痉挛	二硫化碳、有机氯
	强直性痉挛	有机磷、氰化物、一氧化碳
血液系统	碳氧血红蛋白血症	一氧化碳(黏膜皮肤呈樱红色)
	高铁血红蛋白血症	苯胺、亚硝酸盐、氮氰化物、二硝基苯、三硝基苯
	溶血	砷化氢、二硝基苯、三硝基苯
	造血障碍	苯
消化系统	腹痛	铅、升汞、砷、磷、有机氯、腐蚀性毒物
	中毒性肝炎	四氯化碳、硝基苯、砷、磷、铍
肾脏	中毒性肾炎	溴甲烷、有机氯、升汞、溴化物
呼吸系统	轻者上呼吸道刺激 重者肺水肿	刺激性气体

（2）毒性物质的分类

1）按毒性分类

① 剧毒品　氰、砷、汞及其化合物，硫酸二甲酯，有机磷，有机铅，某些生物碱等。

② 有毒品　卤代烃，芳香族硝基、氨基化合物，醛类，铅、铬、钡、锑、铜等的盐类，硝酸盐，亚硝酸盐，氯酸盐等。

2）按中毒类型分类

① 窒息性毒性物质　一氧化碳、氰化氢等毒性气体以及虽然无毒但却不能呼吸的氢、氮、二氧化碳等窒息性气体。

② 刺激性毒性物质　氯、氨、二氧化硫、酸蒸气等。

③ 麻醉性毒性物质　醇类、卤代烃、芳香族化合物、脂肪族硫化物、有机汞、有机铅、有机锡、磷化氢等。

④ 其他毒性物质　上述类别毒性物质以外的毒性物质。

3）致癌性物质　多环芳烃、苯并［a］芘[1]、亚硝胺、α-萘胺、β-萘胺、联苯胺、芳胺、氮芥、烷化剂、黄曲霉素、砷、镉、铍、石棉等。在使用时也应注意做好防护。

（3）常见的毒性物质的特性

1）窒息性气体

① 一氧化碳　无色、无味、无臭、无刺激性气体，易燃，可与空气形成爆炸性混合气体；能与人体内的血红素结合，造成缺氧，使人昏迷不醒，在低浓度下停留，能产生头晕、恶心以及虚脱甚至死亡；与氯在日光下可生成高毒性的"光气"（碳酰氯）。

② 二氧化碳　无色、无味、无臭、无刺激性气体；是动物呼吸排泄的废气；空气中含量较高时可使人嗜睡、昏迷；在高浓度二氧化碳中，可导致窒息甚至死亡。

③ 氮　无色、无味、无臭、无刺激性气体；是典型的窒息性气体，可导致缺氧、窒息甚至死亡。

④ 氢　无色、无味、无臭、无刺激性气体，易燃，可与空气形成爆炸性混合气体；是典型的窒息性气体，可导致缺氧、窒息甚至死亡。

⑤ 氰化氢　无色透明液体，易挥发，具有苦杏仁味，具有燃烧性，蒸气可与空气形成爆炸性混合气体；剧毒性物质，作用是破坏体内细胞的呼吸生理而导致窒息，作用迅速，误食氰化氢几乎必然死亡，即使黏附于皮肤也会被吸收而致死。

---

[1]　常含于香烟烟雾、沥青、焦油及其蒸气中。

2）刺激性气体

① 氯　黄绿色气体，有强刺激臭，具有腐蚀性和强氧化性，与很多物质能发生猛烈的化学反应；低浓度下可引起眼和上呼吸道刺激症状，接触时间较长或浓度较大时症状会加重，引起慢性损害；吸入高浓度氯气，可造成严重伤害，呼吸困难、嗜睡、呼吸抑制，窒息甚至猝死。

② 氨　无色、强尿臭味刺激性气体，具有可燃性、腐蚀性；对皮肤、黏膜，尤其是对眼睛有强烈刺激，可导致呼吸道刺激和炎症，视力损害，高浓度下可造成严重伤害，甚至死亡。

浓氨水（$NH_3 \cdot H_2O$）溅入眼内，可引起角膜溃疡、穿孔。

③ 二氧化硫　无色气体，具有强烈辛辣气味，容易液化；液态二氧化硫受热或撞击有爆炸危险；人吸入二氧化硫可导致黏膜炎症、脓肿溃疡，高浓度的二氧化硫可致哑嗓、胸痛、呼吸困难、眼睛炎症、发绀、神志不清症状等危险状态。

④ 三氧化硫　无色、强酸性刺激性气体，在空气中能大量吸收水分产生白色烟雾；人吸入可导致呼吸器官严重受伤害，情况比二氧化硫更严重。

⑤ 氟化氢　无色气体，接触空气产生白色烟雾，有特殊刺激臭味；强氧化性、强腐蚀性、强毒害性物质。可以引起很多物质燃烧；对很多材料有腐蚀作用。浓度越高对人体危害越大，人吸入可以引起强烈刺激，并使组织发生变化；也可以通过皮肤侵入人体使组织破坏，剧烈疼痛；慢性中毒也可造成死亡。

氟化氢的水溶液为氢氟酸，接触可造成腐蚀和毒害，吸入蒸气如同吸入氟化氢。

⑥ 氮氧化物　气体、有强刺激性；人吸入对深部呼吸道有损害作用，引起支气管炎、肺炎、肺水肿；还可以引起眩晕、痉挛、多发性神经炎等；高浓度时可迅速出现窒息、死亡。接触可致黏膜损害，

肿胀充血等症状。

⑦ 溴　红棕色液体，蒸气有强刺激性；接触可产生皮疹，人吸入可引起咽炎、疼痛、咳嗽、流泪等刺激和局部损伤等症状。

3）麻醉性、神经性毒性物质

① 醇类

a.甲醇　无色透明液体，易挥发，易燃烧，有酒精气味；人吸入甲醇蒸气具有麻醉作用，对视神经伤害性强；急性中毒症状为头晕、酒醉感、恶心、耳鸣、视力模糊，严重时出现复视、眼球疼痛，甚至呼吸衰竭、神智昏迷、视力丧失；慢性中毒为神经衰弱和植物性神经功能紊乱、视力模糊、胃肠障碍。

误服甲醇 1g/kg，即可使人视力丧失，甚至死亡。

b.乙醇　无色透明、酒精气味和刺激性；易燃液体；对皮肤和黏膜有刺激和脱水作用，对中枢神经有麻醉作用，一次饮用含 50～100g 纯乙醇的酒时，严重者可致死。经常大量饮酒，可引起消化不良，肝、胰疾病，多发性神经炎，心脏病。

饮酒可使许多毒性物质的毒性加强。

② 乙醚　无色，极易挥发，有芳香味，易燃液体；短时间吸入少量能使人兴奋。而后沉醉引起头痛、失眠、痉挛、精神失常、肾炎等；急性中毒引起麻醉、呕吐、发绀、四肢发冷、呼吸不规律，有时会停止呼吸瞳孔放大，但一般不会致死。

③ 甲醛　无色有刺激臭味液体，易燃；水溶液则不属易燃品。对神经系统，尤其是视神经有毒害性，有麻醉作用，对皮肤黏膜有刺激作用，吸入蒸气有眼部灼痛、咽痛、头痛、恶心、呕吐等症状，严重可引起喉痉挛、肺水肿。慢性中毒时头痛、视线模糊。有致癌作用。

④ 丙酮　芳香味无色透明，易挥发、易燃液体；吸入大量蒸气可致流泪、咽喉刺激、酒醉感、气急、发绀、抽搐、昏迷。

⑤ 卤代烃

a. 氯甲烷　无色气体，加压下容易液化，具有可燃性，在空气中可因高热转化为光气；吸入高浓度氯甲烷，会引起急性中毒，症状为头痛、恶心呕吐；长时间接触低浓度氯甲烷，可引起慢性中毒，眩晕、食欲不振、酒醉感，对肝、肾损害，严重时呈现痉挛、昏睡而致死；皮肤接触有麻醉作用。

b. 溴甲烷　无色气体，4℃凝结为无色透明液体，类似氯仿气味，有毒；遇明火、高温或铝粉，有燃烧爆炸危险；吸入高浓度溴甲烷，可引起黏膜刺激，头昏、头痛等中枢神经系统症状，重度中毒时剧烈头痛、复视或双目失明，皮肤接触可引起灼伤、红斑、丘疹；个别人中毒有潜伏期。慢性中毒主要是神经系统症状。

c. 氯乙烯　无色气体，有类似氯仿气味；具有燃烧、爆炸性；有麻醉和致癌、致畸作用；长期接触氯乙烯能引起神经、消化、血液系统，骨骼和皮肤等病变；吸入高浓度氯乙烯可引起急性中毒，严重时神志不清，甚至死亡。液体氯乙烯可导致皮肤冻伤。

d. 四氯化碳　无色液体，有类似氯仿气味；不燃烧，在潮湿空气中或高热作用下可以转化为光气；吸入高浓度四氯化碳可引起黏膜刺激，中枢神经抑制和胃肠道刺激症状；慢性中毒为神经衰弱症候群，损害肝肾；接触皮肤干裂。

⑥ 芳香族化合物

a. 苯类　包括苯、甲苯、二甲苯等。属易燃液体，常温下挥发，可与空气形成爆炸性混合气体；短时间吸入高浓度蒸气，可致急性中毒，先短时间兴奋、呼吸中枢神经痉挛，后陷入麻醉状态，有死亡危险，长时间吸入低浓度蒸气可引起慢性中毒，损害神经系统。

苯的慢性中毒还可损害造血功能，还有强烈致癌性。

b. 苯胺　无色易燃油状液体，有强烈特殊臭味，蒸气和燃烧产物均有毒；吸入和接触皮肤均可中毒，主要是使血液不能携带氧气，导致组织缺氧，致窒息、紫绀、头痛、胸闷、心悸气短，严重时影响中枢神经而死亡。

c.芳香族硝基化合物　芳香气味，挥发性物质；吸入或接触均可吸收中毒，急性中毒可致高铁血红蛋白症、溶血性贫血及肝、肾损伤。

⑦ 脂肪族硫化物

a.硫酸二甲酯　无色或淡黄色透明液体，有特殊洋葱气味；剧毒，有腐蚀性；可燃烧，与氢氧化铵剧烈反应；吸入蒸气可引起急性中毒，潜伏期 $4\sim15h$，严重时可引起气管炎、肺水肿甚至窒息死亡；皮肤黏膜接触可致灼伤、组织坏死；长期接触低浓度蒸气，可以造成慢性炎症。

b.硫脲　白色有光泽的晶体，味苦；可燃烧，有毒，对大鼠致死量为 $1mg/kg$；有较强致癌性。中毒症状为中枢神经麻痹，肺和心脏功能减弱。严重时可致死。接触皮肤可受到损害。

⑧ 汽油和石油烃　强溶剂性，有毒，易燃或可燃性。对皮肤有刺激引起龟裂、红斑甚至水疱；吸入可导致头痛、头晕、心悸、神志不清；呼吸、造血、神经系统慢性损害；某些石油烃长期刺激可致皮肤癌。

⑨ 磷化氢　无色微带腐鱼臭味的气体，有自燃性；剧毒，吸入磷化氢可产生胸痛、发冷、眩晕、呼吸短促、痉挛、昏迷以至死亡。

⑩ 硫化氢　无色带腐蛋臭味的气体，易燃性；强毒性，较强腐蚀性，吸入 $200mg/m^3$ 浓度的硫化氢 $5\sim8min$ 后，眼、鼻、咽喉的黏膜感到有灼热性疼痛，胸闷、恶心，视力模糊，意识消失，浓度更高就会有生命危险，可致死亡。

硫化氢的麻醉作用往往使中毒者对其嗅觉逐渐迟钝，失去警觉，并因此错失避险机会。

4）其他类型毒性物质

① 氰化物　剧毒品，常有腐蚀作用；内服、吸入及接触均能引起中毒。多为急性中毒，症状为呼吸不规则、昏迷、大小便失禁；皮肤黏膜出现鲜红色彩，血压下降，迅速发生呼吸障碍而死亡。幸免于死者也常有神经系统后遗症。

② 砷和砷化合物　吸入含砷蒸气中毒常产生头痛、痉挛、意识丧失、昏迷、呼吸和血管运动中枢麻痹等；误服中毒，口中有金属味，口、咽和食道有灼烧感，恶心呕吐，剧烈腹痛；呕吐物先呈米汤样，后带血；全身衰竭，最后皮肤苍白、面绀、血压下降、体温下降，死于心力衰竭。

③ 汞和汞化合物　急性中毒表现为严重口腔炎、口中金属味、恶心呕吐、腹痛、腹泻、大便血水样，常虚脱、惊厥，尿中有蛋白和血细胞，严重时少到无尿，因尿毒症而死。慢性中毒表现为消化系统及神经系统损害，口有金属味、有金属沉着，淋巴腺及唾液腺肿大、嗜睡、头疼、记忆减退、手指和舌头震颤等。

④ 铅和铅化合物　主要为误服中毒，患者口中常有甜金属味，症状是恶心、呕吐、有难以忍受的阵发性腹绞痛；严重者出现痉挛、抽搐甚至瘫痪、昏迷；还可能出现中毒性肝炎、肾炎及贫血等症状。慢性主要是贫血、肢体麻痹瘫痪及各种精神症状。

⑤ 铬酸、铬酸盐类　主要损害皮肤、黏膜、消化系统，炎症、溃疡，可深入至骨头，引起肝、肾损害。致癌。

⑥ 镉和镉化合物　多因吸入含镉蒸气或烟雾而中毒。表现为口中有金属甜味，全身疲乏，有胃肠炎、肾炎、上呼吸道炎症。

⑦ 磷和磷化合物　黄磷具有剧毒性、自燃性，误服和吸入蒸气均可中毒。表现为呕吐、昏迷、腹痛、肝肿大、黄疸、便尿血；重者呼吸衰竭可致死亡。慢性中毒可使骨质松脆，坏死。部分磷化物在空气中可吸收水汽或与酸接触而分解释放出磷化氢。有机磷农药通常都具有较高的毒性。

⑧ 可溶性钡盐 误服可导致食道、胃烧灼感，呕吐、腹痛、血压下降以至心肌麻痹而死。

⑨ 锰 长期接触锰化合物或吸入含锰粉尘，可以导致慢性中毒，表现为嗜睡、失眠、记忆减退、锥体外神经障碍、言语含糊不清、四肢僵直、震颤、共济失调、智能下降、精神失常、强迫观念等，患者生活不能自理。

2. 腐蚀性物质及其伤害

（1）腐蚀性物质对人体的伤害 没有防护的人体组织和其他生物组织，接触到腐蚀性物质，就可能受到腐蚀，发生组织破坏。

与热力烧伤相似，化学腐蚀也是首先造成体表损害，再逐渐深入组织内部，使深层组织受到损害的。由于化学腐蚀对机体组织的损害过程及损害的程度与热力烧伤的情况也很相似。所以，人们通常把它们合并讨论。如果发生作用的腐蚀性物质还同时具有毒性或其他危险性质，则这些危险性质会同时对组织发生作用，形成复合伤害，可造成救护困难并导致伤口愈合不良，必须慎重对待。

（2）常见腐蚀性物质及主要伤害作用

1）酸类

① 硫酸 强酸，有强烈腐蚀性和氧化性，浓硫酸具有强烈的脱水性。接触浓硫酸可能被严重烧伤。

② 硝酸 强酸，有强烈腐蚀性和氧化性，浓硝酸与蛋白质能产生"黄蛋白"效应。

③ 盐酸 强酸，有强烈腐蚀性，但对人体的腐蚀比较弱。

④ 磷酸 中强酸，高浓度时对人体组织有腐蚀作用。

⑤ 草酸 有机酸，有毒。

2）碱类

① 氢氧化钠 强碱，有强烈腐蚀性，对蛋白质强烈溶解。

② 氢氧化钾 强碱，有强烈腐蚀性，对蛋白质强烈溶解。

③ 氢氧化钡　强碱，有强烈腐蚀性，对蛋白质强烈溶解。

④ 氢氧化钙　中强碱，有较强腐蚀性，对蛋白质侵蚀。

3）苯酚　无色针状晶体，有强腐蚀性和毒害性；吸入可致眩晕、呼吸困难，严重可致死。接触可引起皮肤腐蚀、灼烧与中毒。纯苯酚入眼，可立即造成角膜灼伤并坏死。

4）三乙基铝　无色液体，有自燃性；有腐蚀性；人体接触可引起组织破坏出现烧伤症状，剧烈疼痛；本品燃烧产生的烟雾会刺激气管和肺部。

3. 化学性伤害的预防

（1）实验室中毒的预防措施

① 严格毒性物质管理制度，毒性物质有专人管理，避免毒性物质扩散。剧毒性物质要执行"五双"管理制度（双人双锁保管、双账、双人收发、双人运输、双人使用）。

② 尽量用无毒或低毒的物质代替有毒或高毒性物质，以减少人员的中毒机会。使用毒性物质时，工作人员应充分了解毒性物质的性质、注意事项及急救方法。

③ 使用毒性物质的实验室应有良好的通风，并具有适用的排毒设施，以防止毒性物质在室内积聚。万一发生毒性物质泄入室内，应即关闭其发生装置，停止实验，切断电源（如所泄漏的毒性物质是可燃气体或蒸气，应按可燃气体或蒸气的安全要求处理），熄灭火源，撤出人员。

④ 避免毒性物质污染扩散。

a. 取用毒性物质时应即加盖密封。

b. 发生毒性物质散落应立即清理除毒。

c. 盛装毒性物质的容器，用完后应由使用者亲自清洗处理除毒。

d. 有毒的废水、废渣应经处理除毒后才能排放。

e. 盛装毒性物质的容器，标签必须完整、清楚，脱落或模糊时应及时更换新瓶签，并注明更换日期，更换人必须签名以示负责。

⑤ 做好人员防护。

a. 禁止在有毒的环境内存放食物、食具及吸烟、进食。

b. 进行毒性物质实验的前、后 8h 内不得喝酒，以免增强人体对毒性物质的吸收或毒性作用。

c. 实验时必须做好个人防护，避免人体与毒性物质接触。

d. 嗅闻试样时不得正对口鼻，并保持一定的距离。

e. 接触毒性物质后，必须脱去接触过毒性物质的防护用品，并认真洗漱后，才能外出活动或进食。带毒的防护用品应适时清理。

f. 使用剧毒品后，应洗澡更衣。带剧毒品的防护用品必须清洗干净，以免污染扩散（很稀的剧毒品溶液可按有毒品的规定进行操作）。

g. 采取有毒性的试样时必须严格遵守采样安全规程，做好个人防护。

h. 皮肤有损伤无法包扎防护的，或身体有不适感的，不要进行毒性物质的实验。

i. 实验人员在实验中如发现有不适感觉，应即报告，并立即到空气新鲜处稍事休息，如仍不适，可请医生诊治。

⑥ 根据实验室使用毒性物质的情况，编写《实验室毒性物质的毒性、中毒表现及急救规范》公布于众。

⑦ 根据需要配备适当的解毒、除毒和急救药物。

⑧ 认真执行劳动保护条例，尽量减少人员接触毒性物质的时间，并定期进行针对性体检，及早发现病情和治疗。

（2）化学腐蚀的预防

① 使用腐蚀性物质时，要穿戴好防护用品，包括使用防护眼镜、橡胶手套等，皮肤上有伤口时要特别注意防护。

② 化验室内应备有充足水源，并配备有 $20\sim30g/L$ 的稀碳酸氢

钠及稀硼酸（或稀醋酸）溶液，以备急救时使用。

③ 大瓶腐蚀性物质应使用手推车或双人担架搬运；移动或打开大瓶液体，瓶下应垫以橡胶，防止与地板直接碰撞破裂；开启用石膏封口的大瓶腐蚀性物质时，应先用水把石膏泡软，再用锯子小心把石膏锯开，严禁锤砸敲打。

④ 禁止使用浓酸（或浓碱）直接进行中和操作，需要进行中和操作时，应先予以稀释后再行操作。

⑤ 稀释浓酸（特别是浓硫酸），必须在耐热的容器（如烧杯）中进行，在搅拌下缓缓地将浓酸倒入水中，绝不允许相反操作，且不许用摇动代替搅拌。溶解固体氢氧化钠（或其他强碱）时，也应该在烧杯中进行，稀释浓碱可以参照执行。

⑥ 压碎或研磨腐蚀性物质时，要防止碎块飞溅伤人。

⑦ 使用挥发性腐蚀性物质或有腐蚀性气体产生的实验，应在通风柜或抽气罩下进行，以局限其影响范围。

⑧ 对于同时具有其他危险性质的腐蚀性物质，实验时要同时做好相应防护措施，防止发生连带伤害。

⑨ 在使用腐蚀性物质的时候要特别加强对眼睛的防护。

四、化验室机械伤害事故的发生及预防

1. 化验工作中机械性外伤的发生和危害

化验室工作中发生机械性外伤的机会不多。化验室的机械伤害主要是运动性仪器设备的部件损坏，某些物体的飞出，障碍物、突出的部位导致人员的跌倒，或者物体的掉落等原因造成。化验室外伤一般情况下不会太严重，但偶然也有例外。

在仪器设备没有停止运行，或者停止运行但没有切断电源情况下，把手伸进运转设施内进行检查或操作，往往会导致意外伤害发生。

2. 化验室外伤的预防

（1）仪器设备加安全装置

① 密闭与隔离　在运动设备的运动部位加装宽度大于部件50mm 的防护罩，突出的销钉、螺栓加上圆形光滑的罩子。

② 安全连锁　对极易造成人身伤害的冲、切装置，应加安全连锁装置。

③ 紧急刹车　开放式机械应有紧急刹车，并灵活可靠。

④ 防护屏障　有可能发生爆炸或有物体飞出的设备装置，应加装防护屏障。某些玻璃仪器可以用厚毛巾加以包裹。

⑤ 其他　根据具体情况而定。

（2）人员操作的安全防护

① 严格执行安全操作规程，正确使用和维护仪器设备，正确使用防护用品。

② 进行机械操作时，操作服应"三紧（袖口、下摆、裤脚)"。留长发的实验人员应将长发收进工作帽里，并确保不脱出。

③ 在转动部件附近工作时，要注意保持距离，不要站在设备可能有物件飞出的方向上。

④ 禁止用手触摸或擦洗转动着的部位，禁止戴手套进行转动机械的操作。不要在运行机械上面搁放物件。

⑤ 检修设备时，必须切断电源，并经两次"启动"确保无误，并在电源开关处加上"安全锁"❶（不能加锁的应挂上"禁动"牌，并派人进行监护；使用"插头""插座"连接的应拔下"插头"）后，方可施工。

⑥ 安装、拆卸玻璃仪器，切割、折断玻璃管等操作，应用厚布

---

❶ 一种专用的"安全锁具"，常用于开关箱"加锁"，上面有多个锁孔，多位操作者每人加一锁，只有所有"加锁"人员都开了锁后才能打开。

包裹，并忌用暴力，防止破裂。

▷ 第四节　化验室伤害事故应急救援

一、常见人员伤害事故的紧急处理原则

1. 迅速使伤员脱离危险危害现场

① 采取避免受伤人员进一步受到危险危害因素威胁的基本措施。

② 实施现场急救的需要，避免救护人员在对伤员实施急救时受到危险危害因素的作用。

2. 迅速清除伤员身上"携带"的危害因素并消除其危害作用

① 清除和清洗身体表面沾染的有害物质。

② 采取适当措施排除进入身体内部的有害物质。

③ 根据危害因素的特性，采用相应的和（中和）解（分解）剂，消除体表和/或进入人体组织的危害因素的残余作用。

3. 出现生命危象应该立即进行抢救

4. 尽快送就近医院进行后续救护或治疗

注意：进入现场抢救伤员的抢救人员，必须做好自身安全防护，避免增加伤亡。

二、常见人身伤害的急救措施

1. 触电急救

由于电流对神经的刺激作用，触电者往往不能自行摆脱，严重者可能出现心跳呼吸停止（即"假死"），若不及时抢救，容易造成生命终止。因此，发生触电事故时，应即采取下列措施。

（1）迅速切断电源开关或拔下电源插头，或用绝缘工具切断电

线，或用干木棒、竹竿或用干布裹手将电线移开，使触电者迅速脱离带电体。并注意避免触电者摔伤。

（2）迅速把患者移至安全通风处，松解衣服，使其呼吸新鲜空气，患者神志清醒时，可让其安静休息；神志不清醒者，应请医生诊治；若患者"假死"，应即施行"复苏术"抢救。

（3）复苏抢救。

① 使用"呼吸器"进行人工呼吸。

a. 使患者仰卧，解衣宽带，术者先将患者口腔中的假牙、血块和呕吐物清除，使呼吸道通畅。

b. 给伤员佩戴上"呼吸器"，按照"呼吸器"的相关说明进行操作。注意：手动挤压气囊时必须用力，使伤员胸部"隆起"约 2s，放松 3s，每分钟 10～15 次。

② 无"呼吸器"情况下的"徒手"人工呼吸。

a. 口对口人工呼吸法。

（a）患者仰卧，解衣宽带，术者先将患者口腔中的假牙、血块和呕吐物清除，使呼吸道通畅。

（b）术者使患者头向后仰，捏鼻（避免漏气），接着术者用嘴紧贴患者嘴（可以垫一层纱布），大口吹气约 2s，然后放松约 3s。

（c）重复进行操作，每分钟 10～15 次（图 4-3）。

(a) 头部后仰，捏鼻掰嘴　　　(b) 吹气 (约 2s)　　　(c) 放松 (约 3s)

图 4-3　人工呼吸（口对口式）

b. 口对鼻人工呼吸法　操作与"口对口人工呼吸法"同，只是"捏鼻"和"向嘴吹气"改为"捂嘴"和"向鼻孔吹气"。适用于嘴部可能沾染有毒性物质的受伤人员。

c. 仰卧牵臂人工呼吸法（史氏人工呼吸法）　当因故不宜进行口对口（鼻）人工呼吸时（如伤员口、鼻均可能沾染毒性物质；或者伤员是孕妇，或腹部受伤者，需避免使患者腹部受到挤压）可采用仰卧牵臂人工呼吸法（见图4-4）。操作要领如下。

(a) 仰卧牵臂人工呼吸法准备动作　　　(b) 仰卧牵臂人工呼吸法牵拉动作

图 4-4　仰卧牵臂人工呼吸法

（a）使患者仰卧，松解衣扣和腰带，除去假牙，清除病人口腔内痰液、呕吐物、血块、泥土等异物，保持呼吸道畅通。

（b）救护人员位于患者头顶一侧，两手握住患者两手，交叠在胸前，然后握住两手向左右分开伸展180°，接触地面。

（c）救护人员在患者双手接触地面后，重新拉回至其胸前，然后重复步骤"（b）、（c）"的操作。

（d）速度与其他人工呼吸法速度相同，成人约为16～18次/min、儿童18～24次/min。

③ 心脏按压术。

a. 术者跪患者一侧或骑跪患者身上，两手相叠，掌根放在患者心窝稍高的地方。

b. 掌根用力向下按压 3～4cm（儿童 1～2cm），按压后掌根迅速放松，让患者胸部自动复原。放松时掌根不必离开胸部。

c. 每分钟 50～60 次，儿童患者可单手按压，速度略快些（图 4-5）。

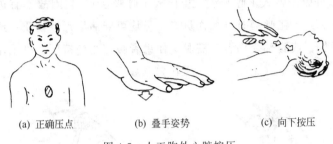

(a) 正确压点　　　　(b) 叠手姿势　　　　(c) 向下按压

图 4-5　人工胸外心脏按压

④ 复苏抢救应进行至患者苏醒或经医生鉴定死亡为止。❶

2. 烧伤的急救

① 迅速使患者脱离烧伤现场，并除去燃烧或被热液体浸湿的衣服，必要时用剪刀剪除，以避免伤势加重。

② 轻度烧伤伤口用清（温）水洗除污物后，可用生理盐水冲洗，并涂以烫伤油膏（不要挑穿水泡，若预计需送医院者则不要涂烫伤油膏），必要时用消毒纱布轻轻包扎予以保护。

面积较大（10% 以上）的烧伤，应送医院治疗，不要自行涂敷油膏，以免影响医生诊治。

③ 注意纠正患者出现的虚脱、休克等症状。如出现呼吸或心跳停止现象，应即抢救复苏。并适当给患者以温热饮料或输液，纠正脱水现象。

在烧伤伤处没有出血的情况下，可以把伤处用凉水浸泡或用凉水

---

❶　最新的医疗救护研究认为，在复苏抢救中，恢复心跳比呼吸更加重要，应避免由于进行人工呼吸而影响"心脏按压术"的实施。

轻轻冲洗，使局部温度下降，既可止痛，也有利于伤口恢复。

生物组织中的蛋白质在高温下容易转化为有毒的焦糊状物，所以在清理伤口时应该尽量清除，并避免暂时不能清除的"焦痂"与裸露的创面直接接触。

＊ 附：冻伤

"冻伤"可视为"'负'的烧伤"，是由于环境或物体温度过低而导致人员局部或全身组织的病变。

冻伤的典型表现为组织发红、变紫蓝色，麻木，疼痛，肢体僵硬，严重冻伤可致部分组织坏死，全身严重冻伤可导致死亡。

实验室引起"冻伤"的经常原因，是使用气体钢瓶时发生气体的泄漏造成局部的低温；或者在冬季外出室外取样时因严重受冻发生冻伤。

发生人员冻伤，急救方法是用温水（40～42℃）浸泡，或用温暖的衣物、毛毯等保暖物品包裹，使冻伤伤处温度回升。严重冻伤经上述处理仍不能恢复的，应请医生治疗。

3. 化学性伤害的急救措施

（1）化学中毒的基本急救措施

① 及时发现中毒可疑现象　进行有毒性物质实验的工作人员，有以下症状出现，应疑为有中毒现象，应及时抢救。

a. 工作人员在工作中有唇、脸失色现象。

b. 工作人员在工作中有咽喉疼痛，或灼烧感。

c. 工作人员的呼气有毒性物质气味。

d. 工作人员头晕、不省人事，或突然跌倒情况。

发现人员有怀疑急性中毒现象，应马上采取应急措施进行急救，在现场进行初步救治，尽快消除或减少毒性物质对人体的作用，将对抢救中毒人员的生命具有积极意义。

② 发生中毒现象通常采取的现场急救措施。

a. 把患者移离中毒现场，包括迅速脱去患者身上沾染有毒性物质的衣物，用水冲洗被沾染的皮肤、黏膜，特别是眼睛，越快越好。非水溶性毒性物质应先用无毒或低毒溶剂抹去，再用水冲洗，避免体表继续吸收。

毒性物质被冲洗后，再用适当的解毒剂或中和剂处理。

b. 使患者呼吸新鲜空气，松解患者的有碍呼吸的衣物、腰带等物，使呼吸系统顺畅。

c. 若为误服毒性物质中毒，应视情况尽快采取措施排毒、解毒（注意！勿随意进行"洗胃"）。

d. 如中毒患者有虚脱、休克或心肺机能不全现象，应做抗休克处理。如人工呼吸、给氧等，并注意保暖和保持安静。

对口、鼻（呼吸）中毒患者进行人工呼吸要注意不要吸入毒性物质，最好使用呼吸机（或呼吸器）。

e. 发现有心跳停止，应即行复苏胸外挤压术（见触电急救）等。

f. 速送医院或请医生诊治。

（2）化学腐蚀伤害的救护

① 发生化学腐蚀伤害，救护的首要工作是尽快使受伤害者脱离腐蚀环境，包括除去沾有腐蚀性物质的衣物和用大量清水冲洗处理。然后，再用稀碳酸氢钠溶液（用于酸性腐蚀）或稀硼酸溶液（用于碱性腐蚀，也可用稀醋酸）进行中和处理，以尽快消除腐蚀性物质的直接作用。

② 根据受伤者的情况，参照"热力"烧伤的处理原则进行适当的后续治疗，没有条件的应迅速送医院治疗。

③ 眼睛受到腐蚀伤害，应立即予以优先处理，特别是对于碱性腐蚀，并应尽快请医生诊治，以免留下后患。

（3）常见化学性伤害的急救措施　吸入毒性气体或蒸气、误服或接触毒性物质致中毒和其他伤害，应立即按化学伤害急救基本原则的要求，将患者移至空气新鲜处，并使其吸入新鲜空气，注意保暖。衣物沾染者应即脱除，并冲洗污染部位，再按下列情况分别作除毒害及相应急救处理。

① 毒性气体与蒸气

a. 一氧化碳和二氧化碳、氮、氢等窒息性气体　遇到呼吸衰竭时，可以施行人工呼吸，或给氧。

严重的一氧化碳中毒在进行现场救护后应速送有"高压氧舱"的医院救治。昏迷复苏病人，应注意脑水肿的出现，有脑膜刺激症候及早用甘露醇或高能葡萄糖等脱水治疗。

b. 氰化氢　适当吸入亚硝酸异戊酯蒸气（2min吸30次），感觉消失者，即请医生救治；静脉注射亚硝酸钠和硫代硫酸钠溶液。可给患者吸入含5％二氧化碳的氧气。

c. 硫化氢　中毒严重时，可吸入 H_2O_2（2+100）溶液蒸气或给氧，并请医生救治；必要时施行人工呼吸。

d. 氯、溴、氯化氢、二氧化硫、三氧化硫等酸性刺激性气体　可吸入20g/L $NaHCO_3$ 水热蒸气（或喷雾），也可以吸入稀氨水的水蒸气（雾），给服 $NaHCO_3$ 并含漱；胸、喉刺激者适当冷敷；眼睛受刺激时用20g/L $NaHCO_3$ 水溶液洗眼，情况严重者，请医生治疗。

e. 氮氧化物　静注50％葡萄糖20～60mL，对症止咳、镇静及使用抗生素，忌用吗啡。

f. 氨　立即吸入大量沸水蒸气，内服10g/L酒石酸、柠檬酸或醋酸溶液。喉部水肿、呼吸困难时应请医生治疗。

g. 卤代烷　大量吸入时可行人工呼吸或吸氧，静注50％葡萄糖40mL，并请医生对症治疗；眼睛受损时用20g/L $NaHCO_3$ 水冲洗。

② 液体或固体毒性物质、腐蚀性物质

a. 误服酸类（硫酸、硝酸、盐酸、草酸）　应即请医生，可内服

15g/L 的氢氧化镁悬浮液或氢氧化铝胶，然后服蛋白溶液（每升用5个鸡蛋）或牛奶，忌用碳酸氢钠或碳酸钠，禁止使患者呕吐。皮肤灼伤可以用 50g/L NaHCO$_3$ 水溶液洗。酸雾吸入者用 2％碳酸氢钠雾化吸入。

b. 误服碱类（氢氧化钠、氢氧化钾、氢氧化钙等） 误服禁止洗胃或呕吐，可给服稀醋酸或柠檬汁 500mL，或（1+200）盐酸 100～500mL，再服蛋清或牛奶。皮肤灼伤可以用（1+50）稀醋酸或 20g/L 稀硼酸溶液洗。

c. 氰化物 氰化物为剧毒品，若患者神志清醒，应及早用温热盐水或 10g/L 硫代硫酸钠约 500mL 催吐，也可用 0.2g/L 高锰酸钾溶液、（1+9）H$_2$O$_2$ 溶液洗胃，以后每 15min 服一汤匙硫酸亚铁或氧化镁混悬液。适当使用亚硝酸戊酯或亚硝酸丙酯蒸气吸入，以及静注亚硝酸钠和硫代硫酸钠溶液解毒。可给患者吸入含 5％二氧化碳的氧气。

d. 砷化合物 误服中毒应即洗胃、催吐或导泻；洗胃时用新配的氢氧化铁（120g/L 硫酸亚铁、200g/L 氧化镁混悬液等量混合），每 5～15min 一汤匙，直到呕吐。也可以用蛋清或牛奶，加活性炭粉更好。然后用硫酸镁导泻。

静注二巯基丙磺酸钠或二巯基丙醇解毒。吸入砷化物中毒时，可给氧及静注药物解毒，严重中毒时，应注意防止休克。

e. 汞和汞盐 汞盐能侵蚀胃黏膜，故误服汞盐不宜洗胃，以防穿孔。发现汞盐中毒应尽快灌服鸡蛋清、牛奶或豆浆，以保护胃壁。食入升汞者应即给服还原液（醋酸钠 1g，磷酸钠 1～2g，加水 200mL）每小时 1 次，共 4～6 次，使还原为毒性较小的甘汞，用硫酸镁导泻。立即静脉注射二巯基丙磺酸钠、二巯基丙醇或葡萄糖解毒。眼、皮肤接触时，用大量水彻底清洗（清洗皮肤时可用肥皂，尽量避免使用洗涤剂）。

f. 酚 误食酚，即用硫酸钠（30g/L）洗胃，直至酚的气味消失。如不能及时洗胃，可口服蛋白水及硫酸钠 15～30g 加足量水冲服，保护胃壁。洗胃后，可口服牛奶、蛋白或食糖与熟石灰的混合液（水 40 份，糖 16 份，熟石灰 5 份），每 5min 1 汤匙。禁使患者呕吐，必要时给氧。

皮肤灼伤，可用 4 份 20% 酒精加 1 份 0.5mol/L 的氯化铁溶液的混合液冲洗，再用水洗；也可用甘油、聚乙二醇等擦抹伤处，水洗；最后敷上饱和硫酸钠溶液。

g. 镉及其化合物 轻度中毒时，大量饮水，安静休息。严重时用 10g/L 碳酸氢钠溶液洗胃。

h. 可溶性钡盐 误服后立即用 10g/L 硫酸钠溶液洗胃。服入可溶于胃酸（盐酸）的钡盐时，同样处理。

i. 磷 误服者，立即用 1～2g/L 硫酸铜溶液或 0.2g/L 高锰酸钾溶液反复洗胃，待蒜臭味消失后，口服 10g/L 硫酸铜溶液 10mL，约 1min 后再服，共 3～4 次。

如有磷的颗粒附于皮肤上，应将局部浸于水中，用刷子小心清除，不可将创面暴露于空气中或用油脂涂抹，再以 10～20g/L 硫酸铜溶液冲洗数分钟，然后用 50g/L $NaHCO_3$ 水溶液洗去残留的硫酸铜，最后可用生理盐水湿敷，用绷带包扎。

j. 铬酸及其盐 用 50g/L 硫代硫酸钠或 10g/L 硫酸钠溶液冲洗污染的皮肤。涂以依地酸二钠钙软膏，皮炎可用氢化可的松软膏。误服，用温水或 2% 硫代硫酸钠洗胃，50% 硫酸镁 60mL 导泻，口服牛奶、镁乳等保护剂。

k. 氢氟酸 接触受到侵蚀，先用大量水冲洗，再用 50g/L NaH-CO_3 水溶液洗，最后用甘油-氧化镁（2+1）糊剂涂敷，或用冰冷的硫酸镁液洗，也可涂烫伤消炎油膏。吸入蒸气引起中毒者应给吸入含 5% 二氧化碳的氧气，静卧观察或送医院。

l. 溴　吸入中毒，可吸入水蒸气与氨水的混合物，严重时需吸氧。误服引起急性中毒者，应大量饮盐水，内服牛奶、咽冰块或冰水。皮肤灼伤可用苯擦拭除去，用稀氨水或硫代硫酸钠液洗敷，再敷油膏。眼睛灼伤，即用 $2\sim5g/L$ $NaHCO_3$ 水溶液冲洗。

m. 氯化锌　用水冲洗，再用 $50g/L$ $NaHCO_3$ 水溶液冲洗，涂油膏。

n. 硫酸二甲酯　眼及皮肤沾染用大量清水冲洗，再用 0.5% 去氧可的松软膏或鲜牛奶滴眼，静卧，避免光线刺激。吸入中毒者，吸氧及吸入 2% 碳酸氢钠雾化，喉头痉挛水肿应及早切开气管。

o. 四氯化碳　误服者需立即漱口，送医院急救。

p. 苯的氨基、硝基化合物　吸入及皮肤吸收者，休息、吸氧，并注射美蓝及维生素 C 葡萄糖液。皮肤沾染应立即用大量清水（低气温时可用温水）彻底冲洗。

q. 甲醇及醇类　经口进入者立即催吐或彻底洗胃。

r. 硒及其化合物　皮肤或眼污染用大量清水洗净，10% 硫代硫酸钠静注，皮肤可擦硫代硫酸钠霜。

s. 镍及其化合物　皮肤冲洗，口服二乙基二硫代氨基甲酸钠 $0.5g$ 与等量碳酸氢钠同服。

t. 酯类化合物　皮肤污染用清水及肥皂水洗净，碳酸氢钠雾化吸入。

u. 醛类化合物　脱离污染，清洗皮肤及眼，雾化吸入碳酸钠，以解除呼吸道刺激。严重者入院观察治疗。

v. 胺类化合物　皮肤及眼受污染时，用大量清水彻底冲洗。

w. 苯类及焦油类　吸入者呼吸新鲜空气，促进其呼出。呼吸停止或不正常者，进行人工呼吸。心跳骤停者，进行胸外心脏按压，禁用肾上腺素，昏迷较长者应防脑水肿。

x. 汽油及石油类　吸入患者立即离开污染缺氧环境，清洗皮肤沾染，休息保暖，如吸入汽油多，可发生吸入性肺炎。

③ 农药

a. 有机汞农药　及早用 2％碳酸氢钠洗胃（禁用生理食盐水洗胃），用巯基配合剂解毒。

b. 有机磷农药　除去污染，彻底清洗皮肤，安静休息，注射阿托品及氯磷定、解磷定等解毒药（敌百虫中毒禁用碳酸氢钠及碱性药物，对硫磷等禁用高锰酸钾洗胃）。

所有化学伤害的救护过程中，眼睛伤害都是优先救护对象。

在敷料中加入维生素 C 将有助于碱性腐蚀性物质化学伤害伤口的愈合，对其他烧伤、冻伤的伤口也有好处。

4. 机械性伤害的急救措施

（1）一般外伤的救护

① 一般擦伤　立即用肥皂水和温水将伤处和周围表皮擦洗干净，然后用（1＋9）过氧化氢及生理盐水冲洗伤口，小的伤口可以用碘伏或 75％医用酒精消毒周围皮肤（有沾染的伤口可以先用碘酊处理，再用 75％医用酒精清洗残存的碘，以减少碘的刺激作用），然后用消毒敷料包扎。如伤口出血，可取消毒敷料做压迫止血，更换敷料后再用绷带轻轻包扎，或用胶布固定。

② 轻度刺、割伤、裂伤　同上清洁表皮和伤口后，要检查伤口内有无异物并清理干净，擦干，同上进行消毒处理，然后用消毒敷料包扎处理。

割裂的伤口在包扎前，应对拢后再包扎。

伤情不明确者，在对伤口进行简单处理后，宜送医院诊治。

③ 挫伤、撞伤、扭伤　若无开放性伤口，可以对伤处进行"冷敷"，以减少内出血。然后用"活血化淤"的药物（如"万花油""驳骨水"等）包敷，包扎固定。挫伤、撞伤、扭伤的伤处切勿搓揉，以免加大伤害。

挫伤、撞伤、扭伤受伤严重，或伤员感觉明显痛苦者，宜送医院诊治。

（2）严重外伤的救护

① 大量出血　一般发生在比较严重的刺、割伤、裂伤、挫伤、撞伤或炸伤造成的开放性伤口上，若无明显出血点者，应在清除了伤口上的沾染物并作简单的表面消毒后，用消毒敷料全创面压迫止血。若大血管损伤，可在血管的近心端上止血带（每 30min 放松一次），初步止血操作后即送医院治疗。

深度过大的出血伤口，必要时应填充止血，立即送医院治疗。

② 骨折　发现骨折，应固定伤肢，送医院治疗。

③ 离体组织　如有离体的组织应尽量寻找，用生理盐水作初步冲洗清洁，再用消毒敷料包裹，急送医院，以利于治疗。如伤员发生休克时应作抗休克处理，注意保暖。

夏季高温天气下，应把"离体组织"置消毒容器中，放进加冰的桶内加以保护（"离体组织"应以棉花或敷料包裹保温，注意不得让冰块直接与"离体组织"接触，以避免组织冻伤），再送医院，以延长其存活时间。

严重外伤的现场急救对挽救伤者的生命及保存功能极为重要。

三、眼部外伤的防护和急救

眼睛是人的"灵魂之窗"，眼睛对于人员的工作与生活极为重要，必须认真保护。如发生损伤应优先救护。

1. 眼睛的安全防护

凡有可能导致眼睛受到损害的操作，实验人员均应根据需要佩戴相应的护目镜，并注意保持较大的安全距离，以减少意外伤害的机会和伤害程度。

2. 眼睛伤害的救护

（1）化学伤害物质溅落眼睛　应该立即用清水进行冲洗，然后根据所溅落的化学物质的性质进行急救处理（化验室应常备稀硼酸、稀醋酸、稀碳酸氢钠溶液，放置于急救药箱及可能接触强腐蚀物品的地方——如操作场所，以备急救使用）。

（2）固体异物入眼　应令伤者闭上眼睛，不要转动眼球，更不要用手揉搓，以免扩大损伤，立即请医生处理。

（3）眼球挫伤、震动伤及其他损伤　即送医院诊治。

第五节　化验室消防

一、消防法律法规的相关规定

①《中华人民共和国消防法》第二条规定，消防工作实行防火安全责任制。相关法规规定法人单位的法定代表人或者非法人单位的主要负责人是单位的消防安全责任人，对本单位的消防安全工作全面负责。

② 所有单位应根据实际需要指定本单位的消防安全管理人。组织实施相关消防安全管理工作。

③ 所有单位都要制定消防安全制度、消防安全操作规程。制定用火、用电等内容的消防安全管理制度，并切实执行。

④ 所有单位都必须加强员工的消防意识教育，从思想上树立"预防为主，防消结合"的重视防火工作的消防意识。

⑤ 通过消防知识教育，使员工具备必要消防技能。

二、灭火的基本原理和常用方法

1. 灭火的基本原理

（1）燃烧与灭火的关系　燃烧，是物质之间满足燃烧条件导致急剧的氧化还原反应的发生及其延续，"灭火"则是使这种反应停止，不使延续进行。

（2）灭火的实质　灭火的核心是采取一切可以采取的措施（手段），以破坏业已形成的"燃烧三要素"的组合，从而使燃烧停止。其实质是使"燃烧三要素"不能同时存在，没有了着火的机会，燃烧也就停止。

2. 常用的灭火方法

（1）隔离法　撤除、隔离可燃物，利用外力使可燃物与燃烧物分隔开。"着火区"没有了可燃物的补充，燃烧反应将自动停止。

隔离法的"外力"通常用"机械"，或者冲击力（包括使用高压水流的强力喷射产生的"切割"力）的方法实现。

（2）冷却法　把能够大量吸收热量的灭火剂喷射到燃烧物上，使燃烧物的温度下降，当燃烧区的温度低于可燃物体的燃点时，燃烧即可停止。

冷却法常用水、水蒸气、二氧化碳。

图 4-6　装载"七氟丙烷"
的自动灭火器

（3）窒息法　用不燃（或难燃）物品覆盖在燃烧物上，或以窒息性气体稀释燃烧区的空气，使燃烧得不到足够的助燃空气（氧）而熄灭。

窒息法常用泡沫、二氧化碳、水蒸气、干粉、EBM 气溶胶❶、七氟丙烷（FM-200）❶（见图 4-6 所示）等；还可以用干的沙土、湿毛毡、湿棉被或其他可以把着火物的

---

❶　均为对臭氧层不发生影响的新型灭火剂，是"1211""哈龙"等对臭氧层有损害的卤代烷灭火剂的替代产品。

表面加以覆盖的物体。

（4）燃烧反应中断法　使用特殊的灭火剂，喷射到燃烧区中，与燃烧反应所产生的活性基团（"自由基"）结合，使燃烧反应的"链"中断，从而达到灭火的目的。

燃烧反应中断法常用干粉、水蒸气、EBM 气溶胶、七氟丙烷（FM-200）。

在上述方法当中，冷却法是最常用的灭火方法。

3. 常用灭火剂

（1）水　水是一种无毒、无色、无味、无残留的液体，取用方便，价格低廉。

水具有很高的吸热能力，尤其是在受热汽化的时候，在火灾扑救中是一种高效的冷却剂。水受热汽化产生的水蒸气，可以稀释火场的空气，具有"窒息灭火"作用。水蒸气对火灾中的"自由基"也有很好的吸收功能。此外，很多可燃物质燃烧产生的有毒气体能够被水蒸气或水溶解吸收。可以说水是一种多功能的优良灭火剂，在火灾扑救工作中，水是最常用的重要灭火剂。

但是水也有灭火禁忌，比如某些物质可以与水发生反应产生热量甚至发生可燃气体，某些活泼金属在高温下可以与水作用加剧燃烧，一些密度小于水的可燃液体，可以漂浮在水面上继续燃烧和扩散。高压直流水可使粉状或絮状可燃烧物质强烈扰动而飞扬，增加与空气的接触和混合，加速燃烧扩大火灾。

对火场中的高温设备用水灭火时，要防止水喷到高温物体发生水蒸气爆炸。

水的导电性能也限制了它在电器火灾中的应用。

受潮湿可能变形的物质如文件、资料、纸制品等，非不得已不要使用水作灭火剂。

因此，在用水扑救火灾（特别是在化学品火灾）的时候，要注意适当地运用，扬长避短，充分发挥其优势。

（2）干粉　干粉灭火剂是一类以具有灭火性能的，干燥易于流动的粉末（以碳酸氢钠制作者称为 BC 干粉，若以磷酸铵盐制作则称 ABC 干粉）为灭火基料，加上防潮剂、流动促进剂、结块防止剂等辅料的灭火剂，通常以二氧化碳或氮气为驱动气体，制作成储气瓶式和储压式灭火器。

在灭火的时候，干粉通常覆盖、黏附在燃烧物的表面，隔绝或降低燃烧物与氧气的接触，起"窒息灭火"的作用，有些干粉还可以大量吸收燃烧空间的热量，使自身发泡或者分解产生二氧化碳等具有灭火性能的物质，提高灭火效果。

干粉灭火剂适用于石油及其产品，油漆等易燃可燃液体、可燃气体、电气设备的初起火灾扑救。某些"干粉"还具有吸收"自由基"的特殊功能。

干粉的最大缺点是灭火后有残留，火灾后必须清理，黏附甚至熔融在燃烧物体表面上的干粉，清理工作比较麻烦。

（3）二氧化碳　二氧化碳是一种不燃烧的窒息性气体，密度大于空气。在火灾现场使用二氧化碳可以降低燃烧空间的氧含量，从而抑制燃烧蔓延。当二氧化碳从装载容器中喷射时，由于压力的迅速下降，可以导致自身温度下降，甚至部分形成固态二氧化碳（干冰），所以当二氧化碳被喷射至火场时，也可以使燃烧区的温度有所降低，有利于火灾扑救。

二氧化碳在火灾扑救中没有任何残留，是一种高性能的无污染灭火剂，在贵重物品和文件档案火灾扑救中广泛应用。

火灾现场有粉状或絮状可燃烧物质，以及能够与二氧化碳在常温或高温下发生反应的轻金属，不能使用二氧化碳扑救。

二氧化碳在相对密闭的场所灭火效果显著。

（4）泡沫　"泡沫"是一类具有丰富的泡沫的"水基"灭火剂的

统称，在扑救火灾时主要通过泡沫的覆盖性能隔绝燃烧物与空气的接触，达到窒息灭火的目的，其中同时携带的少量水还可以对燃烧物起降温作用，"化学泡沫"还同时含有二氧化碳，灭火效果更好。由于使用水为基质，成本也比较低廉。

泡沫灭火剂的特点是密度小于水，常用于密度小于水且不溶解于水的易燃液体火灾的扑救和一般火灾。

不同组成的泡沫灭火剂还具有各自的特点，分别对不同的特定物质的火灾扑救产生良好的灭火效果。由于"泡沫"含水故同时具有水的"灭火禁忌"。

此外，泡沫灭火剂在灭火后有残留物，也局限了使用范围。

对于危险化学品、电气等特殊火灾，灭火时须根据燃烧物的性质选用适当的灭火剂，以避免灭火禁忌。

在灭火时常会根据情况需要同时使用多种灭火方法。

爆炸性物品的火灾不宜使用用覆盖物的窒息法灭火。

常见火灾类型及灭火方法见表4-5。

表4-5　火灾类型与灭火方法

火灾等级	燃烧物及燃烧情况	应采用的灭火办法	禁用办法
A级	木材、纸、布	水、干冰、二氧化碳、泡沫、干粉	
B级	易燃液体或气体、松胶、塑料	干冰、二氧化碳、泡沫、七氟丙烷、气溶胶	
C级	以上物质有电源接触时	干冰、二氧化碳、干粉、七氟丙烷、气溶胶	水、泡沫
D级	碱金属	干的盐（钠或钾），干的石墨（锂）	水、泡沫、二氧化碳

注：因"1211""哈龙"及四氯化碳等已属于禁用之列，不再讨论。

带电物体的火灾，应选用二氧化碳、干粉型灭火器（详见"电气火灾的扑救"）。

三、化验室火灾的扑救和疏散

1. 火灾征兆

（1）闻到烧焦的味道　即使是很小的火，燃烧物发出的味道也能传到较远的地方，尤其是现在常见的塑料、橡胶、海绵等化工制品。

翻查历史的群死群伤的特大火灾案例，事前都有人闻到烧焦的味道，但往往没有人觉察到火灾的发生。

（2）有人喊"起火啦!"　"起火啦!"往往是人们发现火苗发生的第一个反应，也是最先发出的呼叫。相当于发出了警报，任何人闻之均不能轻视。因为及时扑救初起火灾，是防止火灾蔓延扩大的最基本措施。

（3）见到烟　火灾发生时，烟气会向远处蔓延。烟是最明显的火灾征兆，看见烟，同时又意味着情况可能已经非常危险。

必须注意，火灾的征兆并不需要同时出现，只要有一个发生都应该引起重视，及时进行检查，避免延误扑救，导致火灾蔓延扩大。

另外，发生易燃液体的泄漏（具体表现是有易燃液体挥发的气味扩散和传播），往往容易引发火灾，必须十分警惕。

2. 扑救火灾的一般原则

（1）三十六字口诀　报警早，损失少；边报警，边扑救；先控制，后扑灭；先救人，后救物；防中毒，防窒息；听指挥，莫惊慌。

（2）火灾现场扑救的注意事项　火灾是危害性很大的灾害，扑救不及时可能造成严重的人命和财产损失。必须高度重视。但是，只要在火灾扑救的时候做好以下工作，就有机会把火灾造成的损失尽可能降到最低。沉着冷静，及时准确地报警；不失时机地扑救初起的"火头"；及时控制火势；积极抢救人命和重要物资；做好救火人员的自我保护；在救灾现场绝对服从指挥。对尽早扑灭火灾具有积极意义。

在火灾扑救过程中，遇到猛烈燃烧的大火突然减弱的时候，切忌贸然前进，以免由于气流扰动引起的火场爆炸造成新的人员伤害发生。

3. 电气火灾的扑救

（1）电气火灾的特点

① 起火快　电气点火温度高，容易点火。

② 蔓延快　容易沿电线传播蔓延。

③ 难扑救　起火的电气装置继续发生热量，形成二次点火并维持火灾的延续。

④ 容易发生触电事故　火灾现场往往带电。

（2）电气火灾的扑救

① 断电扑救　切断火灾现场的电源再进行扑救。这是最安全的扑救方法，如果在晚间，必须注意切断电源的位置，避免影响扑救工作的照明，同时要注意避免电线短路引起新的"火头"。

切断电源后可以按一般火灾扑救。

② 带电扑救　紧急情况下或者一时无法切断电源，可以用不导电的灭火剂如二氧化碳或干粉等灭火剂扑救，但必须注意保持安全距离，严禁冒险操作，以防扑救人员触电。

所有火灾的扑救都要注意防止建筑倒塌、高空坠落伤人或者其他伤亡事故的发生。

各种常用的灭火剂及小型灭火器见本书附录一表7和表8。

4. 化验室火灾现场疏散

（1）现场疏散的基本原则

① 受伤人员及时疏散撤离，并予以救护。

② 迅速疏散易燃易爆物质及毒性物质。

③ 迅速疏散各种贵重的仪器设备和资料档案。

④ 清疏救援通道，保证消防工作顺利进行。

⑤ 在无法同时进行疏散的时候，应该按先人后物，先重要后次要，先危急后一般，先危险物资后一般物资的顺序进行抢救。

由于火焰的温度通常都可以达到1500℃以上，所有可以燃烧的物质甚至铝材均可以着火。所以，在可能情况下应该尽可能把它们也加以疏散转移。其本身也是基本灭火方法的一种——隔离法。

（2）火场人员的自救逃生　突遇火灾要保持镇静，迅速判断危险地点和安全地点，尽快撤离险地。不要盲目地相互拥挤、乱冲乱窜。撤离时要注意朝明亮处或外面开阔地方跑，要尽量往楼层下面跑，若通道已被烟火封阻，则应背向烟火方向离开，通过阳台、气窗、天台等往室外逃生。

规范的建筑物，都会有两条或以上逃生楼梯、通道或安全出口。发生火灾时，要尽快选择进入相对较为安全的楼梯通道。此外，还可以利用建筑物的阳台、窗台、屋顶等攀到周围的安全地点沿着落水管、避雷线等建筑结构中凸出物滑下也可脱险。

电梯在火灾时随时会断电或因受热变形而使人被困在电梯内，同时由于电梯井犹如贯通的烟囱般直通各楼层，有毒的烟雾直接威胁被困人员的生命，因此，千万不要乘普通的电梯逃生。

无法逃生且在被烟气窒息失去自救能力时，应努力滚到墙边或门边，便于消防人员寻找、营救；此外，滚到墙边也可防止房屋结构塌落砸伤自己。

常用的逃生方法如下。

① 毛巾捂鼻爬行法　逃生时经过充满烟雾的路线，要防止烟雾中毒、预防窒息。为了防止火场浓烟呛入，可采用毛巾、口罩蒙鼻（最好弄湿），匍匐撤离的办法。贴近地面撤离是避免烟气吸入的最佳方法。

② 毛毯、棉被隔火护身法　穿过烟火封锁区，应佩戴防毒面具、头盔、阻燃隔热服等护具，如果没有这些护具，那么可向头部、身上

浇冷水或用湿毛巾、湿棉被、湿毯子等将头、身裹好，再冲出去。

③ 竹竿、绳索、管线下滑法　高层、多层建筑内一般都设有高空缓降器或救生绳，人员可以通过这些设施安全地离开危险的楼层。如果没有这些专门设施，而安全通道又已被堵，救援人员不能及时赶到的情况下，可以利用身边的绳索或床单、窗帘、衣服等自制简易救生绳，并用水打湿从窗台或阳台沿绳缓滑到下面楼层或地面逃生。

④ 卫生间避难法　假如用手摸房门已感到烫手，通常是火焰与浓烟封门，逃生通道被切断。若短时间内无人救援的时候，可退守到卫生间，用湿毛巾塞住门缝或用水浸湿棉被蒙上门窗，然后不停用水淋透房间，防止烟火渗入，固守在卫生间房内，直到救援人员到达。

⑤ 火场求救法　被烟火围困暂时无法逃离的人员，应尽量留在阳台、窗口等易于被人发现和能避免烟火近身的地方。在白天，可以向窗外晃动鲜艳衣物，或外抛轻型晃眼的东西；在晚上即可以用手电筒不停地在窗口闪动或者敲击东西，及时发出有效的求救信号（如用手电筒打出"SOS"等），引起救援者的注意。

⑥ 跳楼求生法　跳楼是在消防人员无法进行营救，或者无法等待营救（不跳楼即会被烧死）等极端状况下的求生方法。"跳楼"虽可求生，但会对身体造成一定的伤害，非不得已情况下不要采用。因此，即使已经没有任何退路，只要生命还未受到严重威胁，也要冷静地等待消防人员的救援。

的确需要跳楼求生的时候，也应该在消防队员准备好救生气垫并指挥跳楼时或楼层不高（一般 4 层以下），才能够"跳楼"。

跳楼时应尽量往救生气垫中部跳或选择有水池、软雨篷、草地等方向跳；如有可能，要尽量抱些棉被、沙发垫等松软物品或打开大雨伞跳下，以减缓冲击力。如果徒手跳楼一定要扒窗台或阳台使身体自然下垂跳下，以尽量降低垂直距离，落地前要双手抱紧头部身体弯曲卷成一团，以减少伤害。

附：放射性伤害的预防和急救

生物体接触含有放射性核素且其放射性活度和总活度都分别超过GB 11806规定的限值的物质，均可能受到放射性伤害。

人体长期或反复受到容许剂量❶辐射能改变人体细胞机能，白细胞增多、内分泌失调等。较高剂量照射下，可造成出血、贫血、白细胞减少，胃肠溃疡、皮肤坏死，严重的造成神经系统、造血机能伤害，甚至白血病或诱发癌症，直至死亡，放射性物质进入体内，伤害更严重。

含有铀、钍、铈、镭、锆、钽、铌或放射性同位素等的试剂、制剂或矿物，由于自身具有放射性或与放射性元素共生，可能发生放射线。

X射线衍射分析仪器、γ射线探伤仪、放射性料位计（测量水泥窑或其他固体物质的"料位"）等，若防护装置损坏，都可能发射或泄漏放射线，均可能对人员产生放射性伤害。

1. 防护措施

① 尽量避免使用可能产生（或带有）放射性的化学试剂。

② 必须使用放射性试剂（或设施）时要严格执行"五双"制度。

③ 防止放射性物质由消化道进入人体，禁绝受污染物品与口腔及食物接触。

④ 防止放射性物质由呼吸道进入人体，操作人员必须在上风位置工作。工具应分别专用，并防止灰尘飞扬，避免污染扩大。

⑤ 防止放射性物质通过皮肤进入人体，工作中应穿戴橡胶手套并避免刺、割伤皮肤。凡有不可密封包扎的伤口者不宜进行操作。工作完毕应先洗涤暴露部位，用温水和肥皂洗手4～5min。

---

❶ 指在有保护和限制工作时间的情况下的容许放射剂量。而国际规定的"最高允许剂量"是指"在人的一生中，即使长期地受到这种剂量的照射，也不会发生任何可察觉的伤害"。二者含义不同。不要混淆。

⑥ 尽量缩短操作时间。

⑦ 带放射性的废物应用专用容器储存并集中处理。

2. 放射性伤害的急救

（1）皮肤割伤　立即冲洗伤口，再用 5g/L EDTA 溶液洗涤，并按血液流向反向挤压出可能受到污染的血液，再请医生诊治。

（2）误吞放射性物质　洗胃或催吐，然后口服相应的沉淀剂如草酸盐、硫酸盐等，也可以服用羧基阳离子交换树脂，以吸收放射性物质，再令泻出。

不要服用螯合剂（EDTA 等）、蛋白、牛奶等，防止干扰救护。

习题 ◄◄◄

1. 安全技术的基本原理是什么？为什么需要进行安全教育？

2. 化验室预防事故的一般原则是什么？

3. 化验室机械性外伤是如何发生的？怎样救护？

4. 为什么要对眼睛的伤害优先救护？

5. 易燃易爆物质有哪几大类？其危险性如何？

6. 化验室为什么需要做好防火防爆工作？其基本途径是什么？

7. 灭火的基本方法是什么？与"燃烧"有什么关系？

8. 扑救火灾要注意哪些问题？为什么？

9. 电气火灾需要怎样扑救？

10. 热力烧伤是怎样造成的？有什么特点？

11. 简述有毒物质侵入人体的途径及危险性。

12. 化学性伤害的预防和急救措施的本质是什么？

13. 电流对人体有什么伤害？

14. 发生触电事故应如何抢救？要注意什么问题？

CHAPTER **5**

第五章 >>>

化验室质量管理

▷ 第一节　质量管理概述

一、质量和质量管理术语[❶]

与质量和质量管理有关的主要术语如下：

质量（quality）　客体的一组固有特性满足要求的程度。

产品和服务的质量不仅包括其预期的功能和性能，而且还涉及顾客对其价值和利益的感知。

特性（characteristic）　可区分的特征。

要求（requirement）　明示的、通常隐含的或必须履行的需求或期望。

组织（organization）　为实现其目标，通过职责、权限和相互关系而拥有其自身职能的一个人或一组人。

组织环境（context of the organization）　对组织建立和实现其目标的方法有影响的内部和外部因素的组合。

最高管理者（top management）　在最高层指挥和控制组织的一

[❶]　本"术语"全部引自"ISO 9000：2015《质量管理体系　基础和术语》"。

个人或一组人。

管理（management）　指挥和控制组织的协调的活动。

管理可包括制定方针和目标以及实现这些目标的过程。

质量方针（quality policy）　关于质量的方针。

通常质量方针与组织的总方针相一致，可以与组织的愿景和使命相一致，并为制定质量目标提供框架。

本标准中提出的质量管理原则可以作为制定质量方针的基础。

质量管理（quality management）　关于质量的管理。

质量管理可包括制定质量方针和质量目标，以及通过质量策划、质量保证、质量控制、和质量改进实现这些质量目标的过程。

体系（系统）（system）　相互关联或相互作用的一组要素。

基础设施（infrastructure）　组织运行所必需的设施、设备和服务的体系。

质量管理体系（quality management system）　管理体系中关于质量的部分。

质量手册（quality manual）　组织的质量管理体系的规范。

质量策划（quality planning）　质量管理的一部分，致力于制定质量目标并规定必要的运行过程和相关资源以实现质量目标。

质量计划（quality plan）　对特定的客体，规定由谁及何时应用程序和相关资源的规范。

通常包括所涉及的质量管理过程以及产品和服务实现过程。质量计划通常是质量策划的结果之一。

质量保证（quality assurance）　质量管理的一部分，致力于提供质量要求会得到满足的信任。

质量控制（quality control）　质量管理的一部分，致力于满足质量要求

质量改进（quality improvement）　质量管理的一部分，致力于

增强满足质量要求的能力。

质量要求可以是有关任何方面的，如有效性、效率或可追溯性。

质量目标（quality objective） 与质量有关的目标。

客观证据（objective evidence） 支持某事物存在或真实性的数据。

过程（process） 利用输入产生预期结果的相互关联或相互作用的一组活动。

程序（procedure） 为进行某项活动或过程所规定的途径。

产品（product） 在组织和顾客之间未发生任何交易的情况下，组织产生的输出。

产品最主要的部分通常是有形的。

质量特性（quality characteristic） 与要求有关的，客体的固有特性。

计量特性（metrological characteristic） 能影响测量结果的特性。

信息（information） 有意义的数据。

服务（service） 在组织和顾客之间需要完成至少一项活动的组织的输出。

服务的主要特征通常是无形的，而且通常由顾客体验。

客体（object）（entity，item） 可感知或可想象到的任何事物。如产品、服务、过程、人员、组织、体系、资源。

顾客（customer） 将会或实际接受为其提供的、或应其要求提供的产品或服务的个人或组织。

规范（specification） 阐明要求的文件。

例如质量手册、质量计划、技术图纸、程序文件、作业指导书。

技术状态记录（configuration status accounting） 对产品技术状态信息、建议的更改状况和已批准更改的实施状况所做的正式记录和报告。

检验（inspection） 对符合规定要求的确定。

试验（test） 按照要求对特定的预期用途或应用的确定。

可追溯性（traceability） 追溯客体的历史、应用情况或所处位置的能力。

不合格（不符合）（nonconformity） 未满足要求。

验证（verification） 通过提供客观证据对规定要求已得到满足的认定。

确认（validation） 通过提供客观证据对特定的预期用途或应用要求已得到满足的认定。

审核（audit） 为获得客观证据并对其进行客观的评价，以确定满足审核准则的程度所进行的系统的、独立的并形成文件的过程。

审核结论（audit conclusion） 考虑了审核目标和所有审核发现后得出的审核结果。

二、产品质量和工作质量

一个关注质量的组织倡导一种文化，其结果导致其行为、态度、活动和过程，通过满足顾客和相关方的需求和期望实现其价值。

组织的产品和服务质量取决于满足顾客的能力，以及对相关方有意和无意的影响。产品和服务的质量不仅包括其预期的功能和性能，而且还涉及顾客对其价值和利益的感知。

1. 产品质量

产品可以分为两大类，即有具体实物产物的有形产品，包括硬件（如发动机、机械零件）、流程性材料（如润滑油）和没有具体实物产物的无形产品，包括服务（如运输）、软件（如计算机程序、字典）。前者又常被称为"货物"。

现实生活中，人们所接收的商品往往是由不同类别的产品构成：

如在购买电器产品时，除了获得电器本身，还同时获得该电器产品的使用方法等知识和维修保养承诺等；而很多"软件"产品又依附于某些具体的实物之上，如计算机程序需要保存于"光盘"或"磁盘"等。

产品的质量通常用质量特性（可区分的特征）来表达。这些特性可以是固有的或赋予的，也可以是定性的或定量的，包括物理的、感官的、行为的、时间的、人因工效的和功能的等等。具体表现为以下方面。

（1）性能 产品为满足使用目的所具备的技术特性。

（2）安全性 产品在制造、储存和使用过程中，保证人员与环境免遭危害的程度。

（3）使用寿命 产品能够正常使用的期限。

（4）可靠性 产品在规定的条件下和规定的时间内，完成规定功能的能力。

（5）维修性 产品寿命周期内的故障能方便地修复。

（6）经济性 产品从设计、制造到整个使用寿命周期的成本大小。

（7）节能性 产品在制造到使用过程中的能量消耗。

（8）环保性 产品从制造、使用到失效并成为废物及其最后处置对环境的损害程度。

其中前面六项是传统的"质量特性"，近几十年来由于地球环境的破坏和能源渐趋短缺，人们在重新认识地球以后又增加了后两项质量观念。

在具体管理上，往往是把产品的质量特性（或"代用"质量特性）用技术指标加以量化，以衡量产品的优劣。各种检验室对产品进行的质量检验，基本依据也是这些技术指标。

2. 工作质量

产品（或服务）是人们劳动的结果（即使是自动化的生产装置也离不开人的控制），因此产品（或服务）质量的优劣与从事该项生产（或服务工作）的人的工作好坏有密切关系。

人们经常以工作质量来评价人的工作的好坏，由于企业所有的人们都是围绕着产品的生产（或服务）而工作，因而可以把它视之为与产品（或服务）质量有关的工作对于产品（或服务）质量的保证程度。

对一个产业性企业来说也就是企业的管理工作、技术工作对提高产品质量、服务质量和提高企业经济效益的保证程度。

具体的人，其工作质量又与其个人的素质密切相关，换言之，企业的产品（或服务）的质量受制于企业各部门成员的素质，更具关键意义的是起主导作用的企业领导层的素质。

直接从事生产的部门和人员，工作质量通常以产品合格率、废品率、返修率及优质品率等技术指标进行衡量。

非直接生产部门及人员，则以其在产品从设计、试验开始到售后服务的全过程中，旨在使产品具有一定的质量特征而进行的全部活动，即质量职能的执行程度为考核。

一般地说，部门的质量职能完成程度是部门人员工作质量的综合反映。

按照现代的质量观点，产品（或服务）质量是组织（企业）各部门及人员工作质量的反映。因此，只有抓好各个部门、各个相关环节的人员的工作质量，产品（或服务）的质量才能够得到保证。或者说，只有部门和人员的工作质量有了提高，产品（或服务）的质量才可能得到提高。现代质量观是把对产品（或服务）质量的管理重点转移到产品（或服务）的质量的形成过程之中，甚至提前到策划、设计阶段，实施"预防"的管理，从而使产品（或服务）质量产生飞跃。

三、现代质量管理

1. 质量管理溯源

自人类从事生产开始，就有产品的质量检验（尽管是很不完善、不系统，而且是不自觉的），然而发展为一种"管理"门类——"质量管理"却是在出现大工业、规模生产经营的近代。具有明确含义的"质量管理",则仅有一个世纪。

(1) 质量检验阶段 该阶段始于工业化早期,随着工业规模的发展,产品质量逐步为人们所重视,泰勒首先倡导建立"专职质量检验员",按事先规定的质量标准,对生产出来的产品进行检验,区分合格品与不合格品,保证出厂产品合格,又称之为"专职质量检验人员质量检验"。

1924 年,美国贝尔电话研究所工程师休哈特(W. A. Shewhart)提出"事前控制,预防废品"。随后,同是贝尔研究所的道奇(H. F. Dodge)和罗米格(H. G. Romig)两人又提出"抽样检验"的方法,使"质量检验"更加完善,并一直沿用到 20 世纪 40 年代。

(2) 统计质量控制阶段 第二次世界大战时期,由休哈特、道奇和罗米格等人根据数理统计原理研究制订的《美国战时质量管理标准》得以出台,并取得成功。由于运用数理统计方法能够方便地预测产品质量的变化趋向,可以及时地进行控制,被很多生产企业接受。从此"统计质量控制"渐成气候,并得到广泛应用。

实践证明,统计质量控制的方法是预防不合格品的产生,保证产品质量的有效方法。

(3) 现代质量管理阶段 经过一段时期的实际应用,人们发现"统计质量控制"仍然存在不足:

①"统计质量控制"过分强调数理统计方法的应用;

②"统计质量控制"基本上还是出现质量问题以后的事后管理;

③缺乏对产品质量的事前管理,比如对产品的"设计阶段"、产品的"生产准备阶段",都缺乏必要的重视;

④重视对物的"质量影响"的管理,忽视对人的"质量影响"的管理。

因此,"统计质量控制"对提高产品质量的作用渐显"疲态",效果有限，一度停滞不前。

从 20 世纪 60 年代发起的"全面质量管理（TQM）"是"现代质量管理"阶段的前奏❶。按照"全面质量管理"理论，为了保证和提高产品质量，使得用户对企业生产和提供的产品满意，必须有企业全体人员和各部门参与，并综合运用专业技术、经营管理、思想教育和数理统计等各种有效方法，对产品质量形成和实现的全过程进行有效的控制和管理。图 5-1 是以过程为基础的质量管理体系模式。

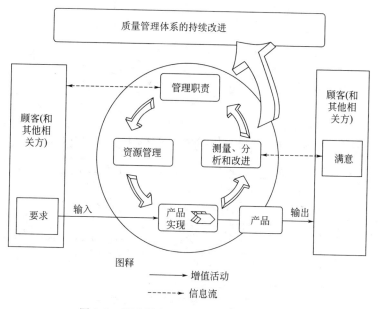

图 5-1　以过程为基础的质量管理体系模式

全面质量管理起源于美国，后来为日本人所引用，并在其国家的几乎所有的产品中取得举世瞩目的成就。从而成为世界多数国家争相

---

❶　ISO 8402：1994《质量管理和质量保证——术语》将其定义为："一个组织以质量为中心，以全员参与为基础，目的在于通过让顾客满足和本组织所有成员及社会受益而达到长期成功的管理途径"。

学习和推广应用的新的质量管理模式。实践证明，由于"全面质量管理"模式的精髓在于："三全"——全员、全过程和全方位及"以管理人的工作质量来保证人们的工作成果——产品（或服务）的质量"。因而，是从根本上杜绝不良加工的质量管理（只要认真实行之）。图5-2为企业三级质量管理系统。

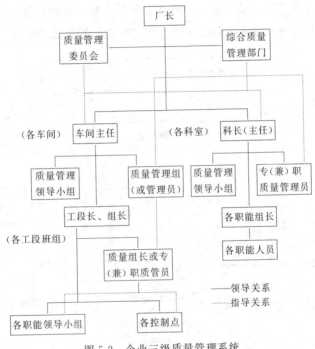

图 5-2　企业三级质量管理系统

全面质量管理模式强调以预防为主，对于节约能源和生产原材料也产生连带作用，与全球环境保护不谋而合。因而，获得世界多数国家的一致认同，已经被国际标准化组织收辑并融合为国际标准（ISO 9000 系列标准）的具体工作内容，提升到一个新的高度，而且随着人们的质量观念的不断更新，"标准'系列'"也在不断地完善。配合产品生产的质量体系认证和产品（或服务）质量认证的实施，一个全球性的现代质量管理的新浪潮已经形成。这一切无疑是对全球经济一体化这个世界经济大发展的新时期的到来，以及世界性自由贸易市场的开放，从而为保证世界各国的进入世界市场的产品（或服务）的质量，创造了良好的社会基础。

2. 现代质量管理的基本特征

（1）高度科学性的管理

① 有符合产品（或服务）质量形成规律和市场竞争规律的指导思想。

a. 用户第一思想（下一道工序也是"用户"）。

b. 质量第一思想，质量与产量，永远是质量第一。

c. 预防第一思想，预防重于"把关"。

d. 长远第一思想，长远利益重于短期利益。

② 有一套简单且科学有效的质量改进工作方法——以"不断进步"而著称的"PDCA循环"工作法，显示了现代质量管理的不断改进和进攻性，改进没有止境的思想。

③ 用数据说话，用事实说话，注重科学依据。

④ 有系统的数理统计工具，结合广泛应用新技术、新成果和先进科学管理方法进行管理。

（2）全方位的质量管理

① 全员参加的管理。

② 对产品（或服务）形成的全过程的管理。

③ 对全面质量的管理，包括产品从设计到制造（或服务的策划和实施）等质量形成过程的工作人员的工作质量的管理。

（3）卓有成效的管理　现代质量管理实际上包含了全面质量管理的精髓，理所当然地具有全面质量管理的成效显著的特征。日本在20世纪60年代从美国引进全面质量管理模式以后，发生了产品（或服务）质量大飞跃并且不断地得到巩固和提高的效果。其他国家（包括中国）的产业（或服务）部门，在运用了全面质量管理模式以后也取得很好的成绩。这些成就，也必然会在现代质量管理当中得到体现。

（4）依靠群众的管理

① 全员参加本身就是群众参与。

② 克服了统计质量管理的"见'数'（数理统计）不见人"的缺点，强调"人"的作用，注重调动人的积极性，以人为本的管理，从而发挥了群众的力量。

（5）系统性的管理

①"预防为主"，管"原因"保"结果"。

② 强调质量形成过程的复杂性及错综关系，必须实施系统的管理。

3. 现代质量管理的工作内容

现代质量管理的工作内容不但包含了全面质量管理的具体工作内容，而且使之标准化，进而形成更完善的质量管理系统。

（1）质量管理体系及其特性　质量管理体系是"管理体系"中关于质量的部分。是组织❶为了确保其产品（或服务）达到使用户满意的接受和放心地使用，在质量方面指挥和控制组织的管理体系。该体系是由组织结构、职责、程序、过程和资源构成的有机整体。图 5-3 为质量体系结构之一。由于质量管理体系的管理目的是对外的"保证"，所以又有人把它称为"质量保证体系"。一个完善的质量体系，必须具有以下特征。

① 整体性　构成质量体系的各要素不是简单的集合，而是按一定规划行动的有机整体。

② 唯一性　质量体系各要素对体系内的所有工作均适用。

---

❶ 指供方，即产品的生产者或提供服务者（企业或其他部门），下同。

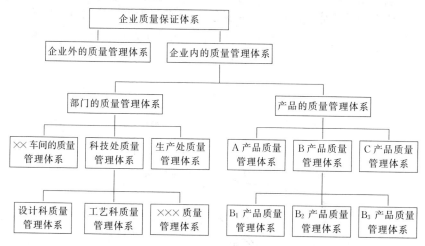

图 5-3　质量体系结构之一

③ 全面性　质量体系内的所有与质量有关的活动，都应该进行全过程、全要素、全方位的控制。

④ 相关性　质量体系内的所有要素都互相相关又互相作用。

⑤ 有效性　质量体系的运行对质量活动的控制必须是有效的。

⑥ 适应性　质量体系必须具有对内外环境的变化有足够的适应能力。

由于产品（或服务）与组织的所有职能机构及所有工作人员都有密切联系，因此体系需要把组织的所有职能机构和工作人员都包括在内，有必要时还要外延到组织以外的有关单位。

（2）构建质量管理体系　按照 ISO 9000，系列标准的要求"构建质量管理体系，形成文件，加以实施和保持，并持续改进其有效性"。

① 组建质量管理体系　作为产品或服务的提供者的组织的最高管理者应当通过如下途径建立一个以顾客为导向的组织——具有完善的质量管理体系的生产（或服务）机构，并按照 ISO 9000 系列标准的要求去管理产品的生产（或服务的形成）过程，使这些过程产生

"质优"而"价廉"的产品（或服务），从而最大限度地满足用户的需要（图 5-4）。图 5-5 为质量体系建立过程。为此，必须做到以下几方面。

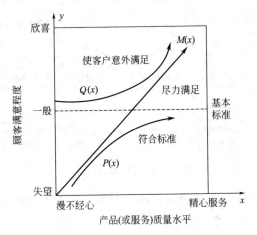

图 5-4　顾客满意与产品（或服务）质量的关系

x—产品（或服务）质量水平；y—顾客满意程度；$P(x)$—固有质量曲线；

$M(x)$—规范质量曲线；$Q(x)$—附加质量曲线

a. 确定体系和过程，并使之能得到准确的理解以及有效和高效的管理和改进；

b. 确保过程有效和高效地运行并受控，并确保具有用于确定组织良好业绩的测量方法和数据。

② 建立质量体系文件　建立质量管理体系文件，以指导和确保体系的建立和投入运行，并持续改进其有效性。

a. 质量体系文件包括以下内容。

（a）形成文件的质量方针和质量目标。

（b）质量手册。

（c）按 ISO 9000 系列标准要求的形成文件的程序。

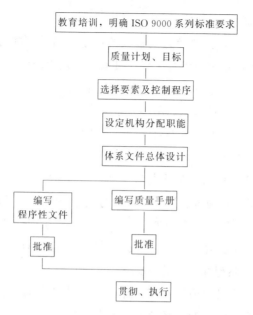

图 5-5　质量体系建立过程

（d）组织为确保其过程的有效策划、运行和控制所需的文件。

（e）按 ISO 9000 系列标准要求的记录。

b. 文件的性质和范围应当满足合同、法律、法规要求以及顾客和其他相关方的需求和期望，并与组织相适应。

c. 文件可以采取适合组织需求的任何形式或媒体。管理者必须确保组织内的人员和具体相关方面能得到相应的文件。

d. 一个完善的质量体系文件必须具有以下特性。

（a）法规性　是体系质量活动必须执行的规范。

（b）适用性　适用于体系中的任何质量管理活动。

（c）唯一性　是体系质量活动的唯一程序。

（d）见证性　是质量体系运行的见证。

③ 编制质量手册　质量手册是"规定组织质量管理体系的文

件"。因此，需要编制质量手册。

a. 成立以最高管理者为负责人的质量手册编写领导小组和编写办公室，组织质量手册编写工作。其间，必须明确以下内容。

（a）编写的指导思想、质量方针、目标。

（b）手册的整体框架，编写进度要求。

（c）编写过程中重大事项的确定及协调。

（d）编写人员的职责和具体安排。

b. 组织质量体系人员认真学习 ISO 9000 系列标准。

（a）组织的管理者、质量手册编写领导小组及编写办公室人员要求深入学习，并系统、全面地掌握"ISO 9000 系列标准"。

（b）其他人员要求对"ISO 9000 系列标准"有所了解，认识实行"ISO 9000 系列标准"的意义。

c. 编写《质量手册》草案　草案是提供质量体系试运行，并通过运行考察其适用性的初始文稿。根据 ISO 9000 系列标准的要求，"质量手册"应包括以下内容。

（a）质量管理体系的范围，包括任何删减的细节与合理性；

（b）为质量管理体系编制的形成文件的程序或对其引用；

（c）质量管理体系过程之间的相互作用的表述。

d. 《质量手册》草案的试用和修正　《质量手册》必须经过试运行，以验证其可行性、适应性和运行效率，并根据实践结果进行必要的修正。

e. 质量手册的管理

（a）质量手册的内容应具有科学性和先进性，且切实可行。

（b）文字简单明了，并尽可能通俗易懂。

（c）妥为保管，注意保密（在需要保密的时候）。

（d）适时评审，及时修订。

④ 建立形成文件的程序。

a. 为了使质量管理体系文件充分发挥作用，并"与时俱进"，在建立质量管理体系文件的同时，必须编制形成文件的程序，对体系文件进行必要的管理（予以"控制"）。

b. 体系文件的形成程序包括以下内容。

（a）文件发布前应得到批准，以确保文件是充分经过研究与适宜的。

（b）必要时对文件进行评审与更新，并再次批准。

（c）确保文件的更改和现行修订状态得到识别。

（d）确保在使用处可获得适用文件的有关版本。

（e）确保外来文件得到识别，并控制其分发。

（f）防止作废文件的非预期使用，若因任何原因而保留作废文件时，对这些文件进行适当的标识。

（g）建立并保持记录（一种特殊类型的文件），以提供符合要求和质量管理体系有效运行的证据。

（h）记录的标识、储存、保护、检索、保存期限和处置必须符合规定并受到控制。

（i）确保所有文件保持清晰、易于识别和检索。

⑤ 适时地对质量管理体系和文件进行检讨和评价。

a. 检讨和评价　在组织文件编制或体系运行的适当时候，管理者应当考虑：顾客和相关方的合同要求；产品（或服务）所采用的国际、国家、区域和行业标准；相关的法律法规要求；组织的决定；与组织能力发展相关的外部信息来源；与相关方的需求和期望有关的信息。并对照下面的准则，就组织的有效性和效率对文件的制定、使用和控制进行评价。评价包括以下内容。

（a）功能性（如处理速度）。

（b）便于使用。

（c）所需的资源。

（d）方针和目标。

（e）与管理知识相关的当前和未来的要求。

（f）文件体系的水平对比。

（g）组织的顾客、供方和其他相关方所使用的接口。

b. 适时修订　为确保"文件编制"发挥作用，推动质量管理体系的正常运作和不断进步，组织应根据评价结果及时对文件予以修订，以适应社会和生产发展的要求，达到预期的组织目标。

⑥ 编制质量计划　质量计划是"对特定的项目、产品、过程或合同，规定由谁及何时应使用哪些程序和相关资源的文件"。是质量体系为了专项或特殊工作规定的专门质量措施、资源和活动顺序而制定的文件。

a. 质量计划的主要内容。

（a）质量目标。

（b）实现质量目标各阶段有关部门的职责。

（c）特殊程序和方法。

（d）重要阶段验证和审核大纲。

（e）计划修订和完善。

b. 质量计划的编制要求。

（a）要针对体系的特殊性和单一性制订明确的质量目标。

（b）围绕质量目标制订实用、有效的措施。

（c）要参照质量手册有关内容编制，可以高于体系的相应的规定，但不应相互矛盾。

（d）要对质量计划的内容及格式作出统一的规定。

（3）实施目标管理　任何组织的建立都有其预期的目标，质量管理体系也毫不例外。为了实现组织目标，人们对组织目标的制订、贯彻、落实检查和总结全过程进行管理，并称之为"目标管理"。

然而，组织的目标实现必须依靠组织的各个部门和每一个成员的协同工作。因此，必须把组织的总目标分层分解（包括总方针的展开），贯彻、落实到组织内的各个不同层次的部门乃至个人，将目标阐明和目标值细化，使每一层次都有明确的具体目标，并辅以"质量责任制"的约束和管理，使所有人员都明确自己必须"做什么?""做到什么程度?"和要取得什么"期望成果"。进而努力工作，最后达到组织的总目标的实现。

把总目标层层分解，形成层次分明的目标体系，是实现组织总目标的重要步骤。"分解"后的"目标体系"实际上是质量管理体系的子体系。图 5-6 为企业标准体系及分解。

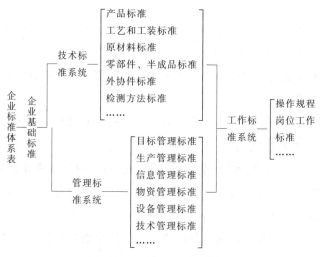

图 5-6　企业标准体系及分解

（4）质量管理体系的实施与保持　质量管理体系的建立仅仅是从形式上"实施"质量管理，而要从根本上实现产品（或服务）上的"优质"，必须使体系投入运作，持久保持并不断进步。图 5-7 为技术标准配套示意图。

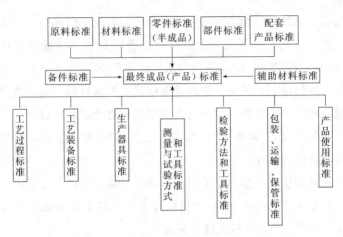

图 5-7　技术标准配套示意图

在全面质量管理时期，群众性的质量管理活动通常是以群众自发开展的"QC 小组活动"的形式出现，并且取得可喜成果。但是由于人们思想认识水平的差异，坚持活动的程度和持久性各有参差，收效也各不相同。

（5）开展群众性的质量管理活动　群众性的质量管理活动是现代质量管理的重要内容。

ISO 9000 系列标准把全面质量管理的核心内容标准化，"QC 活动"自然而然地成为现代质量管理的基本活动，即成为"质量管理体系"的日常工作内容，更有力地促进了"QC 活动"的深入开展，把群众性的质量管理活动推向新的高度，使以全面质量管理为基础的现代质量管理的群众性更加落实，从而取得更大成效。

4. 现代质量管理的基本工作方法

曾经是"全面质量管理"的行之有效的基本工作方法的"PDCA（plan-do-check-action；计划—执行—检查—处理）循环"，理所当然地成为现代质量管理的基本工作方法。见表 5-1。

表 5-1 "PDCA 循环"与标准

代 号	阶 段	质 量 管 理 内 容
P (plan)	计划阶段	按用户要求和市场信息制订出符合用户需要的产品质量标准,或者根据生产需要制订出操作标准,作业指导书等标准
D (do)	执行阶段	按上述标准认真贯彻执行
C (check)	检查阶段	检查标准执行情况,从中找出差距,分析原因
A (action)	处理阶段	对成功的经验和失败的教训都加以总结,纳入新的标准,即以标准的形式固定下来,指导下一循环的质量管理

图 5-8 为 PDCA 循环的 4 个阶段和 8 个步骤示意图。

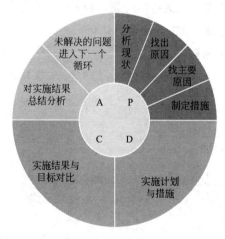

图 5-8　PDCA 循环的 4 个阶段和 8 个步骤示意图

（1）"PDCA 循环"的构成

① 分析现状,找出存在的主要问题。

② 诊断分析产生问题的原因（因素）：从人、机器、物料、方法、检测、环境（men，machine，material，method，measure，environment）六大因素，即通常说的"5M1E"入手逐项分析,要求分析到可以找出对策为止。

③ 找出主要因素，一般为一到两个。

④ 针对主要因素，制订对策计划，要求具体、切实可行。并明确：为什么？干到什么程度？在哪里干？谁来干？何时完成？怎么干？（即why，what，where，who，when，how）通常称之为"5W1H"。

以上 4 个步骤是计划"P"阶段的具体化。

⑤ 实施计划。即执行"D"阶段。

⑥ 按计划的要求检查实施效果。即检查"C"阶段。

⑦ 总结经验，巩固成果。把成功的经验和失败的教训纳入有关标准、制度中。巩固成绩，并防止错误的再发生。

⑧ 对本循环未解决的遗留问题，转入下一个循环。

⑦ 和⑧是总结"A"阶段的具体化。

（2）"PDCA 循环"工作法的特点

① 循环接循环　不停地转动，每个循环都有新的目标和内容，每转动一周提高一步，也就解决一批问题（图 5-9）。

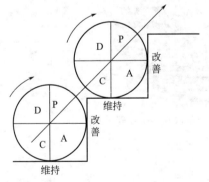

图 5-9　"PDCA 循环"不停地转动和提高

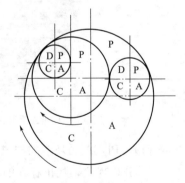

图 5-10　"PDCA 循环"的综合性

② 循环具有综合性，需要灵活运用　就像日常工作一样，问题之间有相互的联系，也有交叉，循环也可以有相互的交叉、重叠和并列等错综复杂的运用（图 5-10）。

③ "PDCA 循环" 工作法重在实效　　不要摆花架子，也不要生搬硬套，而要灵活运用，才能充分发挥其科学有效的特征。

化验室在质量管理中的作用

化验室是企业的专职质量检验机构，一方面对企业产品的生产进行质量检验，为企业的生产服务，另一方面产品质量检验是具有法律意义的技术工作，客观上发挥了代表用户对企业生产的监督和对企业产品检查验收的作用。化验室在企业质量管理工作中是一个独立的工作机构，直属企业负责人领导。

由于产品质量检验工作的法律意义，无论是传统的质量管理还是当今社会流行的现代质量管理，化验室在企业质量管理工作中都有举足轻重的地位。

一、化验室在生产中的质量职能

① 认真贯彻国家关于产品（或服务）质量的法律、法规和政策，制订和健全本企业有关质量管理、质量检验的工作制度。

② 确立质量第一和为用户服务的思想，充分发挥质量检验对产品质量的保证、预防和报告职能。以保证进入市场的产品符合质量标准，满足用户需要。

③ 参与新产品开发过程的审查和鉴定工作。

④ 严格执行产品技术标准、合同和有关技术文件，负责对产品生产的原材料进货验收、工序和成品检验，并按规定签发检验报告。对不符合技术标准的原材料、在制品或成品，有权判定为不合格品，不签发合格证书。有权制止未经检验和检验不合格的原材料投产、半成品转工序或成品入库出厂。

⑤ 发现生产过程中出现或将要出现大量废品，而尚无技术组织措施的时候，应即报告企业负责人，并通知质量管理部门。在有关部门未进行处理前，有权停止检验。对违反制度跳越工序的交验产品，应予以拒检，并追究责任。定期抽查（复检）已入库的产品。

⑥ 指导、检查生产过程的自检、互检工作，并监督其实施。

对违反工艺规程的现象和忽视产品质量的倾向，有权提出批评、制止并要求迅速改正，不听规劝者有权拒检其产品，并通知其领导和有关管理部门。

⑦ 认真做好质量检验原始记录和分析工作，并按日、周、旬、月、季、年编写质量动态报告，向企业负责人和有关管理部门反馈，异常信息应随时报告。图 5-11 为某工厂质量信息反馈示意图。

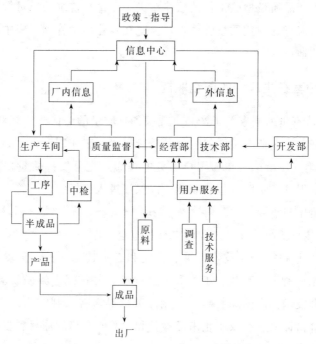

图 5-11　某工厂质量信息反馈示意图

⑧ 参与对各类质量事故的调查工作，追查原因，按"三不放过"原则组织事故分析，提出处理意见和限期改进要求。遇有重大质量事故，应即报告企业负责人及上级有关机构。

⑨ 对企业负责人作出的有关产品质量的决定有不同意见的，有权保留意见，并报告上级主管部门。

有权向上级主管机构、质量监督机构等部门反映本企业的质量情况，提出改进建议。

⑩ 负责发放、管理企业使用的计量器具，做好量值传递工作。对生产中使用的计量器具、仪表、工具等，按计量管理规范定期进行检验（或送检），以保证其计量性能及生产原始基准的精确性。对未按期送检定的仪器、仪表、计量装置，有权停止使用。

⑪ 加强自身建设，不断提高检验人员的思想素质、技术素质和工作质量，确保专职检验人员的质量管理前哨作用。

⑫ 加强质量档案管理，确保质量信息的可追溯性。

⑬ 积极研究和推广先进的质量检验和质量控制方法，加速质量管理和检验现代化。

⑭ 积极配合有关部门做好售后服务工作，努力收集用户信息并及时反馈。

⑮ 制订、统计并考核各个生产车间、部门的质量指标，并作出评价。

二、质量检验在质量管理中的作用

1. 质量检验

质量检验是运用一定的方法，测定产品的技术特性，并与规定的要求进行比较，作出判断的过程。

质量检验是化验室的核心工作，也是完成化验室部门职责的基础。通常包括如下要素构成。

（1）定标　明确技术指标，制订检验方法。

（2）抽样　随机抽取样品，使样组对总体具有充分的代表性。如需要进行"全数检验"者，则不存在"抽样"问题。

（3）测量　对产品的质量特征和特性进行"定量"的测量。

（4）比较　将测量结果与质量标准进行比较。

（5）判定　根据比较结果，对产品进行合格性判定。

（6）处理　对不合格产品做出处理，包括进行"适用性"判定。

（7）记录　记录数据，以反馈信息、评价产品和改进工作。

2. 质量检验的职能

（1）保证职能　通过检验，保证凡是不符合质量标准而又未经适用性判定的不合格品不会流入下道工序或者市场，严格把关，保证质量，维护企业信誉。

（2）预防职能　通过检验，测定工序能力以及对工序状态异常变化的监测，获取必要的信息，为质量控制提供依据，以及时采取措施，预防或减少不合格品的产生。

（3）报告职能　通过对监测数据的记录和分析，评价产品质量和生产控制过程的实际水平，及时向企业负责人、有关管理部门或上级质量监管机构报告，为提高职工质量意识、改进设计、改进生产工艺、加强管理和提高质量提供必要的信息。

质量检验的三职能是不可分割的统一体。质量检验的三职能中，首先的也是最基本的是"保证职能"，也就是把关的职能，它的作用是可以防止不合格品投入生产或流入下一工序或者出厂进入社会，既维护了企业的信誉，也保护了用户的利益。

在传统的质量管理中，检验部门实际上只行使了其"保证职能"。虽然，通过检验保证了不合格的原材料、外协件和半成品不投产、不转入下一工序，在客观上也可以起预防不合格产品产生的作用，但附带的客观效果与主观主动的"预防"，有显著的差距；在"报告"职能方面也是如此。因而，现代质量管理要求充分发挥质量检验的"三职能"的作用。

三、质量检验计划的制订及实施

1. 质量检验计划及其制订

质量检验计划是企业某种产品、某个时期在质量检验工作方面的具体安排。

质量检验计划可以按产品，也可以按品种进行制订。质量检验计划包括如下内容。

（1）编制检验流程图　作为产品检验活动总安排的检验流程图，应包含从原材料（或零、部件）投入到最终制成产品的生产全过程中的全部检验活动，既包括了各个部门的生产活动过程，也包括有关的运输和储存环节，并以最简明的图表显示其相互关系和作用。检验流程图应包括下列内容。

① 检验站设置——确定应该在何处进行检验。

② 检验项目——根据产品技术标准（或合同要求）、工艺文件和图纸规定的技术要求，列出质量特性表，并按质量特性缺陷严重程度对缺陷进行分级，作为检验项目。

③ 检验方式——根据工序能力和质量特性的重要程度，缺点自检、专检和定点检验或者巡回检验等方式。

④ 检验手段——明确检验方法。

⑤ 取样方式——明确是抽样检验还是全数检验。

⑥ 数据处理——规定搜集、记录、整理、分析和传递质量数据的方法、流向和其他要求。

编制检验流程图应广泛征集各方面的意见，并争取有关部门的支持和协助，力求完善和准确。图 5-12、图 5-13 分别为某两厂的生产检验流程图。

车　　间	硫酸车间	产　　品		浓　硫　酸	
		编制(修订)日期：××××年××月××日			
序号	流　　程	工序	检查项目	检查活动	
1	▽←□	原料	粉矿含S	专检	
2	◎←○	焙烧	炉渣含S	自检	
3	◎←□	净化	净化气含水	专检	
			净化气含雾	专检	
4	◎←□	脱吸	污水含 SO_2	专检	
5	◎←○—□	转化Ⅰ	进出气含 SO_2	自检	专检
6	◎←○—□	转化Ⅱ	进出气含 SO_2	自检	专检
7	◎←□／○	吸收Ⅰ	一吸后 SO_3	专检	
			一吸后酸浓度	自检	专检
8	◎←□／○	吸收Ⅱ	二吸后 SO_3	专检	
			二吸后酸浓度	自检	专检
9	◎←□	成品	硫酸含量	专检	
10	▽←□—□	贮存	硫酸含量	专检	厂检

注：◎作业；▽贮存；○工序自检；□专业检验。

图 5-12　某硫酸厂生产检验流程图

（2）编制检验指导书（检验规程），包括如下内容。

① 将各项质量特性具体化，便于检验人员明确要求。

② 明确抽检方案。

③ 明确规定检验方法及相应的检测仪器设备。

④ 制订巡回检验路线。

⑤ 明确生产作业（如原料的处理、储存、包装、运输等）的检验要求。

⑥ 其他需要说明的问题。

对于专门供工序管理点使用的，由操作者进行自检的项目的"检验指导书"可适当简化。

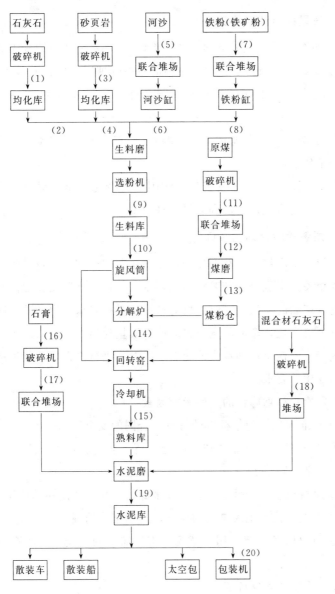

图 5-13　某水泥厂生产检验流程图（编号为控制检测点）

2. 质量检验计划的实施

① 组织有关检验人员学习"检验计划",熟悉计划的具体要求。

② 组织包括有中心试验室在内的较高管理层次的检验技术人员,对各个检验点的工作人员进行辅导,并落实检验计划的各项检验活动。

③ 定期、不定期地对各个检验点进行巡回检查和实地考核,确保检验工作的质量。

④ 根据产品的生产及其他影响因素的变化,及时提出检验计划的修订,以适应生产发展和质量管理的要求。

3. 质量检验计划的修订

世间一切事物都是在变化的。作为企业生产的产品,其生产条件和各种相关因素也是在随时随地地发生着变化,这些变化也随时随地地影响着产品的质量。同时市场对产品质量的要求,也随着时间的推移在发生着变化,产品的竞争也对产品质量提出新的要求。因而,作为企业产品的检验计划也应该随着这些变化进行修订,才能适应生产和市场变化的要求。

(1)检验计划修订的主要影响因素

① 标准变化 包括标准的修订、合同的变更等。

② 工艺变化 企业的技术改造,新工艺、新技术、先进设备的采用及工序的调整等。

③ 原材料、外购件的变化 其来源的变化、代用品的应用等。

④ 工人变化 工人素质的变化,组织结构的调整等。

⑤ 用户信息反馈 用户意见,市场需求的改变,市场竞争的要求等。

(2)检验计划修订的要求

① 具有更严谨的安排。

② 质量管理措施更加落实。

③ 信息传递更加迅速、准确。

④ 检验工作对生产控制的指导作用更加充分、完善。

四、现代质量管理对质量检验的要求

现代质量管理把质量管理的范围扩展到全企业、全过程和全体员工，甚至外延到社会上，质量检验在整个质量管理工作中所占的比重似乎有所下降。有人因此而认为质量检验已经不重要了，甚至把质量检验看作"历史事物"，需要"扫地出门"。

然而，事实并非如此，因为人员的工作质量和部门的质量职能，最终都反映到产品（或服务）的质量上，而产品质量的评价却离不开质量检验，产品的质量检验仍然是不可缺少的重要工作。同时，由于需要对每个工作人员的工作质量给予正确的评价，检验结果需要更加准确，要求更加严格。

而且，即使是工序处于控制状态，也可能因为工序能力的不足、故障乃至各种不能完全避免的失误等原因，还有各种各样不可预见的社会因素、环境因素或其他因素，都使得不合格品的产出不可避免。为了确保不合格品不投产、不转工序，就需要在生产过程的各个环节上层层设关检验，既可以避免"漏网之鱼"，还可以为系统综合控制提供必要的质量信息。

同时，某些质量缺陷（甚至是很次要的零件的质量缺陷）也可能会成为"不定时炸弹"，不知道会在什么时间、什么地点引发不幸？一些偶然的疏忽，也可能酿成大灾难（"挑战者号"航天飞机因为一个不到工程总价值千万分之一的零件的质量缺陷导致机毁人亡的惨剧就是典型案例）而这一切都需要通过质量检验工作去检查、去发现、去把关。总之，没有了质量检验，一切都可能乱套。过去如此，现在如此，将来依然如此。

因此，实行现代质量管理，不能以任何借口放松和削弱质量检验工作，而要十分重视，并努力使质量检验不断得到加强和完善，更加有效。只有这样才能使企业的产品质量不断地提高，市场竞争能力不断地得到增强。

目前，中国相当数量企业的检验工作基础十分薄弱，甚至连应付最后把关都有困难，这样的企业更应该加强质量检验工作的基本建设，并通过质量检验的加强推动质量管理的不断进步。从另一方面说，质量管理的进步又反过来促使质量检验的不断完善，最后达到质量管理水平和产品质量的稳定提高。

五、质量检验工作的强化

鉴于现代质量管理对质量检验的高标准的要求，化验室的质量检验需要不断强化。

1. 加强质量检验的基础工作

① 加强质量检验计划的管理，合理组织实施。

② 加强质量检验测试基础建设。

③ 加强计量器具的管理和合理使用，确保计量值传递的正确性。

④ 加强质量信息工作，及时了解质量动态，掌握变化规律。

⑤ 建立并不断完善各种质量检验制度，加强各级工作人员的质量责任制管理，加强质量责任考核，严格奖惩。

⑥ 加强技术、质量服务工作，充分发挥产品的使用价值。对用户的质量申诉应热情接待，认真处理。并定期开展用户访问（"普访"与"专访"相结合），广泛征集用户意见。

2. 实施"三检制"，操作者参与检验工作

岗位自检、班组或班组内互检与专业检验相结合的检验制度称为"三检制"。实行"三检制"，首先需要合理地确定专检、自检、互检

的范围。一般来说，原料入库、半成品流转、成品出厂应以专检为主；生产中的工序检验则以自检、互检为主，并辅以检验员的巡回检验。

实行自检、互检，必须对岗位工作人员进行专门的训练，并严格执行有关规定，健全原始记录制度，严格考核和奖惩，确保质量检验的严肃性。对于认真实行自检，保证产品质量的操作者，可以授予"自检工人（或信得过操作者或其他称谓）"称号，并予以适当的奖励，以推动"三检制"的实施和发展，加强工序控制。

实行"三检制"对操作者有较高的素质要求，因此在实行"三检制"以前，必须对相关人员进行必要的检验业务技术教育，以及质量思想教育，使之对"三检制"有足够的认识，并掌握必要的检验技能，确保"三检制"的实施效果。

3. 实行化验室内部质量管理，确保检验工作质量

化验室是企业产品质量检验的主力军，在企业质量管理工作中具有举足轻重的作用和地位，化验室工作质量的优劣，对企业产品质量检验和质量管理将发生很大的影响。因此，对化验室工作质量的管理，便具有特殊意义。

通过对化验室内部的质量管理，可以最大限度地减少检验工作中的误检率、漏检率和检验误差，获得高质量的检验数据，从而使化验室在企业质量管理工作中的作用得到充分的发挥。

第三节　化验室工作的质量管理

化验室要在企业质量管理工作中发挥作用，首先必须保证自身的工作质量。

一、化验室工作质量管理的基本途径

化验室不属于生产部门，但就其工作方式而言，可以说与生产部门其实是相似的，所不同的是它的原料是各种受检验的试样，而产品则是信息——各种样品的检验结果。从这一角度看，化验室的质量管理完全可以仿效生产部门的质量管理方式——建立化验室的质量管理体系，并借此提高实验数据的可靠性和准确性。

化验室建立质量管理体系，就能向委托人和其他有关的外界调查单位、鉴证机构等保证本室所产生的实验结果经过考核，并达到一定的质量。

二、化验室质量体系的基本构成

根据 CNAS-CL 01：2018《检测和校准实验室能力认可准则》（ISO/IEC 17025：2017）的要求。化验室为了保证检验报告（实验室的产品）满足社会上广大用户（政府部门、司法部门、保险业、企业、商业、消费者等）的质量要求，实验室应建立、编制、实施和保持管理体系，该管理体系应能够支持和证明实验室持续满足《认可准则》的要求，并且保证实验室结果的质量。把化验室的组织机构、工作程序、职责、质量活动过程和各类资源、信息等协调整体优化，形成有机整体，构成实施质量管理的质量体系。

和所有的质量体系一样，化验室质量体系也具有以文件形式加以描述的整体性、唯一性、全面性、相关性、有效性和适应性等基本特征。

三、化验室质量体系的建立

1. 建立化验室质量体系的基本步骤

（1）化验室质量体系的建立步骤与企业质量体系的建立步骤

相似。

① 开展质量管理的教育和培训工作。

② 确定质量方针和目标。

③ 确定质量体系要素及控制程序。

④ 设定机构并分配质量职能。

⑤ 质量体系文件的总体设计。

⑥ 编写部门质量体系文件。

（2）建立化验室质量体系的注意事项　由于化验室在企业中的特殊地位，在建立化验室质量体系的时候要特别注意以下内容。

① 在确定要素及控制程序的时候，必须考虑以下要求。

a. 要符合 CNAS-CL 01：2018《检测和校准实验室能力认可准则》（ISO/IEC 17025：2017）的要求。

b. 要适合自身检测/校准工作特点。

c. 要适合自身实施要素的能力。

d. 要符合法规的有关规定。

② 在组织机构策划时要注意以下要求。

a. 要有利于各项质量职能开展和发挥作用。

b. 要有利于质量管理职能整体发挥作用，处理好体系内部的联系和相互衔接的关系。

c. 要有利于与原有管理基础衔接。

d. 要对全部质量职能进行系统的分配。

e. 在赋予部门或个人的职能时应考虑其履行职能的能力。

f. 质量职能分配后，必要时可以对某些机构进行调整、充实，使之与其所履行的职能相适应。

③ 在进行总体设计时要给出文件的编制程序，对各层次文件编写格式、内容、描述程序以及它们之间的衔接做出规定。

④ 化验室原有的各类管理制度是自身管理经验的总结，无需全

部推倒重来，而应该根据体系的实际需要加以采用或修订补充，使之有利于质量管理工作连续地开展。

⑤ 体系文件上下层之间应互相衔接，不要相互矛盾。下层次文件是按上层次文件规定的原则加以具体的描述。

⑥ 质量体系文件的编写并无规定的顺序，可以根据体系自身的条件和特点自行决定。但是，为了满足 CNAS-CL 01：2018《检测和校准实验室能力认可准则》（ISO/IEC 17025：2017）的要求，应在文件编写基本完成后与 CNAS-CL 01：2018《检测和校准实验室能力认可准则》（ISO/IEC 17025：2017）标准进行对照检查，修订和补充。

⑦ 质量体系文件中的程序性文件包括管理程序和检验技术程序。

2. 化验室质量体系的建设

（1）建立组织机构，实行组织管理 根据 CNAS/CL 01：2018《检测和校准实验室能力认可准则》（ISO/IEC 17025：2017）的要求，建立由各专业职能部门组成的质量管理体系，并按一定比例（一般为工作人员的 5%～10%，根据实际情况确定，但不得少于 1 人）由质量管理部门选派有资格（熟识专业工作，有较高的专业技能）的监督员并构成监督网，对化验室的各项工作的质量进行有效的监督。

质量体系内部应有明确的质量职能分配，各级组织和个人应能够适应完成任务的要求。

（2）建立质量控制运作模式

① 根据化验室工作的特点建立"测试质量环"，画出如图 5-14 的质量环框图，对从测试业务受理、编制检测程序、抽样、样品接收和管理、检测、数据处理、

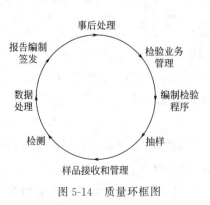

图 5-14　质量环框图

报告编制和签发到事后处理等 8 个基本环节进行严格的监管，确保化验工作完全处于控制之下。

② 建立严格的质量工作制度，实行检验工作质量责任制。

③ 建立检验工作标准程序，实行标准化作业。

④ 实行质量保证文件编制（记录），达到下列目的。

a. 证明化验室的质量控制工作确实是在执行　例如，质量控制条例规定：使用 pH 计必须在当天用标准缓冲溶液进行仪器的校正。检验人员应在记录本上记下 pH 计的使用日期、校准情况、实验结果、pH 计的运行状况，有否出现异常现象等情况。并有检验人员的签名。

b. 保证试样的代表性　为保证试样与报检物料相对应，采样人员应严格执行"检测标准"中规定的采样程序和方法，如"检测标准"未作明确规定的，可以按照相关国家标准的"采样通则"的规定进行采样，并做好文字记录（包括所采集到的样品的外部形态和性状）。所有试样的采、送的过程均应与"报检书"同行。

c. 保证数据的责任性　为保证检测结果与送检验样品相对应，已经采取安全措施预防样品的混淆。如建立样品的编号规则及交接管理条例，并有样品的交接记录，随同附送，在案备查。

d. 保证所报告的数据的可追溯性　每项实验的操作者、原始记录、采用的检测方法、所用的仪器设备及仪器设备的工作条件以及在检测过程中的质量控制措施的实行，仪器设备的维修、校验、例行的检定等，均有详细的记录并有相应的附件（如有效的检定证书编号等）。并可以方便地查阅。当化验室内有多台同类型仪器（包括备用仪器）的时候，每台仪器均应有不相重复的独立编码。

所有的化验报告书应该有实际化验结果数据（可以同时附录相关标准的资料。但约定不必提供实际数据的除外——如但不限于杂质的限度检验等），有关化验的操作人员、复核人员等应具实名签署，而不应该使用诸如"QC-1、2、…、n""检验-1、2、…、n""TQC"等代号，既表示负责，也利于在需要的时候可以方便地追溯。

e. 保证数据的可靠性　所有检测结果（数据）的"有效数字位数"均应与检测时候所使用的仪器设备的"可读数字"相对应，并应按《数值修约规则与极限数值的表示和判定》（GB/T 8170—2008）的规定进行修约，至与产品（或半成品、或原料）的质量标准的有效数字位数相对应，再和"标准"进行比较，作出"符合"或者"不符合"的判定。

f. 证明已经采取可靠的预防措施，以避免伪造或窜改数据的可能性　如规定使用专用记录本（有特殊标记或编码）、指定记录笔、禁用"涂改液"及禁止在规定的记录本以外的地方记录数据（或重抄）等。并有记录本领用等记录资料可供核查。

⑤ 确立服务于生产及用户的思想，及时地为生产部门及有关部门提供可靠的质量信息。

⑥ 在化验室定期进行内部考核，包括检验结果的可靠性、及时性、服务的针对性、服务质量和效果、工作效率等，并经常总结，使化验室人员的工作质量不断地改善，最终实现化验室总体工作质量的提高，充分发挥化验室的质量职能。

（3）确立资源保障程序和明确运作要求　资源保障包括人员配置、培训和管理、信息收集和管理、仪器设备购置、维修和管理、仪器设备校准、物资采购供应以及资金管理等方面的保障。

资源是化验室工作和质量职能的发挥得以延续进行的必不可少的基本条件，资源保障对于其质量体系的运行也是不可缺少的重要环节。因此，必须有明确的工作程序和运作规定。

图 5-15 为化验工作质量保证体系运行表。

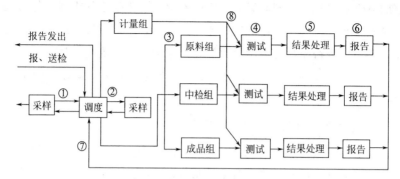

图 5-15 化验工作质量保证体系运行表

①化验室调度根据报检单通知采样组采样，试样采回送调度；②调度将验收合格之报、送检品送至制样室，制样后返回；③调度按试样要求送各专业室，各专业室核收后送分析测试；④专业检验人员按操作规程进行测试；⑤检验结果经自查和复核，进行结果处理；⑥填写报告单，经专业室长审核后签发；⑦调度接受报告单，汇总登记台账后发出正式报告书；⑧质量（保证）负责人发现检测异常，调度指令检查原因并作相应处理（如指示计量室校核仪器等）

四、化验室质量体系的运作

1. 依据 CNAS-CL01：2018《检测和校准实验室能力认可准则》（ISO/IEC 17025：2017）的要求，不断增强建立良好实验室的信心和机制

化验室质量体系的建立，目的是要把化验室建设成为符合实验室能力要求，检验工作质量有保证的，检验数据公正、可靠的，各方面（包括管理和业务技术）的工作都是优良的，总体状况良好的实验室。为此，化验室质量体系一旦建立，就必须遵循 CNAS-CL 01：2018《检测和校准实验室能力认可准则》（ISO/IEC 17025：2017）的要求，对化验室进行认真的管理。

按照 CNAS-CL 01：2018《检测和校准实验室能力认可准则》（ISO/IEC 17025：2017）的要求，实验室应明文规定为达到良好实验室的方针和目标，并同时确立向实验室提供增强信心的机制。包括从领导到一般工作人员在内的实验室全体成员，必须通过质量体系的运作，不断地进行质量意识的学习和技能培训，不断提高自身素质，自我剖析分析自身体系的差距，以求不断地接近和达到良好实验室的水平。

2. 建立监督机制，保证工作质量

化验室质量体系建立的目的是明确的。但是，体系的运行如果缺乏必要的监督，则其效果和效率将是可疑的。

通过对化验室质量体系工作的监督，使化验室的日常检验工作处于严密的控制之下，化验室的检验数据和其他信息的可靠性和准确性也就能够不断地提高，从而达到正确指导生产控制的目的，促进企业产品质量的稳定提高。

建立必要的监督机制，对于化验室质量体系的健康发展和检验工作质量的稳定和提高是极为重要的。图 5-16 为质量监督网框图。

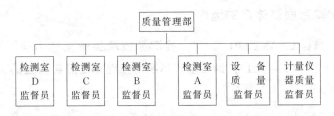

图 5-16　质量监督网框图

3. 认真开展审核和评审活动，促进体系的完善

任何组织在开始的时候都不可能是十分完善的。而且，随着时间的推移，社会会对组织提出更高的要求，也就是说："完善"是相对的，"不完善"则是经常的。因此，只能不断地努力，不断地进取，不断地自我完善。

经常地开展审核和评审活动，可以使人们发现自己的不足，发现组织的差距，同时也产生促进体系完善的推动力。

4. 加强纠正措施落实，改善体系运行水平

任何人都不希望发生错误，但在现实中"失误"却往往不可避免。在质量体系中，也可能发生这样那样的错误。

加强纠正措施的落实，从而使人们及时地从错误中吸取教训，获得经验的积累，充分地发挥质量体系的特殊优势——强有力的监督机制和运行记录的作用，将有利于改善体系的运行水平。

5. 努力采用新技术，提高检测能力

质量体系的运行，不但对质量检验工作质量的提高是强有力的促进，随着社会生产的发展对质量检验工作的新要求，化验室必须不断改善自己的技术能力，不断地吸收、采用新技术。因而，对化验室的质量管理，也是推动化验室技术水平提高的重要动力。

6. 加强质量考核，促进质量职能落实

只有高质量的检验，才能保证对企业生产进行有效的质量监督，实现化验室的质量职能。

为此，必须对化验室人员实行经常性的质量考核，通过考核发现和查明各种不良影响因素，并加以克服和消除，促进工作人员工作质量的提高，从而实现检验工作的高质量，使化验室的质量职能得到真正的落实。

五、检验数据的质量管理

质量信息是化验室的"产品"，质量信息的质量，是化验室工作质量的反映，其中又集中体现在检验结果的质量——首先是检验数据的可靠性。因此，检验数据的质量管理首当其冲。

通常，对检验数据的质量管理，主要是如下两个方面。

1. 检测数据可靠性的判断和取舍

由于种种原因，在化验检测的过程中，难免出现一些"差异"较为显著的数据——"可疑数据"，这些数据的去留必须根据其产生原因确定。

原因不明的"可疑数据"，可根据数据的"不确定度"要求，选用"4d法""Q检验""t检验"或"格鲁布斯（Grubbs）原则"等数理统计原理进行检验，并判断取舍。

2. 实施对检验工作的质量控制

① 要求所有的分析化验项目均需作平行双样检测，其测定结果的相对偏差不得大于标准分析测试方法规定的相对标准偏差的两倍，否则应重新测定。

② 经常进行检验质量控制状况检查。由质量体系负责人主持，定期或不定期地对分析化验人员的工作质量控制状况进行检查，确保检验工作质量处于受控制状态。

a. 使用准确已知量值的标准试样或"控制试样"，插入送检试样中（毛样），交由化验人员检验，根据检测结果判断检验质量控制情况。这种方式既可以对化验室，也可以对个别人员的检验质量进行检查。

b. 选取若干"控制试样"，由两个以上的化验人员同时进行检验，可以对个别人员的工作质量进行检查。

c. 编制检验工作质量控制图，公布检验工作质量控制状况。

检验质量控制的实施情况，可以用"控制图"的形式在化验室内公布，使员工对化验室和自己的工作质量状况有所了解。常用的"控制图"有"均值（$\bar{x}$）""均值-极差（$\bar{x}$-R）""积累和"等控制图（图5-17、图5-18）。

使用标准试样对检验工作质量控制状况的检查，又常用于由外部（企业外）机构对化验室质量体系的审核。

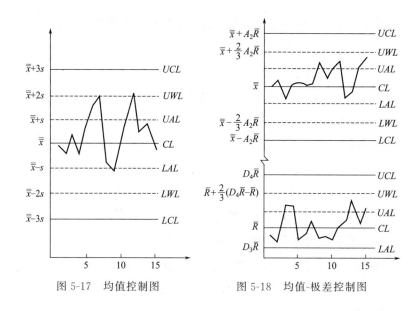

图 5-17　均值控制图　　　　图 5-18　均值-极差控制图

六、强化检验过程的质量管理确保检验质量

影响检验结果的因素很多，影响的程度也各不相同，要消除它们的影响并不容易。其中最主要的影响是检验过程（包括试样的预处理、分离、测试等过程），也包含很多影响因素，只有通过强化对检验过程的质量管理，才有可能及时发现不良的影响因素的所在，找出消除或减少其影响的方法，加以实施，把对检验过程的不良影响尽可能地降到最低，使检验过程的工作质量得到保证。在强化检验过程质量管理的工作中，需要做好下列工作。

1. 加强教育和培训

内容包括计量学、标准化、产品规格、制造工艺的基本知识；数理统计与抽样检查的有关知识；质量管理知识、规章制度等的学习和培训。

2. 进行经常性工作质量评审

包括检验工作量、准确性、错漏检率和数据记录的及时性、完整性，数据处理的严谨性等方面的考核，促进化验人员工作水平和工作质量的提高。

3. 改进工作方法和工作条件

积极采用先进检测设备、仪器和检验方法，改善工作环境，以减少乃至消除环境对化验工作的不良影响。

① 所有方法、程序和支持文件，例如与实验室活动相关的指导书、标准、手册和参考数据，应保持现行有效并易于人员取阅。

② 实验室应确保使用最新有效版本的方法，除非不合适或不可能做到。必要时，应补充方法使用的细则以确保应用的一致性。

4. 编写《化验人员手册》并不断完善之

《化验人员手册》的文字要精炼、准确、易于理解和记忆，同时要适时进行修订，使之不断完善，以提高化验人员的标准化水平、化验工作水平和工作质量。

5. 加强检验工作质量管理

① 严格复核制度，减少无意差错。

② 严格执行质量体系文件编制，确保检验操作标准化，并处于严密的控制之下，确保检验工作的高质量。

七、质量事故及管理

1. 分析化验事故及其影响

由于化验工作的疏忽或者仪器设备的缺陷，导致分析化验数据的错误，属于分析化验质量事故。化验事故的发生可以造成生产中断、产品质量出现严重问题，在极端状况下可能导致安全事故发生（如安全分析等）；一些流入市场的劣质产品可能导致用户陷入困局，甚至形成连锁反应；也可能因此造成企业产品市场崩溃的严重局面。因此，分析化验质量事故也不可等闲视之，必须认真对待。

2. 分析化验事故的管理

① 分析化验事故可以按照一般事故的处理原则（包括"四不放过"原则）进行管理。

② 分析化验质量事故的控制和处理。

a. 立即报告有关生产管理部门，并协助停止受影响生产车间、班组继续按照错误的分析检验结果进行生产。

b. 迅速检查化验室分析质量事故的原因并予以纠正。

c. 根据纠正的分析化验结果，配合技术部门协助受影响的生产车间、班组根据纠正后的分析检验信息重新恢复生产，并加强控制检验，确保产品质量合格。

d. 如果不合格产品已经流入市场，应迅速配合有关管理部门组织紧急"召回"。

e. 如果已经造成用户损失，应配合有关管理部门与用户洽商有关补偿或赔偿问题，有时候甚至可能需要进行连带赔偿。

③ 分析化验质量事故的控制方法。

a. 运用"标准物质"或"标准试样"进行分析化验质量监控，可以及时掌握化验室总体工作质量，及时发现仪器设备的测量偏差趋势。

b. 通过对个别人员的分析化验样品"插入""控制试样"，或者进行"交叉"测试，可以检查个别人员的工作质量以及分析偏差趋向。

c. 把分析化验质量绘制为分析质量控制图，既可以警戒相关工作人员，也可以作为质量事故原因分析的重要依据。

3. 产品生产质量事故的管理

产品生产质量事故是指在分析化验数据正确的情况下，由于生产控制、操作、工序能力或者设备故障等原因所导致的质量事故。这类事故虽然不是由于分析化验原因，但是也给产品的生产带来极大的影响，而且对这类质量事故的调查处理与化验室有密切联系，所以必须对此类事故的管理有所了解。

在产品生产质量事故中，化验室是站在管理者的角度上参与"事故管理"的。需要进行的工作主要如下。

① 立即报告有关生产管理部门，并协助相关生产车间、班组停止"问题产品"的继续生产。

② 根据分析化验结果配合生产管理部门检查导致事故发生因素所在生产车间、工序或班组，务必迅速查明造成质量事故的原因并予以纠正。

③ 按照质量事故的一般处理原则，对相关生产工序加强分析化验，一直到重新实现产品质量稳定，并经过一定时间的考验以后，再恢复正常的分析化验控制。

④ 如果不合格产品已经流入市场，应迅速配合有关管理部门组织紧急"召回"。

⑤ 如果已经造成用户损失，应配合有关管理部门与用户洽商有关补偿或赔偿问题（如果导致用户的产品出现质量问题时，可能需要进行连带赔偿）。

⑥ 参加相关的产品质量事故分析，协助建立"防止类似质量事故"的预防体系，避免相似的事故再次发生。推动企业产品质量的进一步稳定和提高。

第四节　产品质量认证

一、产品质量认证的意义

1. 产品质量认证的概念

产品质量认证制度是国际上流行的一种质量管理制度，发源于英国，已有百年历史。以后逐步在国际上流行，并成为一种现代的产品质量管理的基本模式。ISO 的定义是："为进行合格认证❶工作而建立的一套程序和管理制度。"其特点是：当一种产品通过认证以后，在其认证有效期内，该产品只要由原生产厂家在认证机构的监督下按认证要求检验合格，即可带上规定的认证标志，表示该产品是经过公正机构（认证机构）鉴定和评价，证明其质量符合国家（或国际）标准。

2. 产品质量认证的意义

实行产品质量认证可以由公正的认证机构对产品提供一个正确可靠的质量信息，使生产者和销售商在产品的销售过程中赢得用户和消费者的信任，增强了市场竞争力，客观上又起到保护消费者合法权益的效果。

这种制度既符合生产方的利益，提高了生产者的质量信誉，给企业带来更多的经济收益；也符合购买方（消费者）的利益，认证标志成为指导消费者的选购指南，可以根据"标志"指示购买到物有所值的商品；同时也促进了国民经济的发展，增加了社会效益。可以说是"三赢"。因此，很受欢迎，很快地便为社会所接受，并迅速地发展。

通过实行产品质量认证而获得"认证标志"的产品，实际上等于取得了产品销售的"通行证"。

实行产品质量认证制度，本身也是对企业的一种促进，是推动企业管理进步的动力。

二、产品质量认证的基本条件

1. 产品质量认证的基本条件

一种产品要获得"质量认证"，必须具备如下 3 个基本条件。

---

❶ ISO 对认证的定义为"第三方依据程序对产品、过程或服务符合规定的要求给予书面保证（合格证书）"。

（1）申报"认证"的产品，首先必须是质量优良的产品　只有自身品质优良的产品才受消费者欢迎，才能给社会带来好的作用并产生社会效益。否则，就是冠以"世界第一"也将是"金玉其外，败絮其内"，有名无实，毫无意义。

（2）生产该产品的组织（如企业）必须具有完善的质量体系，并正常地运行　事实上，要生产出一件、一批甚至更多的优质产品，对于一般的生产者而言，并不是很困难的事，难的倒是使产品长期保持优良的品质，并获得消费者欢迎。

然而，当一个组织（如企业）在生产优良产品的必备条件的基础上，建立了完善可靠的质量管理体系，并投入正常运行，由于"质量体系"具有自我修正能力的特性，它所生产的产品的质量就自然有所保证。

因此，在"质量体系审核"中获得通过的质量管理体系，是产品质量认证的重要基础。

（3）必须具有经过"合格评定"❶的化验室　质量管理离不开"信息"，要生产质量优良的产品，必须具有获得可靠的质量信息的"合格的"化验室，这样的化验室本身就是生产经营组织（企业）的质量管理体系的必需组成部分。

化验室的"合格评定"通常是在产品质量认证审查的时候，由地方质量监督部门进行审核。也有些地方是由行业协会等组织进行评审，评定的标准有直接套用 CNAS-CL 01：2018《检测和校准实验室能力认可准则》（ISO/IEC 17025：2017），也有的是根据《检测和校准实验室能力认可准则》另行编制"评审标准"。没有专门机构组织

---

❶　这是较"实验室认可"（见本章第五节）低一个层次的审核方式，由"中国合格评定国家认可委员会"以外机构组织进行，适用于生产企业的实验室。

评定的地区，相关企业化验室应从对社会、对企业生产负责的角度出发，依据《检测和校准实验室能力认可准则》进行自我检查评定，及时地对化验室的缺陷进行补救和完善，以适应市场竞争以及保证产品质量稳定提高的要求。不管是外部评审还是企业自己的"内部评审"，都将对化验室的建设和管理产生良性的促进作用。

从上述的"质量认证基本条件"中，不难看到产品质量认证要求企业必须具有强有力的"质量保证"能力，并以此构筑企业的质量堡垒。从而对其产品的质量提供足够的技术、人力等保障，使其产品的质量保持优良水平。

显然，产品质量认证审核的本质，仍然是对组织的"管理"进行审核，或者说是"管理出质量""管理出效益"的表现，也是通过对人员工作质量的管理促进组织产品质量稳定提高的具体体现，是现代社会的质量管理的重要组成部分。

2. 产品质量认证的原则

中国的产品质量认证采取"第三方认证制度"的原则，也就是说，在"认证"的全过程中始终是由"独立于生产方和购买方之外的第三方机构"进行对产品的鉴定和有关组织管理的审核，并在产品获得"认证"以后，继续对其实施监督。

由于"第三方机构"是"独立于生产方和购买方之外的机构"，其自身与任何一方均不存在利益上的任何联系，因而其"认证"自然应该是公正的、可靠的，能够获得社会承认的。"第三方认证原则"也是国际上最基本的认证原则。

3. 质量认证的类型

（1）强制认证　强制认证是国家的强制行为。为了确保国家和人民生命财产的安全，不因某些产品质量的低劣而受到损害。中国的产品认证制度规定了对特定的产品——在使用中有可能威胁国家和人民生命财产的安全的产品（或项目），实施"强制性认证"。按规定必须接受"强制认证"的产品，如果没有获得"强制性认证"许可，则不得投入生产（或进口）和社会流通。其中最基本的"强制认证"是"安全认证"。

（2）自愿认证　对于国家认证制度没有要求"强制认证"的其他产品（或项目），其产品是否参加认证活动，则取决于生产单位的意愿。

但是，由于产品质量认证对于企业产品进入市场（尤其是国际市场）具有积极作用，国家鼓励企业参加产品质量认证。

三、产品质量认证的基本程序

1. 申请

（1）申请的条件

① 申请人必须是合法的、已经注册的生产经营者，申请人能够承担民事责任。

② 申请认证的产品在中国销售，产品质量应当符合中国国家标准、行业标准或经国家质量技术监督局确认的其他标准及其补充技术条件的要求。为了促进产品质量达到国际水平，要求所采用的标准应当达到国际水平或国外先进水平。

③ 产品质量稳定，能够正常批量生产，并提供有关证明材料。

④ 企业的质量体系应当符合国家质量管理体系标准 GB/T 19000-ISO 9000 的要求。外国企业的质量体系应当符合所在国等同 ISO 9000 的质量管理体系标准及其补充要求。

（2）申请的办理　申请产品质量认证的单位，应当向"申请"产品的质量认证机构提交申请书及相关材料，并在申请被接受后按规定办理相应事宜，完成申请手续。

2. 工厂审查和产品检验

认证审核机构在确定接纳产品质量认证申请后，应当对申请认证的生产单位进行质量体系审查，同时对申请产品进行现场检查和取样检验，以确认其质量水平。

3. 审批和颁发证书

工厂审查和产品检验结束后，认证机构负责对审查组报送的"企业质量体系检查报告"和检验机构报送的"样品检验报告"进行全面的审查。对于符合认证规定条件的企业，予以批准认证和颁发认证证书，并向国家质量技术监督局备案。该产品的质量认证程序便告完成。

》第五节　实验室认可

一、实验室认可的意义

"认可"是指认可机构按照相关国际标准或国家标准，对从事认证、检测和检验等活动的合格评定机构实施评审，证实其满足相关标准要求，进一步证明其具有从事认证、检测和检验等活动的技术能力和管理能力的"第三方证明"的一类"评价"活动。

实验室认可活动发生于20世纪40年代，以后逐步地扩散发展，并在70年代中期产生了第一个地区性的认可机构。至20世纪末，诞生了世界性的国际实验室认可组织——"国际实验室认可合作组织"（ILAC）。

实验室认可是世界科学技术和市场经济的不断发展的结果。在世界经济全球化发展的今天，人们对产（商）品质量的要求越来越高。对产（商）品质量检测的期望也越来越高，这就促进了实验室事业的大发展，对实验室工作质量的评估和认可活动也因此得以迅速发展，并且逐步地走向国际化。

实验室认可事业所以发展迅猛，其根本原因就是：通过实验室的认可活动，可以使被认可的实验室获得世界（地区或国家）的认同，是对实验室水平的一种肯定，当然也是对世界实验室事业的一种促进。因此很受欢迎，很受重视。

由于历史因素的影响，中国的实验室事业在很多方面还远落后于世界先进国家。但是在中国政府和相关机构的积极推动下，目前，中国合格评定国家认可委员会（CNAS）已经在全国范围内铺开各种各样的实验室的认可活动，把中国的实验室事业推进到世界水平。

虽然国际标准化组织和国际实验室认可合作组织并没有要求企业的实验室必须通过"认可"，但是依据能力认可准则对化验室实施科学管理，并进行必要的评审（外部或内部评审），对强化化验室管理，促进化验室水平的提高具有重要意义。

国外一些著名企业，如美国的贝尔、德国的西门子、荷兰的菲利普等公司的实验室，主动申请并通过了所在国家（或地区）的"认可审核"，获得"实验室认可"证书，并积极开展对外的"校准/检测"服务。这种做法不但增加了企业和实验室的经济效益，也使得企业的世界知名度大大提高。此举很值得国内有条件的企业仿效，可以使企业"走向世界"跨出更大步伐，也是企业提高知名度的

图 5-19　中国实验室认可标志

捷径之一。"实验室认可"也是市场经济发展的要求。图 5-19 为中国实验室认可标志。

二、实验室认可的基本条件

一个实验室希望获得"实验室认可",必须达到 CNAS-CL 01：2018《检测和校准实验室能力认可准则》(ISO/IEC 17025：2017) 的要求,并按照 CNAS：2018《实验室认可规则》的规定,办理"认可申报",提交足够的认可申报资料,然后由中国合格评定国家认可委员会 (CNAS) 或其派出机构组织考核和审查。

申请人应在遵守国家的法律法规、诚实守信的前提下,自愿地申请认可。CNAS 将对申请人申请的认可范围,依据有关认可准则等要求,实施评审并作出认可决定。申请人必须满足下列条件方可获得认可：

① 具有明确的法律地位,具备承担法律责任的能力；

② 符合 CNAS 颁布的认可准则和相关要求；

③ 遵守 CNAS 认可规范文件的有关规定,履行相关义务。

实验室质量管理体系是实现实验室公正性、可靠性的基本保证,因此申请获得"认可"的实验室首先必须建立和健全实验室质量管理体系,并持续正常运作。

三、实验室认可的基本程序

1. 认可工作流程图

实验室认可工作流程图见图 5-20,整个流程可分为三个阶段。

2. 实验室认可流程

（1）初次认可。

① 意向申请。申请人可以用任何方式向 CNAS 秘书处表示认可意向,CNAS 秘书处应确保其能够得到最新版本的认可规范和其他有关文件。

② 正式申请和受理。申请人在自我评估满足认可条件后,按 CNAS 秘书处的要求提供申请资料。CNAS 秘书处审查申请人提交的

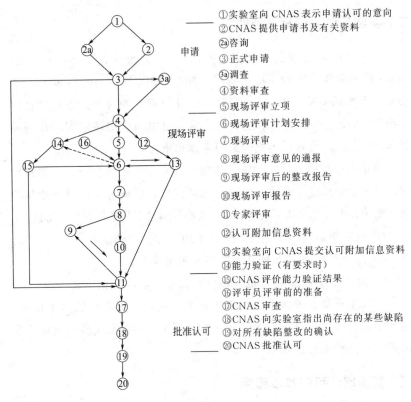

图 5-20 实验室认可工作流程图

申请资料，作出是否受理的决定并通知申请人。

在资料审查过程中，CNAS秘书处应将所发现的与认可条件不符合之处通知申请人，申请人应对提出的问题给予回复，逾期不回复或者回复仍不能满足受理条件的，不予受理认可申请。申请人自身的原因致申请受理后3个月内不能接受现场评审者，CNAS可终止认可过程，不予认可。

③ 文件评审。CNAS秘书处受理申请后，将安排评审组长审查申请资料。评审结果基本符合要求时，才可安排现场评审。

④ 组建评审组。CNAS秘书处以公正性为原则，根据申请人的申请范围组建具备相应技术能力的评审组，并征得申请人同意。无正当理由拒不接受CNAS的评审组安排的申请人，CNAS可终止认可过程，不予认可。

⑤ 现场评审。评审组依据CNAS的认可准则、规则和要求及有关技术标准对申请人申请范围内的技术能力和质量管理活动进行现场评审。现场评审应覆盖申请范围所涉及的所有活动及相关场所。一般情况下，现场评审的过程是：

a. 首次会议；

b. 现场参观（需要时）；

c. 现场取证；

d. 评审组与申请人沟通评审情况；

e. 末次会议。

评审组长应在现场评审末次会议上，将现场评审结果提交给被评审实验室。对于评审中发现的不符合，被评审实验室应及时纠正。纠正/纠正措施验证完毕后，评审组长将最终评审报告和推荐意见报CNAS秘书处。

⑥ 认可评定。CNAS秘书处负责将评审报告、相关信息及推荐意见提交给评定专门委员会，评定专门委员会对申请人与认可要求的符合性进行评价并作出评定结论。

⑦ 发证与公布。CNAS秘书处向获准认可的实验室颁发认可证书，认可证书有效期一般为6年。

（2）监督评审。为了证实获准认可实验室在认可有效期内持续地符合认可要求，并保证在认可规则和认可准则或技术能力变化后，能够及时采取措施以符合变化的要求。获准认可实验室均须接受CNAS的监督评审。

监督评审包括定期监督评审和不定期监督评审。

（3）复评审　CNAS 认可周期通常为 2 年，即每 2 年实施一次复评审，作出认可决定。

监督评审或复评审发现不符合项，整改后仍不满足的实验室，CNAS 可撤销认可。

3. 能力验证

能力验证（proficiency testing）是利用实验室间比对来判定实验室和检查机构能力的活动。对申请认可的实验室进行能力验证旨在检查实验室以及具体工作人员的实际工作能力和质量保证能力，以便对实验室的总体实际水平做出评价。

能力验证除了检查实验能力以外，还包括对实验室的纠正措施和实际纠错能力的审核。

能力验证是认可评定的重要工作，在评审和复评审工作过程中都具有重要意义，不可忽视。

▶ 第六节　国外质量管理的经验和质量管理的发展动向

历史经验告诉人们，赶超世界先进水平的捷径是努力学习国外先进经验，尤其是发达国家的先进技术和管理经验，并加以消化吸收，"洋为中用"，"拿来主义"既可以节省时间，也可以少走弯路。在质量管理工作方面也不例外。

一、美国的质量管理

1. 美国质量管理溯源

美国是公认的现代质量管理的发源地，早在第二次世界大战时期，休哈特（W. A. Shewhart）、道奇（H. F. Dodge）、罗米格（H. G. Romig）、戴明（W. E. Deming）、朱兰（J. M. Juran）到菲根堡（A. V.

Feigenbaum）博士都曾为全面质量管理做出巨大贡献，并使美国成为世界上工业最发达的国家之一。

美国著名全面质量管理理论家克劳斯比（P. Crosby），是现代质量管理的另一个代表人物，他根据美国质量管理的社会实践，进一步发展了全面质量管理的理论，并提出了更先进的质量管理理论，把美国的质量管理推进到一个新境地，使美国的"世界工业的老大"的地位更加巩固。

早在 1946 年，美国就成立了美国质量管理协会（ASQC），不但拥有大批的国内会员，还吸收了大批的国外团体会员，对美国及相关国家或公司的产品质量的提高发挥了重要作用。

1984 年美国国会通过参议院 304 号法令，决定当年 10 月为"国家质量月"，同年 10 月 4 日里根总统签署了《全国质量月》公告，把美国的质量管理推进新的历史阶段。

政府和专家的协同行动，使美国在质量管理方面一直处于世界领先地位。

2. 美国质量管理的特点

（1）强调质量专家的作用　美国是世界上率先采用"科学管理之父"泰罗的科学管理理论，把质量工作主要交给专业的质量专家和检验人员负责的国家。在这种特定的环境里，质量专家和检验人员队伍迅速发展，成为美国专业管理人员的一个主要组成部分。美国的产品质量也就一直处于世界领先地位。

美国的高等院校、ASQC 以及相关质量管理、质量检验的专业教育机构，每年都为各企业公司培养出数以千计的质量管理专家和专业工作者，使美国的质量管理队伍不断发展，雄居世界榜首。

（2）重视并注意加强质量检验部门和质量管理部门建设　在美国公司里，最强大的工作部门大概就是与质量工作具有密切关系的检验和质量管理部门了。

通常美国公司里的质量检验和质量管理部门都配备有各类专业人才，并且一般都有独立的财政预算。它们的工作任务如下列所示。

① 计划、协调质量管理活动。

② 研究质量保证技术。

③ 制订产品质量标准、确定检验方法与手段。

④ 检验、调整、鉴定生产过程的质量。

⑤ 收集质量信息和消费者意见，并加以整理、加工、储存及分发。

⑥ 干部培训、宣传和咨询活动。

（3）重视生产全过程的质量管理，努力争创名牌产品　为了生产高品质具有竞争力的产品，美国公司特别注意以下方面。

① 积极投资增添生产资料，购置精密机械、工具和测量仪器，形成高品质、高效率的生产系统。

② 重视初销市场调查及售后反馈，及时做出反应。

③ 主动为专业质量管理人员和质量检验人员提供进修和交流机会。

④ 积极开展"创名牌、保名牌"活动，建立自己独到的生产技术系统，制造并不断完善自己的特色产品。

⑤ 注重产品更新换代研究，加快产品更新换代的速度。

（4）重视质量成本分析　质量成本的核心问题是高质量和低生产成本，体现在产品上就是"物有所值，价廉物美"。最早研究、探讨质量成本问题的是菲根堡博士，他设计的一套质量成本分析表，在世界上广为流传。

1979 年克劳斯比将"质量成本"定义为："不符合要求的代价，做错事、走弯路耗费的成本"。并富有卓见地提出了"质量管理的标准是零缺点，是要求每一个人第一次就把事情做得对；提高质量的良方是事前预防，不是事后检验"的质量管理新观点，强调"质量合乎标准；以防患未然为质量管理制度；工作标准必须是'零缺点'；以'产品不合标准的代价'衡量质量。"1986 年克劳斯比提出他的质量哲学的"四个'绝对'"：

① 质量的定义与要求相符；

② 质量体现是预防；

③ 操作标准是"零"缺陷；

④ 质量的度量是"不相符"的代价。并确信只要遵循上述四个"绝对"，企业定会创造出高质量产品。

他再一次向社会发出信息，指出"产品的生产过程的设计本来就应该是没有缺陷的"，所以"质量是免费的"。并成为后来在美国流行的其"零缺点质量"观和"品管免费"论，把美国的质量管理推向新的高度，是美国质量管理力量的新代表。

（5）积极开展顾客满意度评价（CSI）　美国法律给消费者很多保护，很多商品可以无理由退货。因此，美国公司对顾客的满意与否特别重视，普遍开展了"顾客满意度评价活动"，实质上是对企业的综合素质评价，包括产品和服务、企业形象、企业的经营等。

顾客满意度评价从客观上有力地促进了美国产品（或服务）质量的稳定和提高，结合其他的相应质量管理措施，美国产品质量因此稳居世界之首，自然顺理成章。

总的来说，美国的质量概念已经完成了从"符合标准要求"到"符合使用要求"和"符合成本要求"的过渡，并逐渐过渡到"符合潜在需求"的层次，从而使美国的各种产品的质量不断提高，并保持在世界先进水平。

3. 美国质量管理的发展

美国是当今世界计算机技术走在最前列的国家，随着计算机技术的发展，计算机在美国公司质量管理工作中应用十分广泛，通过质量管理软件设计，用计算机代替质量专家处理各种与质量管理有关的繁琐事务。从而使质量专家们可以腾出时间进行更先进的质量管理方法的研究和推广活动，美国产品在品质方面始终走在世界的前列。

二、日本的质量管理

1. 质量管理的引进

第二次世界大战后，日本进入了经济恢复时期，由于缺乏科学的管理，尽管具有良好的愿望，但是在经济建设中仍然遇到重重困难，特别是在产品的质量方面，战后的日本产品曾在外观上获得世界的称誉，可是其内在品质却使世人不敢恭维，一时间"东洋货"成为劣质品的同义词。

日本政府从世界各国反馈的信息中认真吸取教训，决心改变日本产品质量低劣的尴尬处境，接受了日本本土的质量专家的建议，终于从美国引进了先进的质量管理理念，并逐渐地在日本企业试验和推行，在 20 世纪中叶后的 40 年里跨出了 4 大步。

20 世纪 50 年代，从美国引进统计质量管理；

20 世纪 60 年代，从美国引进全面质量管理；

20 世纪 70 年代，巩固并发展为日本式的全面质量管理；

20 世纪 80 年代以后，向全社会质量管理发展。

由于创造性地运用全面质量管理理论，积极开展群众性的质量管理活动，日本不但很快地甩掉了"'东洋货'是劣质货代名词"的帽子，而且使土地面积小、资源贫乏的日本岛国跃居为世界第二经济强国地位。

2. 日本质量管理的特点

和美国的质量管理的"强调程序化、规范化"的特点不同，日本的质量管理特点是："强调自主、员工主动"。

（1）全公司综合的质量管理　这是日本化的全面质量管理，特别强调质量管理的全面性，注重建立全公司范围的质量管理体系（大公司也如此），设立质量联络员，以征询用户意见及了解市场信息，确保全过程的管理。

（2）实行质量审核制度　审核对象是整个质量管理活动，而不是具体的产品质量。一般一年一次。成绩优异者可望获得"戴明奖"或"日本质量管理奖"，凡获得后一个奖项的奖励者，授予"JIS"（日本工业标准——Japanese Industrial Standard）之荣誉标志。

3. 普及质量管理教育和培训

日本的质量管理有"始于教育，终于教育"之说，具有多层次、多形式、针对性强的特点，使全面质量管理思想深入人心。

4. 质量管理小组活动普遍开展

在日本除了最常见的"QC"（质量管理）小组外，还有"ZDP"运动（无缺陷运动——Zero Defect Program）、"自主管理""安全小组"等不同形式的群众性质量管理活动团体。他们的活动形式多样，除了质量问题以外，还涉及提高效率、降低成本、安全生产，甚至卫生工作、团结互助等日常生活中可能影响职工工作情绪、精神状态并导致影响工作质量和效率的问题。总之，一切与公司生产及公司切身利益有关、可能因此而导致产品（或服务）质量问题的因素，都可以成为质量活动的课题。

日本最大的民间科技组织——科技联盟每年都定期组织各种类型的质量管理小组长学习，有力地促进了质量管理小组活动的开展和巩固。

5. 灵活应用质量管理的统计方法和数理统计工具

日本的重要经验之一是运用统计方法一是要充分，二是要灵活，早在20世纪70年代末，他们就已经开始运用所谓新7种统计工具。

6. 经常开展全国范围的质量管理推进活动

日本从1951年9月在大阪举行了第一次全国性的质量管理大会

以后，就经常地召开各种各样的质量管理大会，如工段长、班组长大会，消费者大会及最高经营者质量管理大会等活动。被誉为日本质量管理中心的日本科技联盟和日本规格协会等民间团体，从 1960 年开始，每年 11 月都举办质量月活动，有力地推动日本全国的质量管理活动。

1969 年，在东京召开了第一次国际质量管理大会，会议上成立了国际质量协会（IAQ），更进一步促进了日本质量管理的发展。

7. 日本质量管理的发展

（1）"PPM" 质量管理　"PPM" 有两个含义：一是百万分之一（Part Per Million）；二是完美的产品管理（Perfect Products Management）。在这里是同时包含了两个含义，即要求把产品的不良率控制在 "PPM" 数量级，并逐步实现 "PPM（完美）" 品质，实质上是全面质量管理和可靠性工程结合的综合管理。

（2）"柔软的" 质量管理　实际上是以管人的质量——人的素质，"柔软" 出自于 "人"（相对于装备而言），以人的素质来保证产品（或服务）的质量。以抓核心带动与产品（或服务）质量有关的各方面的管理，从而保证和提高产品（或服务）质量，是 "柔软的" 质量管理的精髓。"柔软" 也包含 "软件"——即管理技术和应用计算机管理。但总体是以人为主的管理。

三、欧洲的质量管理

欧洲曾经是两次世界大战的主战场，战争使欧洲的经济受到严重的破坏，但是欧洲又是最早工业化的地区，所以，第二次世界大战后，欧洲就很快进入经济恢复时期，并且继承了老牌工业化国家的传统，在产品的质量管理方面，取得很好的成就。欧洲的质量管理也有他们的独特之处。

1. 着重抓技术与手艺方面的问题，富于创新精神

欧洲国家普遍注意工作人员的技术和操作技能的培养和提高，以此确保企业生产的产品质量优良，鼓励工作人员在日常工作中不断创新。

早在19世纪80年代，欧洲就开始了以电气和化工为标志的以"新工业"的引领者的姿态取代英国。之后，欧洲又在汽车、家用电器等制造领域的国际竞争中，全面战胜生产标准化大众产品的美国，成就了关于欧洲制造的传奇。如今，欧洲国家生产的适用于各种各样用途的螺钉有成千上万种规格，工业用插头可适用于上千伏电压且耐损耗性能极高，"欧洲制造"与"欧洲质量"成为专业品质、上乘可靠的代名词。

2. 重视标准化工作

由于战争的破坏和重组，欧洲大陆有大小不一的很多国家，欧洲有很多穿越国境的国际铁路、公路、航空、航海等交通运输干线，还有国与国的经济和产品交流迫使欧洲必须做好产品的"标准化"工作，促使欧洲成为最早接受美国式质量管理思想的地区，从而使欧洲最早实施地区性的质量管理。

3. 重视国际合作解决质量问题

曾经有一个展示德国工人在马路上的"井（工作井）"上安装"井盖座子"的施工过程的视频，其间施工人员曾经使用大型"卡尺"来检查在马路上开凿的孔洞的尺寸，并根据测量结果补充施工到刚好符合规定要求，安装好的"井盖座子"和孔洞之间几乎不需要使用道路材料进行填充即几近"天衣无缝"，显示了他们的标准化工作的高品质的效果。

地区性的质量管理活动，又带动了欧洲各国注意国际合作，特别是现代化经济体系的地区合作，国家之间的技术协作和物资交流，使国际合作解决质量问题成为现代生产中的必然。

4. 社会团体和质量保证组织协同推进质量管理

在推进欧洲质量管理国际化的进程中，欧洲各国的民间社团和质量保证组织的协调和推动也是功不可没的，欧洲各国的民间经济交流和访问活动，使欧洲各国之间互通有无，互相协作，形成经济共同进退的经济联盟，各国之间的质量管理经验自然也就互相流传，并逐渐趋于同化。

5. 在保证与提高产品质量中，注重现场检验职能

欧洲国家企业的现场质量检验工作是比较突出的，通常投入比较多的检验力量，约占职工总数的 10%，多的可达 15%，比较少的也有 7%~8%。强大的质量控制队伍，使欧洲的产品质量保持长期稳定，并产生了不少世界名牌产品。

6. 在质量控制上较早使用统计方法

欧洲是最早工业化的地区，形成比较严谨的统计意识，因此也比较早运用统计方法进行质量管理和质量控制。

欧洲的地理位置也促使欧洲注重产品质量认证工作，英国就是这种质量管理模式的始创国。

四、澳大利亚的质量管理

澳大利亚是世界上第一个建立实验室认可组织的国家。由于"实验室认可"的目的实际上就是为了加强社会生产的质量管理，所以建立世界上第一个实验室认可组织的国家必定是重视质量管理的国家。

由于人口稀少，澳大利亚的社会经济实际上都和很多国家"交叉"，他们的质量管理对外和国际互相关联，对跨国公司、外国公司进行质量监督——世界上第一个"实验室认可组织"所以在澳大利亚诞生和这一经济状况有密切关联；对内则对所有的行业深入渗透，不

但工业、交通、畜牧、农业等开展质量管理工作，甚至在医疗卫生、教育、商业等方面也普遍推行现代质量管理。澳大利亚在质量管理方面的努力成就了不少澳大利亚产品在国际上具有很高的信誉。

澳大利亚的质量管理还表现在广泛开展国际交流和合作方面，并获得国际社会的普遍好评。

五、现代质量管理的发展动向

1. 现代质量管理的发展过程是事物自我完善的过程

（1）全面质量管理造就了日本的崛起和教训　第二次世界大战以后的废墟建设起来的日本，曾经也是"山寨"大国，劣质产品横行，由于受到世界各国的抵制，迫使他们寻找原因，寻找出路，后来学习了美国的质量管理，加上自己的创新，发展成为"日本模式"的质量管理，日本的经济迅速崛起，并一度发展成为世界第二大经济体。

但是自主、自律、自我管理的模式也存在先天的缺陷。最近时期，日本产品的负面信息不断，过分地依赖自律，过分地信任自我管理，自然就是这些负面消息的源头。

（2）美国质量管理的瑕疵和教训　美国实行的是强化横向对比和外部监督，自然可以避免自我管理的偏向，但是管理成本的高昂，可能导致对某些"次要"环节的忽略，以至造成了重大损失。

2. 公司的自主质量管理和社会质量监督管理结合是新时期质量管理的方向

人类的动物性造成了人类的偏见：批评通常都是尖锐的，自我批评却往往存在软弱性。

日本和美国的质量管理实践显然是展示了事物的两个侧面，完全依赖生产单位的自律，难免会被"质量成本"所左右，还有人员的诚信的问题；完全依靠外部力量则削弱（忽视）了人的主观能动作用，而且可能需要支付昂贵的费用，同样会走向另外的极端。

在实验室认可审核标准中确立"公正性"条款，并引申到企业的化验室的内部审查工作，对避免和克服"自我监督"的"软肋"具有重要意义。

实行"公司的自主质量管理和社会质量监督管理结合"，并在两者之间取得平衡，将是今后进一步提高质量管理成效的出路。

如何获得平衡？将对企业管理层提出更高的要求。

六、ISO 9000 系列标准和 ISO 14000 系列标准

1. ISO 9000 系列标准

ISO 9000 系列标准，又称为《质量管理体系标准》，起源于美国 1979 年发布的 ANSI-1.15《质量体系通用指南》、法国 1980 年发布 NFX50-110《企业质量管理体系指南》和英国发布 BS 5750《质量保证指南》等有关质量体系的标准。

随着世界经济的发展，人们发现，不同国家、不同地区的人们在产品质量上的不同要求、认识和理解，既使得不同国家、地区之间的产品交流受到影响，也使全球性的科学技术发展和地区之间的技术交流受到影响。不但工业化国家因此吃了苦头，发展中国家也没有得到好处。人们为此伤透脑筋。

根据工业发达国家的实践，国际标准化组织在 1986 年 6 月颁布 ISO 8402《质量术语》标准，在世界范围内统一了质量术语，为进一步开展全球性质量管理标准化打下良好基础。1987 年 3 月 ISO 正式公布了"ISO 9000：1987 系列标准"，目前已经发布 ISO 9000：2015。从而把全球的质量管理不断向前推进。

GB/T 19000 系列标准是等同采用 ISO 9000 系列标准的中国质量管理系列标准。

2. ISO 14000 环境管理系列标准

根据 1992 年 6 月联合国环境与发展大会的要求，国际标准化组

织（ISO）从 1993 年 10 月开始筹备并于 1996 年 9～10 月分别颁发了 ISO 14001、14004、14010、14011、14012 5 个标准，1997 年 6 月又发布了 ISO 14040 标准，形成了环境管理系列标准的雏形，把全球经济发展纳入环境管理范畴。图 5-21 为 ISO 14000 体系认证标志。

图 5-21　ISO 14000 体系认证标志

依据联合国环境与发展大会的精神，为了保护地球的生态环境，并通过对地球生态环境的保护，达到最后保护人类自己和实现经济可持续发展的目的，全球的经济体系（生产和发展）都必须把保护环境放在首要位置。

ISO 14000 系列标准就是从国际贸易的角度，对世界各国的产品生产和交换、应用乃至产品使用后的最后废弃物的处置实施环保约束的管理标准。联合国环境与发展大会祈望通过 ISO 14000 系列标准的实施，以国际贸易的约束推动各国生产的"环保化"，从而实现全球的环境保护的最终目的。

为了充分发挥地球有限的资源的作用，最大限度地减少不能利用的以及产品使用后的废弃物质对地球环境的不良影响，产品生产的优良率和使用寿命也是重要的考核内容，从这一角度，ISO 14000 系列标准与 ISO 9000 系列标准具有共同的目标，它们互为补充，相互支持。WTO 贸易公约更明确要求：实施 ISO 14000 系列标准是产品进入 WTO 贸易圈的必需条件。而随着人们对全球环境危机的深入认识，ISO 14000 在全球生产和贸易中的地位将日益提高。不少国家和地区，把实施 ISO 14000 及 ISO 9000 标准并列对待，更有把产品及生产过程的 ISO 14000 认证及 ISO 9000 认证同时申报和进行合并审核（或者综合审核），在世界上已经出现了建立"质量环境一体化管理体系"的趋势。

中国等同采用 ISO 14000 系列标准编号为"GB/T 24000"。

实施 ISO 9000 和 ISO 14000 并获得认证，是企业产品进入国际市场的两张必备的通行证。

习题 ◀◀◀

1. "质量"是什么？工作质量与产品质量有哪些联系？

2. 现代质量管理的实质是什么？有哪些特点？

3. 化验室在企业生产中有哪些质量职能？

4. 质量检验对产品生产有什么意义？

5. 现代质量管理对质量检验有什么要求？怎样才能满足这些要求？

6. 化验室质量体系的建立有什么意义？怎样建立和运作？

7. 检验数据质量管理的意义是什么？怎样管理？

8. 何谓产品质量认证？需要什么基本条件？

9. 何谓实验室认可？要达到认可条件需要做哪些工作？

10. 我国与发达国家的质量管理有哪些差距？怎样认识和缩小这些差距？

CHAPTER 6

第六章

化验室技术进步

第一节　技术进步与化验室

一、技术进步的概念

1. 技术进步及其意义

技术进步顾名思义就是在技术方面的"进步"，也就是说技术方面必须有显著的改进，技术水平在本质上发生飞跃。

实现技术进步，在于不断地运用先进科学技术代替落后的旧技术，不断地对原有的生产或服务系统进行技术革新和改造，使组织在技术能力上赶上、保持或超过时代的先进水平——不是仅仅比原来提高，也不是与"以往的'先进水平'"比较。因此需要付出极大的努力。

企业（或其他组织）通过技术进步可以不断地增加技术储备，增强企业的活力——创新能力、竞争能力和应变能力，增加企业经济效益。

为了充分发挥"技术进步"的作用，在实施技术进步的时候，不但要求组织在技术能力方面产生飞跃，也要求在组织的管理工作上同时发生飞跃，因此，必将对组织管理水平的提高产生促进作用，相辅相成。结果，组织的总体水平将因此而不断提高。

推进技术进步，还体现在企业专业化水平的提高，企业组织结构也因此而优化，对于中国的产业结构调整也具有不可低估的作用。

2. 技术进步的内容

（1）革新和改造　包括方法和设备的革新、改造，合理化建议，群众性的小改进、小革新等。

（2）技术转移　包括技术在国家、地区或行业之间的转让、引进、交流以及把科学技术转化为生产力等行为和过程。

技术转移又分为软件转移——技术知识的转移和硬件转移——先进技术装备等物质形态的转移，还有劳务技术转移——管理技术（技巧）、服务等经验形态的转移。

目前世界上最流行的技术转移是技术引进，对于迅速改变企业技术落后面貌具有重要作用，是推动企业技术飞跃的重要形式。

（3）技术开发　包括新产品、新工艺、新材料、新设备的开发，其中产品开发是技术开发的主要部分。

技术开发具有强烈的商业性质，必须充分考虑技术的先进性和经济上的合理性。

（4）科学研究　其任务是继续前人的知识、探索和认识未来。科学研究主要包括以下内容。

① 创造新的知识。

② 把已有知识整理使之系统化、理论化。

③ 把科学知识转化为技术知识，再转化为生产知识，并转化为生产力。

科学研究具有探索性和创造性，又分为基础研究、应用研究和开发研究三种类型，产业部门的科学研究主要是开发研究。

技术进步还包括环境保护和综合利用等方面的技术发展。

二、技术进步和科学试验的联系

1. 技术进步离不开科学试验

（1）技术水平的"认定"需要科学实验 一种产品（或服务）的质量好坏，可以通过质量检验比较和判断。同样道理，一种"先进技术"的实际水平，也不能盲目听信一面之词，而需要通过科学考察和试验，不但要有好的产品（或服务）质量，还要对产品（或服务过程）的原材料消耗、成本、能耗、劳动输入等方面进行科学的考查。

随着全球环境保护浪潮的不断深入发展，技术进步对环境的影响也成为人们关注的重要问题，只管效果而不顾环境的产品，最终都要被社会所淘汰，曾经是最常用的灭火剂"1211"及其他含氯或含溴的灭火剂，就是因为它们具有对臭氧层的破坏作用而被禁止使用。

在科学技术日益走向市场化的现代社会，不法之徒也会利用人们急于求成的急躁情绪，利用某些冠冕堂皇的新名词兜售其"伪科学"，数年前被某些新闻媒体大肆宣传炒作、鼓噪一时的"'以水代油'的'科学发明'"就是典型例子。该"发明"本来就不堪一击，可是却没有科研机构或专业部门提出反击，甚至有某些身居要职的"科学家"为之摇旗呐喊（这也是一种腐败，是对科学的背叛），而让谬误流传，确实令人费解。当然，对付这些"科学骗子"无耻之辈，最有效的武器也是科学试验。

（2）技术进步的实际效果需要科学鉴定 技术进步的最终目的是使自己的组织的技术水平提高，使自己生产的产品的技术含量提高，使自己生产的产品的质量提高。总而言之，是使自己的组织具有较高的技术潜能，从而在社会大生产和大竞争中拥有足够的实力和竞争能力，使自己的组织具有更强大的发展后劲。善良的人们就是在这样的愿望促使下，采取各种各样的措施和方法使自己技术进步的。然而，现实往往并非如此。

由于每一轮社会的"技术进步"都必然带来新一轮的社会竞争，并引起"守旧者"的不安和反抗；还有，现实社会中也存在着邪恶、愚昧、懒惰、厌恶等错误观念，它们都随时随地地汇聚成为反对社会进步的思潮和势力；还有人们对新技术的认识和掌握程度存在的差异；"先进技术的提供者"或"实施者"也可能由于"自身利益"而制造麻烦或故意延误等。各种各样的因素都在影响着"技术进步"的实施。结果，良好愿望就不一定能够圆满地实现。

但是，科学技术的发展是客观存在的，并不为少数人的意志所转移。如今人们可以"方便地"（当然也可能需要经过艰苦的奋斗才能获得）运用科学的方法，对"技术进步"的实施过程和实施结果进行必要的"鉴定（监督）"，从而对"技术进步"的实施效果和"进步的程度"获得正确的认识。可以及时地进行必要的修正，从而最终实现"技术进步"的预定目标。

在这些科学技术的"鉴定"中，科学试验是必需的也是最基本的手段。

2. 科学试验是科学研究的基本手段

科学研究是具有探索性和创造性的社会科学活动，在其活动过程中离不开对研究项目的原理探讨，而进行这些原理的探讨的基本手段，也是科学试验。

运用科学试验的方法，人们可以把现实社会中的某些复杂的过程（甚至包括"不解之谜""神秘现象"等人类尚未了解的事物），抽丝剥茧、由表及里地，层层分解成为比较简单的"单元过程"，再通过对这些"单元过程"的研究、探讨和改造，获得新的知识和技术，最后再把这些"单元过程"重新组合成为实际生产过程，并以此推动社会生产不断进步。这些研究过程的经验总结，又为后人的新的科学实验和科学研究打下良好的基础，进一步加快了社会的进步。

人类社会的发展和进步，实际上就是经过无数的"以'科学试验'为基本手段的'科学研究'",从远古的混沌初开发展到现今的现代社会的。历史如此,今天如此,今后也必然如此。

当然,由于人们对大自然的认识水平的限制,科学研究和科学试验的广度及深度也有其自身发展规律,自然界里的很多问题不可能在人们的有限的研究和实验中得到解决。但是,可以断言,只要坚持以科学的态度,不断地进行科学研究和科学试验,那么人类一定能够不断地实现技术进步,人类社会一定能够不断地发展。

三、化验室是企业技术进步的重要支柱

企业技术进步的最终目标是要拿出质量好、低消耗、低成本、具有强大市场竞争力的产品,为企业创造经济效益。换言之,企业的技术进步最后还是要反映到产品上面。

事实上,企业的任何技术进步项目,一开始就与化验室结下不解之缘,从对项目的设想的提出到最终的技术进步的实现和鉴定,都与化验室有着千丝万缕的联系。

如在产品改进方面,原有产品的初始情况(从原料、生产过程控制到成品、市场的反应、用户的意见反馈等),以及改进后的产品状况的预测,所需要的信息大部分都来自化验室,再由技术或设计部门进行技术分析测算,对各种各样的方案进行比较评价,对各种可能发生的现象和结果进行预测,最后再作出立项或择优方案的决定。

又如在技术引进项目方面,人们要对供方提供的样品、样机进行测试或者剖析,以了解其技术上的先进性。重大改造、技术开发和科学研究等方面与化验室之间的联系就更加密切了。

最后,技术进步项目的新产品,需要由化验室给予科学的鉴定——只有产品质量达到或优于预定的技术标准的项目才是有效的。

中国著名科学家张文裕说:"科学试验是科学理论的源泉,是自然科学的根本,是工程技术的基础"。化验室在企业生产和技术进步

中具有如此重要的地位，正是由于它是进行科学试验以揭示产品组成（质量），并产生企业赖以生存和发展的主要信息的场所。

从另一个角度看，化验室人员还是企业技术进步的重要的人力资源。在通常情况下，即使是技术力量比较薄弱的小型企业，在化验室工作的人员，一般都具有比较高的文化知识和科学技术知识，有一定的自学和研究能力。而且，由于化验室工作的严格要求，养成比较严谨的工作作风，并使化验人员具有相当程度的实验技能，对生产也有较多的了解。这些条件，使得化验室人员在企业的技术进步工作中往往成为一支重要的技术力量，并可能被选送到技术进步的具体工作中而成为实际参加者。

再一方面，就是不少企业在进行科学实验的时候，经常是利用化验室的仪器设备，甚至是直接在化验室里进行生产研究实验。

因此，可以说化验室是企业技术进步的重要支柱，化验室在企业质量管理和技术进步工作中都具有无可争议的重要地位。

▷ 第二节　化验室管理与企业技术进步

一、化验室的技术进步

质量和品种，是企业创造经济效益的两个拳头，它们都与化验室有密切的关系，可以说化验室的水平与企业的经济效益紧密相关。

与企业的生产部门比较，化验室可以说是企业的高科技部门，即化验室仪器装备的实际水平比生产部门领先，通常都留存有较大的技术及工作余量，如领先 5 年、10 年的时间。化验室人员的技术素质也明显地优于生产部门。然而，在科学技术突飞猛进的今天，特别是20 世纪末年以来，科学技术的进步随着电子计算机技术的发展，产品的"技术磨损"周期越来越短。发达国家机床产品淘汰周期已经从

60年前的10年以上，缩短至30年前的不足5年；近些年，世界上一些大的电气公司更是轮番推出各种新型号的电器产品，如电视机、数码照相机、电冰箱、空调机、电子计算机、智能手机等产品，品种、型号之多让人们目不暇接。这种势头也将对产品生产产生影响。

另一方面，随着更多更高精尖产品的开发，很多原先使用的物理加工（机械加工）方法已经不能满足产品生产的需要，大量的被化学加工方法所取代。如此一来，不但极大增加了化验工作量，而且在检测的广度和"深度"也大大增加，对化验室的技术要求必将越来越高。更先进的分析设备（如图6-1、图6-2）越来越多投入使用。

图6-1 电子分析天平

图6-2 自动电位滴定仪

企业的技术进步总是以先进技术为目标，一旦实现，企业的技术状态可能一下子就推进10年、20年，甚至更大的时间跨度。这样一来，化验室的技术进步问题，就必须摆到议事日程上了。不言而喻，化验室需要技术进步。

二、化验室技术进步的关键和途径

化验室需要技术进步。然而，如何使化验室实现技术进步，却是一个必须解决的现实问题。

1. 化验室技术进步的关键

化验室需要技术进步，这是毫无疑义的，特别是在企业技术进步以后。化验室在企业内是一个重要的部门，但是，它与生产部门不一样，因为它是一个不产生经济效益的部门，甚至可以说是一个"花钱的部门"。正是由于这个原因，不少企业的化验室经常是处于跟在生产部门后面的"爬行动物"——"要钱没钱、要物没物"，更不要说是主动的技术进步了（这也是在绪论中提到某些企业尚未建立化验室的重要原因之一）。因此，化验室技术进步的关键，在于企业领导的重视。

当然，作为化验室的领导到所有的工作人员，更需要以自己的工作和行动，向企业领导进行宣传和说服，使企业的领导真正认识到化验室在企业生产和发展中的重要地位；认识到对化验室的投入是比对生产车间的投入更具有"事半功倍"的意义。正如美国现代质量学家克劳斯比所说的："质量是免费的，虽然它不是礼物（可以不劳而获），却是免费的。真正费钱的是不合质量标准的事情——没有在第一次就把事情做对。在美国，许多公司常使用相当于总营业额的15％～20％的费用在测试、检验、变更设计、整修、售后保证、售后服务、退货处理，以及其他与质量有关的成本上，所以真正花费不起的是质量低劣。如果第一次就把事情做对，那些浪费在补救工作上的时间、金钱和精力就可以避免"。"提高质量的良方是事前预防，不是事后检验"。澳大利亚质量学家琳达·格拉索普认为：质量管理是对企业组织的各个层面进行的不断改善。而且质量之路是漫长的，不要企望一夜之间的突变，但是回报肯定会与努力成正比的。

如果企业的领导人能够从这样的角度去认识问题，认识质量与企业经济效益的增长的内在联系，认识化验室的技术进步与企业产品质量及企业的经济效益之间的微妙关系，那么，化验室的技术进步就不会缺乏资金和动力了。

2. 化验室技术进步的途径

化验室技术进步就方式和内容而言，与企业的技术进步没有多大的差别。所不同的是，化验室的技术进步除了自身的技术进步（人员素质的提高，原有技术装备的功能开发、增补新的先进装备、电脑化等）以外，还可以开展社会性的技术合作——通过与专业测试机构、科研机构及技术先进的企业的化验室的合作，借助他人的实验室装备，解决自己的不足，相当于"技术引进（而且引进的是综合技术力量）"或者是"发外加工"。这样一来，既可以节省费用开支，又可以充分发挥别人的先进装备的效能。既达到少花钱多办事的节约原则，又能够使化验室从总体上保持在企业内处于技术领先的地位。

随着世界经济发展的逐步全球化，后一种技术进步方式在化验室的技术进步中所占的比重会越来越高。

三、努力提高化验室水平，促进企业技术进步和发展

社会要发展，企业要发展，生产要进步，这些不以人们的意志为转移的事物，都是人类社会向前推进的动力和必然结果。在现代社会生产的大环境当中，谁先觉察到自己的不足谁就会先于别人而进步。

作为企业生产"眼睛"的化验室，对企业生产和发展的作用和影响已经是无需多说了。努力提高化验室水平，促进企业技术进步和发展，也是无需多说的话题。

在现实社会中，行动是最重要的，面对着现代社会生产力的高速发展，要提高化验室水平，还是要"加强管理"。

1. 要强化管理机制

首先要强化人的管理，做好人才开发工作，配备好各级工作人员。尤其是各级管理人员，应该配备有足够能力的人才，并放手让他们工作。

2. 要尊重群众，相信群众和依靠群众

首先，管理要民主化，让群众知道为什么要干，并放手让群众去干，既能够充分发挥每个人的聪明才智，也便于提高办事效率。

把化验室的底交给群众，可以使大家都来为化验室的发展和进步出谋献策，共同搞好化验室管理，使化验室的水平不断得到提高。

3. 要积极"武装"化验室

用先进的仪器装备武装化验室，使化验室具有足够的分析检测能力，保持对于生产部门的技术优势。

引进和应用先进的分析检测技术（方法），也是促使化验室保持技术先进的必要手段。

四、化验室管理现代化

化验室是现代社会生产的重要组成部分，随着社会生产的不断向前发展和科学技术的进步，化验室管理也需要现代化。

1. 管理现代化的内涵

（1）管理思想现代化　其主要标志是民主化。在传统管理思想的观念中，"被管理者"是处在"要我做"的位置，不但被管理者是被动的，连管理者自身也是被动的（因为随时需要根据被管理者行为进行指挥），不可能充分发挥组织成员的积极性。现代化的管理则通过民主化的管理，使组织内的各个成员都来为组织的目标出谋献策，从而使每个成员都对自己的工作任务充分了解，对组织领导的管理意图有足够的认识，因而能够自觉地接受管理。

由于组织的所有成员实际上参与了管理工作，形成了"我要管""我要干"的融洽、协调的工作气氛，有利于人才的开发，也有利于组织成员积极性的提高，有利于管理水平的提高。

（2）管理机构现代化　主要标志是高效化。现代化管理要求组织

机构的设置遵循"高效""责权统一"原则，并尽量减少管理层次（必要的层次还是需要的），避免多头领导。

为了实现"高效化"，管理人员必须具备较高的管理水平，具有管理专业知识和相当丰富的实践经验以及实际工作能力。一个安于"外行"，或者长期"外行"的管理者，不可能是一个好的管理者，也不可能实现高效的管理。

（3）管理方法现代化　主要标志是科学化。要实行科学的管理，对各种事物实施量化管理，不要简单地说"干了"，而应说"干了多少"，即所谓"能够数据化的要求数据化"，未能数据化的则尽量予以详细的描述。总之，尽可能使管理信息传递明确。

现代管理方法中的系统理论、行为科学理论、信息管理乃至人际关系理论等，都可以加以吸收利用。

（4）管理手段现代化　主要标志是运用电子计算机技术等现代化管理工具。

管理仅是计算机技术应用的某个部分，化验室工作中运用计算机技术的范畴是非常广阔的，了解计算机，充分发挥计算机的功能和作用，对于化验室整体工作和化验室的发展具有相当重要的意义。

（5）管理人员现代化　主要标志是专业化。现代化的管理要求管理人员具备足够的管理专业知识，即使是一般的工作人员也应该对现代管理有所认识。

管理人员还应该熟悉其管理的部门的业务，具备一定的专业技能，一个完全外行的管理者不可能取得好的管理效果。

为了实现化验室的技术进步，管理者必须努力学习新技术和新的管理理念，包括电子计算机技术、应用计算机进行管理等等，使自己"永不落伍"。

2. 解放思想，转变观念，努力推进化验室管理现代化

要达到管理现代化的五个要求，实现化验室管理现代化，管理思想观念的转变是关键。所有的管理者以至各级工作人员，必须充分认识现代管理在当今社会发展中的地位和重要作用。

（1）现代管理是生产经营成败的决定因素　现代社会发展迅猛，科学技术飞速进步，新产品层出不穷、日新月异、眼花缭乱，人们对产品的品种、质量的要求也不断增加和提高。没有现代化的管理，将无法适应现代生产信息的千变万化，就可能永远处于落后地位，甚至被历史所抛弃。

（2）现代管理是加速实现社会现代化的关键　现代化建设需要大量的资金和先进的科学技术，没有科学的管理，就可能错误投资，也可能重复投入，或是互相抵消，或是"大'财'小用"，甚至石沉大海，使本来就已经有限的资源耗费殆尽。

因此，建设现代化的中国，必须实施科学的管理。只有这样，社会才能迅速发展，资源才能充分发挥作用，不断形成新的生产力，从而加速实现现代化。

（3）现代管理是促进现代社会文明发展的三大支柱（管理、科学和技术）之一　由于管理是现代社会中最普遍的现象（事物）之一，同时管理能直接影响资源和技术的效益的发挥，所以，管理本身也是一种十分重要的资源。

（4）现代管理是防止环境污染的必要措施　环境污染所以发生，人类的无管理的发展和开发是根本因素，现实告诉人们，人类只有对自身的发展和开发活动实施科学的管理，才能在开发大自然的同时，保护好大自然。也只有对人类的各种活动加以科学的管理，才有可能把已经被破坏的自然环境加以整治，使其恢复青春。

事实上，环境污染的发生很多时候正是由于生产过程的缺陷所引起，例如：

① 生产控制失误导致事故，包括设备事故、安全事故、质量事故，都可以使本来应该是成为产品的物资变为废物，并且以不同的渠

道向环境散播，既毒化环境，也严重地浪费了资源和人们的劳动。

② 产品生产工艺技术落后，产品回收率低，没有被利用的物资，在生产过程中间往往以"三废"形式向环境排放（产品生产工艺技术落后的生产企业的综合技术能力也必然相对落后）。

③ 生产控制不稳定，生产过程中间产物反复再加工（翻修、再提炼、不合格产品退换等），增加能源消耗，增加单位产品的环境负担。

④ 企业产品生产过程的三废治理工艺技术水平和控制能力不足，对排放物控制效果差。

这些问题的解决需要通过现代管理，需要相关信息的支持。

这一切都与化验室的工作密切相关，与化验室的管理水平和技术业务水平密切相关。

现代管理的精髓在于系统的管理。大自然是一个大系统，地球也是一个大系统，而作为一个具体的组织，则是这个大系统中的微小的组成部分。每一个小系统管理好了，则大系统就有可能管理好，在社会上如此，在生产上也如此，在环境管理上也毫不例外地是如此。

化验室管理的现代化是社会发展和变革的需要，是时代的要求，势在必行。然而，从传统的经验管理转变为现代化管理，并不是"一时半会儿"就能够改变，更不是说一句话就可以实现的。在这里面，需要付出大量的、艰苦的劳动，需要做大量细致的工作，因而在这一转变的过程中本身就需要认真的管理，需要科学的管理。

在实现化验室管理现代化的过程中，化验室的各级管理人员，尤其是主要领导人的确定是最具关键作用的。要建设一个现代化的化验室，化验室的主要领导人本身就应该是有变革要求的、勇于实践的、具有现代化管理思想意识的合格的管理人才。

化验室的管理和业务水平，是衡量现代企业的管理水平和技术水平的重要标志之一。一个高水平的现代化的化验室，将对企业的技术进步和生产发展发挥巨大的支持作用，是企业永远保持活力的重要基础。

习题 ◀◀◀

1. 何谓技术进步？化验室与企业技术进步中有哪些联系？

2. 为什么说化验室也要技术进步？怎样实现化验室的技术进步？

3. 何谓现代化？化验室怎样实现现代化？

附 录 >>>

>> 附录一 常用数据

表1 精密仪器和设备的允许振幅 　　　　　单位:mm

防振级别	允许振幅			仪表和设备名称
	<5Hz	<10Hz	≥10Hz	
1	1.8	0.6	0.3	TG128 型高精度天平(一级天平)
2	2.0	1.0	0.5	GZT 3-2 精密天平 TG 335 型高精度微量天平(三级天平)
3	4.0	2.0	1.0	石英钟比色光度计 TG 332A 型微量天平(三级天平) WT 2A 型微量天平(三级天平) AC 9/5 型检流计(精度 9.1×10^{-9})
4	5.0	3.0	2.0	TG 328B 型光学读数天平(三级天平) GT 2A 型光学读数分析天平(三级天平) 陀螺仪阻尼器试验台
5	7.0	5.0	3.0	T-100 型单盘天平(四级天平) TG 528 型空气阻尼天平(五级天平)
6	8.0	7.0	5.0	TG 628 型分析天平(六级天平) 陀螺仪摇摆试验台 陀螺仪偏转角试验器及阻尼试验台
7	10.0	10.0	10.0	光点检流计 示波检线器及动平衡机 102G 气相层析仪(色谱仪)

表 2　防振间距参考值

振源	火　车		汽　车		压　缩　机	
	国家铁路	厂内铁路	国家公路	厂内公路	$P \leqslant 100kV \cdot A$	P 为 $150 \sim 250kV \cdot A$
防振间距/m	700~1000	100~150	80~100	20~50	80~100	150~200

振源	锻　锤				冲　床	
	<1t	1~2t	3~5t	≥10t	<50t	50~200t
防振间距/m	60~100	100~150	150~250	400~600	30~40	80~100

振源	压　力　机		拉力试验机		风　机	砂轮机
	<30t	30~100t	30t	100t	8#~12#	
防振间距/m	15~30	30~60	30~50	50~90	15~25	8~10

注：附录表1、表2摘自《防振手册》等资料。

表 3　仪器玻璃的化学组成、性质及用途[1]

玻璃名称	通称	化 学 组 成/%						线膨胀系数[2]	耐热急变温差	软化点	主要用途
		SiO_2	Al_2O_3	B_2O_3	$R_2O(Na_2O, K_2O)$	CaO	ZnO				
特硬玻璃	特硬料	80.7	2.1	12.8	3.8	0.6	—	32×10^{-7}	不低于270℃	820℃	制作烧器类耐热产品
硬质玻璃	九五料	79.1	2.1	12.5	5.7	0.6	—	$41 \sim 42 \times 10^{-7}$	不低于220℃	770℃	制作烧器类及各种玻璃仪器
一般仪器玻璃	管料	74	4.5	4.5	12	3.3	1.7	71×10^{-7}	不低于140℃	750℃	制作滴管、吸管及培养皿等
量器玻璃	白料	73	5	4.5	13.2	3.8	0.5	73×10^{-7}	不低于120℃	740℃	制作量器等

[1] 参见"北京玻璃厂产品样本"。

[2] 线膨胀系数是指当物体温度升高1℃时，单位长度上所增加的长度。

表4 玻璃仪器的几种常用的洗涤液

洗涤液及其配方	使 用 方 法
(1)铬酸洗液 研细的重铬酸钾20g溶于40mL水中,慢慢加入360mL浓硫酸	用于去除器壁残留油污,用少量洗液涮洗或浸泡一夜,洗液可重复使用
(2)工业盐酸(浓或1:1)	用于洗去碱性物质及大多数无机物残渣
(3)碱性洗液 氢氧化钠100g/L水溶液或乙醇溶液	水溶液加热(可煮沸)使用,其去油效果较好;注意,煮的时间太长会腐蚀玻璃,碱-乙醇洗液不要加热
(4)碱性高锰酸钾洗液 4g高锰酸钾溶于水中,加入10g氢氧化钠,用水稀释至100mL	清洗油污或其他有机物质,洗后容器沾污处有褐色二氧化锰析出,再用浓盐酸或草酸洗液、硫酸亚铁、亚硫酸钠等还原剂去除
(5)草酸洗液 5~10g草酸溶于100mL水中,加入少量浓盐酸	洗涤高锰酸钾洗液洗后产生的二氧化锰,必要时加热使用
(6)碘-碘化钾溶液 1g碘和2g碘化钾溶于水中,用水稀释至100mL	洗涤用过硝酸银滴定液后留下的黑褐色污物,也可用于擦洗沾过硝酸银的白瓷水槽
(7)有机溶剂 苯、乙醚、丙酮、二氯乙烷等	可洗去油污或可溶于该溶剂的有机物质,用时要注意其毒性及可燃性 用乙醇配制的指示剂溶液的干渣可用盐酸-乙醇(1:2)洗液洗涤
(8)乙醇、浓硝酸(不可事先混合!)	用一般方法很难洗净的有机物可用此法:于容器内加入不多于2mL的乙醇,加入10mL浓硝酸,静置片刻,立即发生激烈反应,放出大量热及二氧化氮,反应停止后再用水冲洗,操作应在通风柜中进行,不可塞住容器,做好防护

表5 常见易燃液体的闪点

名　　　称	闪点/℃	名　　　称	闪点/℃
一硝基二甲苯	35	二甲苯(对)	25
乙醚*	−45	二甲基吡啶	29
乙醛*	−37	二甲氨基乙醇	31
乙烯醚*	−30	二甲二氯硅烷*	−10
乙胺*	−18	二甲醇缩甲醛	−18
乙硫醇△	<27	二乙基己二酸酯	44
乙基正丁醚	1.1	二乙基烯二胺	46
乙腈	2	二乙烯醚*	−30
乙醇	9	二丙酮	49
乙苯	15	二聚戊烯	46
乙基吗啉	32	丁醇	29
乙二胺	34	丁醛	−10
乙酰乙酸乙酯	35	丁酸甲酯	14
乙酰丙酮	34	丁酸乙酯	25
亚乙基氰醇	55	丁酮	−2
乙基丁醇	58	丁醚	25
乙酸甲酯	−16	丁苯	52
乙酸乙酯	−4	丁胺	−12
乙酸丙酯	14	丁烯醇	34
乙酸丁酯	22.2	丁烯醛	13
醋酸乙烯	−7.8	丁烯酸甲酯	<20
冰醋酸	43	丁烯酸乙酯	2.2
醋酸酐	40	丁二烯	41
二甲基呋喃	7	十氢化萘	57
二甲胺*	−10	三甲基氯化硅	−18
二乙胺	−39	三氟甲基苯	−12
二丙胺	−17.2	三乙胺	−4
二异丙胺	−6.6	三聚乙醛	26
二异丁胺	29.4	飞机汽油	−44
二氯乙烯*	−10	己烷	−22
二氯丙烯	15	己胺	26.3
二氯甲烷△	−14	己醛	32
二氯乙烷	21	己酮	35
二甲苯(邻)	17	天然汽油	−50
二甲苯(间)	29	反二氯乙烯	6

名　　称	闪点/℃	名　　称	闪点/℃
六氢吡啶	3	甲基戊酮醇	8.8
火棉胶	17.7	甲酸甲酯*	−32
煤油	约37	甲酸乙酯	−20
巴豆醛	12.8	甲酸丙酯	−3
壬烷	31	甲酸异丙酯	−5.5
丙醚	−26	甲酸丁酯	17
丙醛	−18	甲酸异丁酯	8
丙酮	−20	甲酸戊酯	22
丙醇	15	甲苯	7
丙胺	−7	戊烷△	−42
丙酸甲酯	−3	戊烯*	−17
丙酸乙酯	−11	戊酮	13
丙酸正丙酯	40	戊醇	40
丙酸丁酯	32	正丙醇	22
丙酸戊酯	41	四氢呋喃	−18
丙酸异戊酯	40.5	异丙苯	34
丙烯醇	21	异戊醛	39
丙烯醛	−26	吡啶	20
丙烯醚	−7	间甲酚	36
丙烯腈	−5	辛烷	16
丙烯酸甲酯	−2.7	环氧丙烷*	−27
丙烯酸乙酯	16	环氧氯丙烷	32
丙烯酸丁酯	38	环己烷	−20
丙烯氯乙醇	52	环己胺	32
丙苯	30	环己酮	40
石油醚△	<−17	松节油	35
石脑油	25.6	苯	−11
甲乙醚*	−37	苯乙烯	32
甲醇	12	硝酸甲酯	−13
甲硫醇*	−17.7	硝酸乙酯	1
甲乙酮	−4	硝基甲烷	35
甲基环己烷	−4	硝基乙烷	41
甲基戊二烯	−27	硝基丙烷	31
甲基乙烯甲酮	6.6	氯乙烷*	−43
甲基丙烯醛	−14	氯丙烷*	−17.7

名　　称	闪点/℃	名　　称	闪点/℃
氯丁烷	9	溴乙烷△	−25
氯丙烯	−29	溴丙烯	−1.5
氯苯	27	碳酸乙酯	25
氯乙醇	55	樟脑油	47
氢氰酸	−17.5	噻吩	−1

注：带"＊"的沸点在35℃以下，带"△"的沸点在35～40℃间。

表6　化学分析计量器具检定管理表

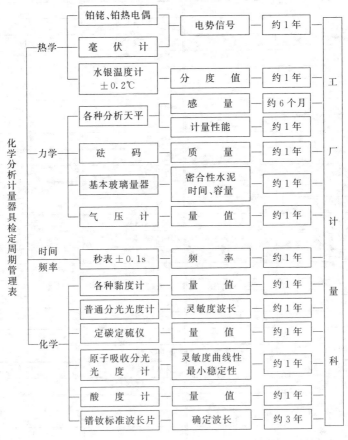

表7 常见的灭火剂及适用范围简表

灭 火 剂			火 灾 种 类				
			一般火灾	可燃液体火灾		带电设备火灾	金属火灾
				非水溶性	水溶性		
液体	水	直流	0	×	×	×	×
		喷雾	0	△	0	0	△
	水溶液	喷雾(加强化剂)	0	0	0	×	×
		加表面活性剂	0	△	△	×	×
		加增黏剂	0	×	×	×	×
		酸碱灭火剂	0	×	×	×	×
液体	泡沫	化学泡沫	0	0	△	×	×
		蛋白泡沫	0	0	×	×	×
		氟蛋白泡沫	0	0	×	×	×
		抗溶泡沫	0	△	0	×	×
		高倍数泡沫	0	0	×	×	×
气体	卤烷	七氟丙烷	△	0	0	0	×
	不燃气体	二氧化碳	△	0	0	0	×
		氮气	△	0	0	0	×
固体	干粉	氨基碳酸盐干粉	△	0	0	0	×
		磷酸盐干粉	0	0	0	0	×
		金属火灾干粉	×	×	×	×	0
		混合干粉	0	0	0	0	×
烟雾	EBM气溶胶		×	0	0	0	×

注:0适用;△一般不用;×不适用。

表8 小型灭火器的用途及使用方法

灭火器种类	泡沫灭火器	二氧化碳灭火器	干粉灭火器
内装主要药剂	碳酸氢钠、发泡剂、水和硫酸铝	液体二氧化碳	碳酸氢钠干粉、磷酸铵等和高压二氧化碳
用途	适用于油类火灾,不能用于扑救电气火灾	适用于扑救贵重仪器和设备及电气火灾,不能用于金属钠、钾、镁、铝等金属火灾	适用于扑救石油、石油产品、油漆、有机溶剂、石油气等火灾。缺点是不能防止复燃

灭火器种类	泡沫灭火器	二氧化碳灭火器	干粉灭火器
效能	10L 泡沫灭火器射程 8m，喷射时间 60s	要接近着火地点，保持 3m 距离（防止 CO_2 造成人员窒息）3kg 二氧化碳灭火器喷射时间＞8s，喷射距离＞1.5m	3kg 干粉灭火器喷射时间＞8s，实际喷射时间可达 14～16s，喷射距离＞2.5m，实际喷射距离可达 4.5m
使用方法	倒转灭火器，稍加摇动，即可喷出	拿起灭火器，把喷射喇叭筒对准火源，拔出插销，打开（或按压）开关即可喷出	拿起灭火器，把喷射喇叭筒对准火源，拔出插销（或者提起拉环），打开（或按压）开关即可喷出
保管与检验	1. 灭火器要放置于方便取用的地方 2. 保存于通风、干燥处，防止日晒、雨淋 3. 注意使用期限，定期检查 4. 按规定及时补充或更换药剂 5. 经常检查灭火器喷嘴，防止堵塞 6. 冬天要注意防止冻结，尤其是泡沫灭火器		

附录二 CNAS-CL 01：2018

《检测和校准实验室能力认可准则》

（ISO/IEC 17025：2017）

Accreditation criteria for the competence of testing and calibration laboratories

前言

本准则等同采用 ISO/IEC 17025：2017《检测和校准实验室能力的通用要求》。

本准则包含了实验室能够证明其运作能力，并出具有效结果的要求。符合本准则的实验室通常也是依据 GB/T 19001（ISO 9001，IDT）的原则运作。实验室管理体系符合 GB/T 19001 的要求，并不证明实验室具有出具技术上有效数据和结果的能力。

本准则要求实验室策划并采取措施应对风险和机遇。应对风险和机遇是提升管理体系有效性、取得改进效果以及预防负面影响的基础。实验室有责任确定要应对哪些风险和机遇。

中国合格评定国家认可委员会（英文缩写：CNAS）使用本准则作为对检测和校准实验室能力进行认可的基础。为支持特定领域的认可活动，CNAS还根据不同领域的专业特点，制定一系列的特定领域应用说明，对本准则的要求进行必要的补充说明和解释，但并不增加或减少本准则的要求。

申请CNAS认可的实验室应同时满足本准则以及相应领域的应用说明。

本准则的附录是资料性附录，不构成要求，旨在帮助理解和实施本准则。

在本准则中使用如下助动词：

——"应"表示要求；

——"宜"表示建议；

——"可"表示允许；

——"能"表示可能或能够。

"注"的内容是理解要求和说明有关要求的指南。

1. 范围

本准则规定了实验室能力、公正性以及一致运作的通用要求。

本准则适用于所有从事实验室活动的组织，不论其人员数量多少。

实验室的客户、法定管理机构、使用同行评审的组织和方案、认可机构及其他机构采用本准则确认或承认实验室能力。

2. 规范性引用文件

本准则引用了下列文件，这些文件的部分或全部内容构成了本准则的要求。对注明日期的引用文件，只采用引用的版本；对没有注明日期的引用文件，采用最新版本（包括任何的修订）。

ISO/IEC 指南 99 国际计量学词汇——基本和通用概念及相关术语（VIM）①

GB/T 27000 合格评定——词汇和通用原则（ISO/IEC 17000，IDT）

① 也称为 JCGM 200。

3. 术语和定义

ISO/IEC 指南 99 和 GB/T 27000 中界定的以及下述术语和定义适用于本准则。

ISO 和 IEC 维护的用于标准化的术语数据库地址如下：

——ISO 在线浏览平台：http：//www.iso.org/obp

——IEC 电子开放平台：http：//www.electropedia.org/

3.1 公正性 impartiality

客观性的存在。

注 1：客观性意味着利益冲突不存在或已解决，不会对后续的实验室（3.6）活动产生不利影响。

注 2：其他可用于表示公正性要素的术语有：无利益冲突、没有成见、没有偏见、中立、公平、思想开明、不偏不倚、不受他人影响、平衡。

［源自：GB/T 27021.1—2017（ISO/IEC 17021-1：2005，IDT），3.2，修改——在注 1 中以"实验室"代替"认证机构"，并在注 2 中删除了"独立性"。］

3.2 投诉 complaint

任何人员或组织向实验室（3.6）就其活动或结果表达不满意，并期望得到回复的行为。

［源自：GB/T 27000—2006（ISO/IEC 17000：2004，IDT），6.5，

修改——删除了"除申诉外",以"实验室就其活动或结果"代替"合格评定机构或认可机构就其活动"。]

3.3 实验室间比对 interlaboratory comparison

按照预先规定的条件,由两个或多个实验室对相同或类似的物品进行测量或检测的组织、实施和评价。

[源自:GB/T 27043—2012（ISO/IEC 17043：2010，IDT），3.4]

3.4 实验室内比对 intralaboratory comparison

按照预先规定的条件,在同一实验室（3.6）内部对相同或类似的物品进行测量或检测的组织、实施和评价。

3.5 能力验证 proficiency testing

利用实验室间比对,按照预先制定的准则评价参加者的能力。

[源自:GB/T 27043—2012，3.7，修改——删除了注。]

3.6 实验室 laboratory

从事下列一种或多种活动的机构:

——检测;

——校准;

——与后续检测或校准相关的抽样。

注:在本准则中,"实验室活动"指上述三种活动。

3.7 判定规则 decision rule

当声明与规定要求的符合性时,描述如何考虑测量不确定度的规则。

3.8 验证 verification

提供客观证据,证明给定项目满足规定要求。

例1:证实在测量取样质量小至10mg时,对于相关量值和测量程序,给定标准物质的均匀性与其声称的一致。

例2：证实已达到测量系统的性能特性或法定要求。

例3：证实可满足目标测量不确定度。

注1：适用时，宜考虑测量不确定度。

注2：项目可以是，例如一个过程、测量程序、物质、化合物或测量系统。

注3：满足规定要求，如制造商的规范。

注4：在国际法制计量术语（VIML）中定义的验证，以及通常在合格评定中的验证，是指对测量系统的检查并加标记和（或）出具验证证书。在我国的法制计量领域，"验证"也称为"检定"。

注5：验证不宜与校准混淆。不是每个验证都是确认（3.9）。

注6：在化学中，验证实体身份或活性时，需要描述该实体或活性的结构或特性。

［源自：ISO/IEC 指南 99：2007，2.44］

3.9　确认　validation

对规定要求满足预期用途的验证（3.8）。

例：一个通常用于测量水中氮的质量浓度的测量程序，也可被确认为可用于测量人体血清中氮的质量浓度。

［源自：ISO/IEC 指南 99：2007，2.45］

4. 通用要求

4.1　公正性

4.1.1 实验室应公正地实施实验室活动，并从组织结构和管理上保证公正性。

4.1.2 实验室管理层应作出公正性承诺。

4.1.3 实验室应对实验室活动的公正性负责，不允许商业、财务或其他方面的压力损害公正性。

4.1.4 实验室应持续识别影响公正性的风险。这些风险应包括其活动、实验室的各种关系，或者实验室人员的关系而引发的风险。然而，这些关系并非一定会对实验室的公正性产生风险。

注：危及实验室公正性的关系可能基于所有权、控制权、管理、人员、共享资源、财务、合同、市场营销（包括品牌）、支付销售佣金或其他引荐新客户的奖酬等。

4.1.5 如果识别出公正性风险，实验室应能够证明如何消除或最大程度降低这种风险。

4.2 保密性

4.2.1 实验室应通过作出具有法律效力的承诺，对在实验室活动中获得或产生的所有信息承担管理责任。实验室应将其准备公开的信息事先通知客户。除客户公开的信息，或实验室与客户有约定（例如：为回应投诉的目的），其他所有信息都被视为专有信息，应予保密。

4.2.2 实验室依据法律要求或合同授权透露保密信息时，应将所提供的信息通知到相关客户或个人，除非法律禁止。

4.2.3 实验室从客户以外渠道（如投诉人、监管机构）获取有关客户的信息时，应在客户和实验室间保密。除非信息的提供方同意，实验室应为信息提供方（来源）保密，且不应告知客户。

4.2.4 人员，包括委员会委员、合同方、外部机构人员或代表实验室的个人，应对在实施实验室活动过程中获得或产生的所有信息保密，法律要求除外。

5. 结构要求

5.1 实验室应为法律实体，或法律实体中被明确界定的一部分，该实体对实验室活动承担法律责任。

注：在本准则中，政府实验室基于其政府地位被视为法律实体。

5.2 实验室应确定对实验室全权负责的管理层。

5.3 实验室应规定符合本准则的实验室活动范围，并制定成文件。实验室应仅声明符合本准则的实验室活动范围，不应包括持续从外部获得的实验室活动。

5.4 实验室应以满足本准则、实验室客户、法定管理机构和提供承认的组织要求的方式开展实验室活动，这包括实验室在固定设施、固定设施以外的地点、临时或移动设施、客户的设施中实施的实验室活动。

5.5 实验室应：

a）确定实验室的组织和管理结构、其在母体组织中的位置，以及管理、技术运作和支持服务间的关系；

b）规定对实验室活动结果有影响的所有管理、操作或验证人员的职责、权力和相互关系；

c）将程序形成文件的程度，以确保实验室活动实施的一致性和结果有效性为原则。

5.6 实验室应有人员（不论其职责）具有履行职责所需的权力和资源，这些职责包括：

a）实施、保持和改进管理体系；

b）识别与管理体系或实验室活动程序的偏离；

c）采取措施以预防或最大程度减少这类偏离；

d）向实验室管理层报告管理体系运行状况和改进需求；

e）确保实验室活动的有效性。

5.7 实验室管理层应确保：

a）针对管理体系有效性、满足客户和其他要求的重要性进行沟通；

b）当策划和实施管理体系变更时，保持管理体系的完整性。

6. 资源要求

6.1 总则

实验室应获得管理和实施实验室活动所需的人员、设施、设备、系统及支持服务。

6.2 人员

6.2.1 所有可能影响实验室活动的人员，无论是内部人员还是外部人员，应行为公正、有能力、并按照实验室管理体系要求工作。

6.2.2 实验室应将影响实验室活动结果的各职能的能力要求制定成文件，包括对教育、资格、培训、技术知识、技能和经验的要求。

6.2.3 实验室应确保人员具备其负责的实验室活动的能力，以及评估偏离影响程度的能力。

6.2.4 实验室管理层应向实验室人员传达其职责和权限。

6.2.5 实验室应有以下活动的程序，并保存相关记录：

a）确定能力要求；

b）人员选择；

c）人员培训；

d）人员监督；

e）人员授权；

f）人员能力监控

6.2.6 实验室应授权人员从事特定的实验室活动，包括但不限于下列活动：

a）开发、修改、验证和确认方法；

b）分析结果，包括符合性声明或意见和解释；

c）报告、审查和批准结果。

6.3 设施和环境条件

6.3.1 设施和环境条件应适合实验室活动，不应对结果有效性产生不利影响。

注：对结果有效性有不利影响的因素可能包括但不限于微生物污染、灰尘、电磁干扰、辐射、湿度、供电、温度、声音和振动。

6.3.2 实验室应将从事实验室活动所必需的设施及环境条件的要求形成文件。

6.3.3 当相关规范、方法或程序对环境条件有要求时，或环境条件影响结果的有效性时，实验室应监测、控制和记录环境条件。

6.3.4 实验室应实施、监控并定期评审控制设施的措施，这些措施应包括但不限于：

a) 进入和使用影响实验室活动区域的控制；

b) 预防对实验室活动的污染、干扰或不利影响；

c) 有效隔离不相容的实验室活动区域。

6.3.5 当实验室在永久控制之外的地点或设施中实施实验室活动时，应确保满足本准则中有关设施和环境条件的要求。

6.4 设备

6.4.1 实验室应获得正确开展实验室活动所需的并影响结果的设备，包括但不限于：测量仪器、软件、测量标准、标准物质、参考数据、试剂、消耗品或辅助装置。

注 1：标准物质和有证标准物质有多种名称，包括标准样品、参考标准、校准标准、标准参考物质和质量控制物质。ISO 17034 给出了标准物质生产者的更多信息。满足 ISO 17034 要求的标准物质生产者被视为是有能力的。满足 ISO 17034 要求的标准物质生产者提供的标准物质会提供产品信息单/证书，除其他特性外至少包含规定特性的均匀性和稳定性，对于有证标准物质，信息中包含规定特性的标准值、相关的测量不确定度和计量溯源性。

注 2：ISO 指南 33 给出了标准物质选择和使用指南。ISO 指南 80 给出了内部制备质量控制物质的指南。

6.4.2 实验室使用永久控制以外的设备时，应确保满足本准则对设备的要求。

6.4.3 实验室应有处理、运输、储存、使用和按计划维护设备的程序，以确保其功能正常并防止污染或性能退化。

6.4.4 当设备投入使用或重新投入使用前，实验室应验证其符合规定要求。

6.4.5 用于测量的设备应能达到所需的测量准确度和（或）测量不确定度，以提供有效结果。

6.4.6 在下列情况下，测量设备应进行校准：

——当测量准确度或测量不确定度影响报告结果的有效性；和（或）

——为建立报告结果的计量溯源性，要求对设备进行校准。

注：影响报告结果有效性的设备类型可包括：

——用于直接测量被测量的设备，例如使用天平测量质量；

——用于修正测量值的设备，例如温度测量；

——用于从多个量计算获得测量结果的设备。

6.4.7 实验室应制定校准方案，并应进行复核和必要的调整，以保持对校准状态的可信度。

6.4.8 所有需要校准或具有规定有效期的设备应使用标签、编码或以其他方式标识，使设备使用人方便地识别校准状态或有效期。

6.4.9 如果设备有过载或处置不当、给出可疑结果、已显示有缺陷或超出规定要求时，应停止使用。这些设备应予以隔离以防误用，或加贴标签/标记以清晰表明该设备已停用，直至经过验证表明能正常工作。实验室应检查设备缺陷或偏离规定要求的影响，并应启动不符合工作管理程序（见 7.10）。

6.4.10 当需要利用期间核查以保持对设备性能的信心时，应按程序进行核查。

6.4.11 如果校准和标准物质数据中包含参考值或修正因子，实验室应确保该参考值和修正因子得到适当的更新和应用，以满足规定要求。

6.4.12 实验室应有切实可行的措施，防止设备被意外调整而导致结果无效。

6.4.13 实验室应保存对实验室活动有影响的设备记录。适用时，记录应包括以下内容：

　　a）设备的识别，包括软件和固件版本；

　　b）制造商名称、型号、序列号或其他唯一性标识；

　　c）设备符合规定要求的验证证据；

　　d）当前的位置；

　　e）校准日期、校准结果、设备调整、验收准则、下次校准的预定日期或校准周期；

　　f）标准物质的文件、结果、验收准则、相关日期和有效期；

　　g）与设备性能相关的维护计划和已进行的维护；

　　h）设备的损坏、故障、改装或维修的详细信息。

6.5　计量溯源性

6.5.1 实验室应通过形成文件的不间断的校准链将测量结果与适当的参考对象相关联，建立并保持测量结果的计量溯源性，每次校准均会引入测量不确定度。

注1：在 ISO/IEC 指南99中，计量溯源性定义为"测量结果的特性，结果可以通过形成文件的不间断的校准链与参考对象相关联，每次校准均会引入测量不确定度"

注2：关于计量溯源性的更多信息见附录 A。

6.5.2 实验室应通过以下方式确保测量结果溯源到国际单位制（SI）：

a）具备能力的实验室提供的校准；或

注1：满足本准则要求的实验室被视为是有能力的。

b）具备能力的标准物质生产者提供并声明计量溯源至 SI 的有证

标准物质的标准值；或

注 2：满足 ISO 17034 要求的标准物质生产者被视为是有能力的。

c）SI 单位的直接复现，并通过直接或间接与国家或国际标准比对来保证。

注 3：SI 手册给出了一些重要单位定义的实际复现的详细信息。

6.5.3 技术上不可能计量溯源到 SI 单位时，实验室应证明可计量溯源至适当的参考对象，如：

a）具备能力的标准物质生产者提供的有证标准物质的标准值；

b）描述清晰的参考测量程序、规定方法或协议标准的结果，其测量结果满足预期用途，并通过适当比对予以保证。

6.6　外部提供的产品和服务

6.6.1 实验室应确保影响实验室活动的外部提供的产品和服务的适宜性，这些产品和服务包括：

a）用于实验室自身的活动；

b）部分或全部直接提供给客户；

c）用于支持实验室的运作。

注：产品可包括测量标准和设备、辅助设备、消耗材料和标准物质。服务可包括校准服务、抽样服务、检测服务、设施和设备维护服务、能力验证服务以及评审和审核服务。

6.6.2 实验室应有以下活动的程序，并保存相关记录：

a）确定、审查和批准实验室对外部提供的产品和服务的要求；

b）确定评价、选择、监控表现和再次评价外部供应商的准则；

c）在使用外部提供的产品和服务前，或直接提供给客户之前，应确保符合实验室规定的要求，或适用时满足本准则的相关要求；

d）根据对外部供应商的评价、监控表现和再次评价的结果采取措施。

6.6.3 实验室应与外部供应商沟通，明确以下要求：

a) 需提供的产品和服务；

b) 验收准则；

c) 能力，包括人员需具备的资格；

d) 实验室或其客户拟在外部供应商的场所进行的活动。

7. 过程要求

7.1 要求、标书和合同评审

7.1.1 实验室应有要求、标书和合同评审程序。该程序应确保：

a) 明确规定要求，形成文件，并被理解；

b) 实验室有能力和资源满足这些要求；

c) 当使用外部供应商时，应满足 6.6 条款的要求，实验室应告知客户由外部供应商实施的实验室活动，并获得客户同意；

注 1：在下列情况下，可能使用外部提供的实验室活动：

——实验室有实施活动的资源和能力，但由于不可预见的原因不能承担部分或全部活动；

——实验室没有实施活动的资源和能力。

d) 选择适当的方法或程序，并能满足客户的要求。

注 2：对于内部或例行客户，要求、标书和合同评审可简化进行。

7.1.2 当客户要求的方法不合适或是过期的，实验室应通知客户。

7.1.3 当客户要求针对检测或校准作出与规范或标准符合性的声明时（如通过/未通过，在允许限内/超出允许限），应明确规定规范或标准以及判定规则。选择的判定规则应通知客户并得到同意，除非规范或标准本身已包含判定规则。

注：符合性声明的详细指南见 ISO/IEC 指南 98-4。

7.1.4 要求或标书与合同之间的任何差异，应在实施实验室活动前解决。每项合同应被实验室和客户双方接受。客户要求的偏离不应影响实验室的诚信或结果的有效性。

7.1.5 与合同的任何偏离应通知客户。

7.1.6 如果工作开始后修改合同，应重新进行合同评审，并与所有受影响的人员沟通修改的内容。

7.1.7 在澄清客户要求和允许客户监控其相关工作表现方面，实验室应与客户或其代表合作。

注：这种合作可包括：

a）允许适当进入实验室相关区域，以见证与该客户相关的实验室活动。

b）客户出于验证目的所需物品的准备、包装和发送。

7.1.8 实验室应保存评审记录，包括任何重大变化的评审记录。针对客户要求或实验室活动结果与客户的讨论，也应作为记录予以保存。

7.2 方法的选择、验证和确认

7.2.1 方法的选择和验证

7.2.1.1 实验室应使用适当的方法和程序开展所有实验室活动，适当时，包括测量不确定度的评定以及使用统计技术进行数据分析。

注：本准则所用"方法"可视为是 ISO/IEC 指南 99 定义的"测量程序"的同义词。

7.2.1.2 所有方法、程序和支持文件，例如与实验室活动相关的指导书、标准、手册和参考数据，应保持现行有效并易于人员取阅（见 8.3）。

7.2.1.3 实验室应确保使用最新有效版本的方法，除非不合适或不可能做到。必要时，应补充方法使用的细则以确保应用的一致性。

注：如果国际、区域或国家标准，或其他公认的规范文本包含了实施实验室活动充分且简明的信息，并便于实验室操作人员使用时，则不需再进行补充或改写为内部程序。对方法中的可选择步骤，可能

有必要制定补充文件或细则。

7.2.1.4 当客户未指定所用的方法时，实验室应选择适当的方法并通知客户。推荐使用以国际标准、区域标准或国家标准发布的方法，或由知名技术组织或有关科技文献或期刊中公布的方法，或设备制造商规定的方法。实验室制定或修改的方法也可使用。

7.2.1.5 实验室在引入方法前，应验证能够正确地运用该方法，以确保实现所需的方法性能。应保存验证记录。如果发布机构修订了方法，应在所需的程度上重新进行验证。

7.2.1.6 当需要开发方法时，应予以策划，指定具备能力的人员，并为其配备足够的资源。在方法开发的过程中，应进行定期评审，以确定持续满足客户需求。开发计划的任何变更应得到批准和授权。

7.2.1.7 对实验室活动方法的偏离，应事先将该偏离形成文件，做技术判断，获得授权并被客户接受。

注：客户接受偏离可以事先在合同中约定。

7.2.2 方法确认

7.2.2.1 实验室应对非标准方法、实验室制定的方法、超出预定范围使用的标准方法、或其他修改的标准方法进行确认。确认应尽可能全面，以满足预期用途或应用领域的需要。

注1：确认可包括检测或校准物品的抽样、处置和运输程序。

注2：可用以下一种或多种技术进行方法确认：

a) 使用参考标准或标准物质进行校准或评估偏倚和精密度；

b) 对影响结果的因素进行系统性评审；

c) 通过改变控制检验方法的稳健度，如培养箱温度、加样体积等；

d) 与其他已确认的方法进行结果比对；

e) 实验室间比对；

f）根据对方法原理的理解以及抽样或检测方法的实践经验，评定结果的测量不确定度。

7.2.2.2 当修改已确认过的方法时，应确定这些修改的影响。当发现影响原有的确认时，应重新进行方法确认。

7.2.2.3 当按预期用途评估被确认方法的性能特性时，应确保与客户需求相关，并符合规定要求。

注：方法性能特性可包括但不限于：测量范围、准确度、结果的测量不确定度、检出限、定量限、方法的选择性、线性、重复性或复现性、抵御外部影响的稳健度或抵御来自样品或测试物基体干扰的交互灵敏度以及偏倚。

7.2.2.4 实验室应保存以下方法确认记录：

a）使用的确认程序；

b）规定的要求；

c）确定的方法性能特性；

d）获得的结果；

e）方法有效性声明，并详述与预期用途的适宜性。

7.3 抽样

7.3.1 当实验室为后续检测或校准对物质、材料或产品实施抽样时，应有抽样计划和方法。抽样方法应明确需要控制的因素，以确保后续检测或校准结果的有效性。在抽样地点应能得到抽样计划和方法。只要合理，抽样计划应基于适当的统计方法。

7.3.2 抽样方法应描述：

a）样品或地点的选择；

b）抽样计划；

c）从物质、材料或产品中取得样品的制备和处理，以作为后续检测或校准的物品。

注：实验室接收样品后，进一步处置要求见7.4条款的规定。

7.3.3 实验室应将抽样数据作为检测或校准工作记录的一部分予以保存。相关时，这些记录应包括以下信息：

a）所用的抽样方法；

b）抽样日期和时间；

c）识别和描述样品的数据（如编号、数量和名称）；

d）抽样人的识别；

e）所用设备的识别；

f）环境或运输条件；

g）适当时，标识抽样位置的图示或其他等效方式；

h）与抽样方法和抽样计划的偏离或增减。

7.4 检测或校准物品的处置

7.4.1 实验室应有运输、接收、处置、保护、存储、保留、清理或返还检测或校准物品的程序，包括为保护检测或校准物品的完整性以及实验室与客户利益需要的所有规定。在处置、运输、保存/等候、制备、检测或校准过程中，应注意避免物品变质、污染、丢失或损坏。应遵守随物品提供的操作说明。

7.4.2 实验室应有清晰标识检测或校准物品的系统。物品在实验室负责的期间内应保留该标识。标识系统应确保物品在实物上、记录或其他文件中不被混淆。适当时，标识系统应包含一个物品或一组物品的细分和物品的传递。

7.4.3 接收检测或校准物品时，应记录与规定条件的偏离。当对物品是否适于检测或校准有疑问，或当物品不符合所提供的描述时，实验室应在开始工作之前询问客户，以得到进一步的说明，并记录询问的结果。当客户知道偏离了规定条件仍要求进行检测或校准时，实验室应在报告中作出免责声明，并指出偏离可能影响的结果。

7.4.4 如物品需要在规定环境条件下储存或调置时，应保持、监控和记录这些环境条件。

7.5　技术记录

7.5.1 实验室应确保每一项实验室活动的技术记录包含结果、报告和足够的信息，以便在可能时识别影响测量结果及其测量不确定度的因素，并确保能在尽可能接近原条件的情况下重复该实验室活动。技术记录应包括每项实验室活动以及审查数据结果的日期和责任人。原始的观察结果、数据和计算应在观察或获得时予以记录，并应按特定任务予以识别。

7.5.2 实验室应确保技术记录的修改可以追溯到前一个版本或原始观察结果。应保存原始的以及修改后的数据和文档，包括修改的日期、标识修改的内容和负责修改的人员。

7.6　测量不确定度的评定

7.6.1 实验室应识别测量不确定度的贡献。评定测量不确定度时，应采用适当的分析方法考虑所有显著贡献，包括来自抽样的贡献。

7.6.2 开展校准的实验室，包括校准自有设备，应评定所有校准的测量不确定度。

7.6.3 开展检测的实验室应评定测量不确定度。当由于检测方法的原因难以严格评定测量不确定度时，实验室应基于对理论原理的理解或使用该方法的实践经验进行评估。

注1：某些情况下，公认的检测方法对测量不确定度主要来源规定了限值，并规定了计算结果的表示方式，实验室只要遵守检测方法和报告要求，即满足7.6.3条款的要求。

注2：对一特定方法，如果已确定并验证了结果的测量不确定度，实验室只要证明已识别的关键影响因素受控，则不需要对每个结果评定测量不确定度。

注3：更多信息参见 ISO/IEC 指南 98-3、ISO 21748 和 ISO 5725

系列标准。

7.7 确保结果有效性

7.7.1 实验室应有监控结果有效性的程序。记录结果数据的方式应便于发现其发展趋势，如可行，应采用统计技术审查结果。实验室应对监控进行策划和审查，适当时，监控应包括但不限于以下方式：

a）使用标准物质或质量控制物质；

b）使用其他已校准能够提供可溯源结果的仪器；

c）测量和检测设备的功能核查；

d）适用时，使用核查或工作标准，并制作控制图；

e）测量设备的期间核查；

f）使用相同或不同方法重复检测或校准；

g）留存样品的重复检测或重复校准；

h）物品不同特性结果之间的相关性；

i）审查报告的结果；

j）实验室内比对；

k）盲样测试。

7.7.2 可行和适当时，实验室应通过与其他实验室的结果比对监控能力水平。监控应予以策划和审查，包括但不限于以下一种或两种措施：

a）参加能力验证；

注：GB/T 27043 包含能力验证和能力验证提供者的详细信息。满足 GB/T 27043 要求的能力验证提供者被认为是有能力的。

b）参加除能力验证之外的实验室间比对。

7.7.3 实验室应分析监控活动的数据用于控制实验室活动，适用时实施改进。如果发现监控活动数据分析结果超出预定的准则时，应采取适当措施防止报告不正确的结果。

7.8 报告结果

7.8.1 总则

7.8.1.1 结果在发出前应经过审查和批准。

7.8.1.2 实验室应准确、清晰、明确和客观地出具结果，并且应包括客户同意的、解释结果所必需的以及所用方法要求的全部信息。实验室通常以报告的形式提供结果（例如检测报告、校准证书或抽样报告）。所有发出的报告应作为技术记录予以保存。

注1：检测报告和校准证书有时称为检测证书和校准报告。

注2：只要满足本准则的要求，报告可以硬拷贝或电子方式发布。

7.8.1.3 如客户同意，可用简化方式报告结果。如果未向客户报告 7.8.2 至 7.8.7 条款中所列的信息，客户应能方便地获得。

7.8.2（检测、校准或抽样）报告的通用要求

7.8.2.1 除非实验室有有效的理由，每份报告应至少包括下列信息，以最大限度地减少误解或误用的可能性：

a）标题（例如"检测报告""校准证书"或"抽样报告"）；

b）实验室的名称和地址；

c）实施实验室活动的地点，包括客户设施、实验室固定设施以外的地点、相关的临时或移动设施；

d）将报告中所有部分标记为完整报告一部分的唯一性标识，以及表明报告结束的清晰标识；

e）客户的名称和联络信息；

f）所用方法的识别；

g）物品的描述、明确的标识以及必要时物品的状态；

h）检测或校准物品的接收日期，以及对结果的有效性和应用至关重要的抽样日期；

i）实施实验室活动的日期；

j）报告的发布日期；

k）如与结果的有效性或应用相关时，实验室或其他机构所用的抽样计划和抽样方法；

l）结果仅与被检测、被校准或被抽样物品有关的声明；

m）结果，适当时，带有测量单位；

n）对方法的补充、偏离或删减；

o）报告批准人的识别；

p）当结果来自于外部供应商时，清晰标识。

注：报告中声明除全文复制外，未经实验室批准不得部分复制报告，可以确保报告不被部分摘用。

7.8.2.2 实验室对报告中的所有信息负责，客户提供的信息除外。客户提供的数据应予明确标识。此外，当客户提供的信息可能影响结果的有效性时，报告中应有免责声明。当实验室不负责抽样（如样品由客户提供），应在报告中声明结果仅适用于收到的样品。

7.8.3 检测报告的特定要求

7.8.3.1 除 7.8.2 条款所列要求之外，当解释检测结果需要时，检测报告还应包含以下信息：

a）特定的检测条件信息，如环境条件；

b）相关时，与要求或规范的符合性声明（见 7.8.6）；

c）适用时，在下列情况下，带有与被测量相同单位的测量不确定度或被测量相对形式的测量不确定度（如百分比）：

——测量不确定度与检测结果的有效性或应用相关时；

——客户有要求时；

——测量不确定度影响与规范限的符合性时。

d）适当时，意见和解释（见 7.8.7）；

e）特定方法、法定管理机构或客户要求的其他信息。

7.8.3.2 如果实验室负责抽样活动，当解释检测结果需要时，检测报告还应满足 7.8.5 条款的要求。

7.8.4 校准证书的特定要求

7.8.4.1 除7.8.2条款的要求外，校准证书应包含以下信息：

a) 与被测量相同单位的测量不确定度或被测量相对形式的测量不确定度（如百分比）；

注：根据ISO/IEC指南99，测量结果通常表示为一个被测量值，包括测量单位和测量不确定度。

b) 校准过程中对测量结果有影响的条件（如环境条件）；

c) 测量如何计量溯源的声明（见附录A）；

d) 如可获得，任何调整或修理前后的结果；

e) 相关时，与要求或规范的符合性声明（见7.8.6）；

f) 适当时，意见和解释（见7.8.7）。

7.8.4.2 如果实验室负责抽样活动，当解释校准结果需要时，校准证书还应满足7.8.5条款的要求。

7.8.4.3 校准证书或校准标签不应包含校准周期的建议，除非已与客户达成协议。

7.8.5 报告抽样——特定要求

如果实验室负责抽样活动，除7.8.2条款中的要求外，当解释结果需要时，报告还应包含以下信息：

a) 抽样日期；

b) 抽取的物品或物质的唯一性标识（适当时，包括制造商的名称、标示的型号或类型以及序列号）；

c) 抽样位置，包括图示、草图或照片；

d) 抽样计划和抽样方法；

e) 抽样过程中影响结果解释的环境条件的详细信息；

f) 评定后续检测或校准测量不确定度所需的信息。

7.8.6 报告符合性声明

7.8.6.1 当作出与规范或标准符合性声明时，实验室应考虑与所用判定规则相关的风险水平（如错误接受、错误拒绝以及统计假设），将所使用的判定规则制定成文件，并应用判定规则。

注：如果客户、法规或规范性文件规定了判定规则，无需进一步考虑风险水平。

7.8.6.2 实验室在报告符合性声明时应清晰标识：

a）符合性声明适用的结果；

b）满足或不满足的规范、标准或其中的部分；

c）应用的判定规则（除非规范或标准中已包含）。

注：详细信息见 ISO/IEC 指南 98-4。

7.8.7 报告意见和解释

7.8.7.1 当表述意见和解释时，实验室应确保只有授权人员才能发布相关意见和解释。实验室应将意见和解释的依据制定成文件。

注：应注意区分意见和解释与 GB/T 27020（ISO/IEC 17020，IDT）中的检验声明、GB/T 27065（ISO/IEC 17065，IDT）中的产品认证声明以及 7.8.6 条款中符合性声明的差异。

7.8.7.2 报告中的意见和解释应基于被检测或校准物品的结果，并清晰地予以标注。

7.8.7.3 当以对话方式直接与客户沟通意见和解释时，应保存对话记录。

7.8.8 修改报告

7.8.8.1 当更改、修订或重新发布已发出的报告时，应在报告中清晰标识修改的信息，适当时标注修改的原因。

7.8.8.2 修改已发出的报告时，应仅以追加文件或数据传送的形式，并包含以下声明：

"对序列号为……（或其他标识）报告的修改"，或其他等效文字。

这类修改应满足本准则的所有要求。

7.8.8.3 当有必要发布全新的报告时，应予以唯一性标识，并注明所替代的原报告。

7.9 投诉

7.9.1 实验室应有形成文件的过程来接收和评价投诉，并对投诉作出决定。

7.9.2 利益相关方有要求时，应可获得对投诉处理过程的说明。在接到投诉后，实验室应确认投诉是否与其负责的实验室活动相关，如相关，则应处理。实验室应对投诉处理过程中的所有决定负责。

7.9.3 投诉处理过程应至少包括以下要素和方法：

a）对投诉的接收、确认、调查以及决定采取处理措施过程的说明；

b）跟踪并记录投诉，包括为解决投诉所采取的措施；

c）确保采取适当的措施。

7.9.4 接到投诉的实验室应负责收集并验证所有必要的信息，以便确认投诉是否有效。

7.9.5 只要可能，实验室应告知投诉人已收到投诉，并向其提供处理进程的报告和结果。

7.9.6 通知投诉人的处理结果应由与所涉及的实验室活动无关的人员作出，或审查和批准。

注：可由外部人员实施。

7.9.7 只要可能，实验室应正式通知投诉人投诉处理完毕。

7.10 不符合工作

7.10.1 当实验室活动或结果不符合自身的程序或与客户协商一致的要求时（例如，设备或环境条件超出规定限值，监控结果不能满足规定的准则），实验室应有程序予以实施。该程序应确保：

a）确定不符合工作管理的职责和权力；

b）基于实验室建立的风险水平采取措施（包括必要时暂停或重复工作以及扣发报告）；

c）评价不符合工作的严重性，包括分析对先前结果的影响；

d）对不符合工作的可接受性作出决定；

e）必要时，通知客户并召回；

f）规定批准恢复工作的职责。

7.10.2 实验室应保存不符合工作和 7.10.1 条款中 b）至 f）规定措施的记录。

7.10.3 当评价表明不符合工作可能再次发生时，或对实验室的运行与其管理体系的符合性产生怀疑时，实验室应采取纠正措施。

7.11 数据控制和信息管理

7.11.1 实验室应获得开展实验室活动所需的数据和信息。

7.11.2 用于收集、处理、记录、报告、存储或检索数据的实验室信息管理系统，在投入使用前应进行功能确认，包括实验室信息管理系统中界面的适当运行。当对管理系统的任何变更，包括修改实验室软件配置或现成的商业化软件，在实施前应被批准、形成文件并确认。

注1：本准则中"实验室信息管理系统"包括计算机化和非计算机化系统中的数据和信息管理。相比非计算机化的系统，有些要求更适用于计算机化的系统。

注2：常用的现成商业化软件在其设计的应用范围内使用可视为已经过充分的确认。

7.11.3 实验室信息管理系统应：

a）防止未经授权的访问；

b）安全保护以防止篡改和丢失；

c）在符合系统供应商或实验室规定的环境中运行，或对于非计算机化的系统，提供保护人工记录和转录准确性的条件；

d）以确保数据和信息完整性的方式进行维护；

e）包括记录系统失效和适当的紧急措施及纠正措施。

7.11.4 当实验室信息管理系统在异地或由外部供应商进行管理和维护时，实验室应确保系统的供应商或运营商符合本准则的所有适用要求。

7.11.5 实验室应确保员工易于获取与实验室信息管理系统相关的说明书、手册和参考数据。

7.11.6 应对计算和数据传送进行适当和系统地检查。

8. 管理体系要求

8.1 方式

8.1.1 总则

实验室应建立、编制、实施和保持管理体系，该管理体系应能够支持和证明实验室持续满足本准则要求，并且保证实验室结果的质量。除满足第 4 条款至第 7 条款的要求，实验室应按方式 A 或方式 B 实施管理体系。

注：更多信息参见附录 B。

8.1.2 方式 A

实验室管理体系至少应包括下列内容：

——管理体系文件（见 8.2）；

——管理体系文件的控制（见 8.3）；

——记录控制（见 8.4）；

——应对风险和机遇的措施（见 8.5）；

——改进（见 8.6）；

——纠正措施（见 8.7）；

——内部审核（见 8.8）；

——管理评审（见 8.9）。

8.1.3 方式 B

实验室按照 GB/T 19001 的要求建立并保持管理体系，能够支持和证明持续符合第 4 条款至第 7 条款要求，也至少满足了第 8.2 条款至第 8.9 条款中规定的管理体系要求。

8.2 管理体系文件（方式 A）

8.2.1 实验室管理层应建立、编制和保持符合本准则目的的方针和目标，并确保该方针和目标在实验室组织的各级人员得到理解和执行。

8.2.2 方针和目标应能体现实验室的能力、公正性和一致运作。

8.2.3 实验室管理层应提供建立和实施管理体系以及持续改进其有效性承诺的证据。

8.2.4 管理体系应包含、引用或链接与满足本准则要求相关的所有文件、过程、系统和记录等。

8.2.5 参与实验室活动的所有人员应可获得适用其职责的管理体系文件和相关信息。

8.3 管理体系文件的控制（方式 A）

8.3.1 实验室应控制与满足本准则要求有关的内部和外部文件。

注：本准则中，"文件"可以是政策声明、程序、规范、制造商的说明书、校准表格、图表、教科书、张贴品、通知、备忘录、图纸、计划等。这些文件可能承载在各种载体上，例如硬拷贝或数字形式。

8.3.2 实验室应确保：

a）文件发布前由授权人员审查其充分性并批准；

b）定期审查文件，必要时更新；

c）识别文件更改和当前修订状态；

d）在使用地点应可获得适用文件的相关版本，必要时，应控制其发放；

e）文件有唯一性标识；

f）防止误用作废文件，无论出于任何目的而保留的作废文件，应有适当标识。

8.4　记录控制（方式 A）

8.4.1 实验室应建立和保存清晰的记录以证明满足本准则的要求。

8.4.2 实验室应对记录的标识、存储、保护、备份、归档、检索、保存期和处置实施所需的控制。实验室记录保存期限应符合合同义务。记录的调阅应符合保密承诺，记录应易于获得。

注：对技术记录的其他要求见 7.5 条款。

8.5　应对风险和机遇的措施（方式 A）

8.5.1 实验室应考虑与实验室活动相关的风险和机遇，以：

a）确保管理体系能够实现其预期结果；

b）增强实现实验室目的和目标的机遇；

c）预防或减少实验室活动中的不利影响和可能的失败；

d）实现改进。

8.5.2 实验室应策划：

a）应对这些风险和机遇的措施；

b）如何：

——在管理体系中整合并实施这些措施；

——评价这些措施的有效性。

注：虽然本准则规定实验室应策划应对风险的措施，但并未要求运用正式的风险管理方法或形成文件的风险管理过程。实验室可决定是否采用超出本准则要求的更广泛的风险管理方法，如：通过应用其他指南或标准。

8.5.3 应对风险和机遇的措施应与其对实验室结果有效性的潜在影响相适应。

注1：应对风险的方式包括识别和规避威胁，为寻求机遇承担风险，消除风险源，改变风险的可能性或后果，分担风险，或通过信息充分的决策而保留风险。

注2：机遇可能促使实验室扩展活动范围，赢得新客户，使用新技术和其他方式应对客户需求。

8.6 改进（方式A）

8.6.1 实验室应识别和选择改进机遇，并采取必要措施。

注：实验室可通过评审操作程序、实施方针、总体目标、审核结果、纠正措施、管理评审、人员建议、风险评估、数据分析和能力验证结果识别改进机遇。

8.6.2 实验室应向客户征求反馈，无论是正面的还是负面的。应分析和利用这些反馈，以改进管理体系、实验室活动和客户服务。

注：反馈的类型示例包括客户满意度调查、与客户的沟通记录和共同评价报告。

8.7 纠正措施（方式A）

8.7.1 当发生不符合时，实验室应：

a）对不符合作出应对，并且适用时：

——采取措施以控制和纠正不符合；

——处置后果；

b）通过下列活动评价是否需要采取措施，以消除产生不符合的原因，避免其再次发生或者在其他场合发生：

——评审和分析不符合；

——确定不符合的原因；

——确定是否存在或可能发生类似的不符合；

c）实施所需的措施；

d）评审所采取的纠正措施的有效性；

e）必要时，更新在策划期间确定的风险和机遇；

f）必要时，变更管理体系。

8.7.2 纠正措施应与不符合产生的影响相适应。

8.7.3 实验室应保存记录，作为下列事项的证据：

a）不符合的性质、产生原因和后续所采取的措施；

b）纠正措施的结果。

8.8 内部审核（方式 A）

8.8.1 实验室应按照策划的时间间隔进行内部审核，以提供有关管理体系的下列信息：

a）是否符合：

——实验室自身的管理体系要求，包括实验室活动；

——本准则的要求；

b）是否得到有效的实施和保持。

8.8.2 实验室应：

a）考虑实验室活动的重要性、影响实验室的变化和以前审核的结果，策划、制定、实施和保持审核方案，审核方案包括频次、方法、职责、策划要求和报告；

b）规定每次审核的审核准则和范围；

c）确保将审核结果报告给相关管理层；

d）及时采取适当的纠正和纠正措施；

e）保存记录，作为实施审核方案和审核结果的证据。

注：内部审核相关指南参见 GB/T 19011（ISO 19011，IDT）。

8.9 管理评审（方式 A）

8.9.1 实验室管理层应按照策划的时间间隔对实验室的管理体系

进行评审，以确保其持续的适宜性、充分性和有效性，包括执行本准则的相关方针和目标。

8.9.2 实验室应记录管理评审的输入，并包括以下相关信息：

a）与实验室相关的内外部因素的变化；

b）目标实现；

c）政策和程序的适宜性；

d）以往管理评审所采取措施的情况；

e）近期内部审核的结果；

f）纠正措施；

g）由外部机构进行的评审；

h）工作量和工作类型的变化或实验室活动范围的变化；

i）客户和员工的反馈；

j）投诉；

k）实施改进的有效性；

l）资源的充分性；

m）风险识别的结果；

n）保证结果有效性的输出；

o）其他相关因素，如监控活动和培训。

8.9.3 管理评审的输出至少应记录与下列事项相关的决定和措施：

a）管理体系及其过程的有效性；

b）履行本准则要求相关的实验室活动的改进；

c）提供所需的资源；

d）所需的变更。

附录 A （资料性附录）计量溯源性

A.1 总则

计量溯源性是确保测量结果在国内和国际上可比性的重要概念，

本附录给出了计量溯源性更详细的信息。

A.2 建立计量溯源性

A.2.1 建立计量溯源性需考虑并确保以下内容：

a）规定被测量（被测量的量）；

b）一个形成文件的不间断的校准链，可以溯源到声明的适当参考对象（适当参考对象包括国家标准或国际标准以及自然基准）；

c）按照约定的方法评定溯源链中每次校准的测量不确定度；

d）溯源链中每次校准均按照适当的方法进行，并有测量结果及相关的已记录的测量不确定度；

e）在溯源链中实施一次或多次校准的实验室应提供其技术能力的证据。

A.2.2 当使用被校准的设备将计量溯源性传递至实验室的测量结果时，需考虑该设备的系统测量误差（有时称为偏倚）。有几种方法来考虑测量计量溯源性传递中的系统测量误差。

A.2.3 具备能力的实验室报告测量标准的信息中，如果只有与规范的符合性声明（省略了测量结果和相关不确定度），该测量标准有时也可用于传递计量溯源性，其规范限是不确定度的来源，但此方法取决于：

——使用适当的判定规则确定符合性；

——在后续的不确定度评估中，以技术上合适的方式来处理规范限。

此方法的技术基础在于与规范符合性声明确定了测量值的范围，预计真值以规定的置信度在该范围内，该范围考虑了真值的偏倚以及测量不确定度。

例：使用国际法制计量组织（OIML）R111各种等级砝码校准天平。

A.3 证明计量溯源性

A.3.1 实验室负责按本准则建立计量溯源性。符合本准则的实验室提供的校准结果具有计量溯源性。符合 ISO 17034 的标准物质生产者提供的有证标准物质的标准值具有计量溯源性。有不同的方式来证明与本准则的符合性，即第三方承认（如认可机构）、客户进行的外部评审或自我评审。国际上承认的途径包括但不限于：

a）已通过适当同行评审的国家计量院及其指定机构提供的校准和测量能力。该同行评审是在国际计量委员会相互承认协议（CIPM MRA）下实施的。CIPM MRA 所覆盖的服务可以在国际计量局的关键比对数据库（BIPM KCDB）附录 C 中查询，其给出了每项服务的范围和测量不确定度。

b）签署国际实验室认可合作组织（ILAC）协议或 ILAC 承认的区域协议的认可机构认可的校准和测量能力能够证明具有计量溯源性。获认可的实验室的能力范围可从相关认可机构公开获得。

A.3.2 当需要证明计量溯源链在国际上被承认的情况时，BIPM、OIML（国际法制计量组织）、ILAC 和 ISO 关于计量溯源性的联合声明提供了专门指南。

附录 B （资料性附录）管理体系方式

B.1 随着管理体系的广泛应用，日益需要实验室运行的管理体系既符 GB/T 19001，又符合本准则。因此，本准则提供了实施管理体系相关要求的两种方式。

B.2 方式 A（见 8.1.2）给出了实施实验室管理体系的最低要求，其已纳入 GB/T 19001 中与实验室活动范围相关的管理体系所有要求。因此，符合本准则第 4 条款至第 7 条款，并实施第 8 条款方式 A 的实验室，其运作也基本符合 GB/T 19001 的原则。

B.3 方式 B（见 8.1.3）允许实验室按照 GB/T 19001 的要求建

立和保持管理体系，并能支持和证明持续符合第 4 条款至第 7 条款的要求。因此实验室实施第 8 条款的方式 B，也是按照 GB/T 19001 运作的。实验室管理体系符合 GB/T 19001 的要求，并不证明实验室在技术上具备出具有效的数据和结果的能力。实验室还应符合第 4 条款至第 7 条款。

B.4 两种方式的目的都是为了在管理体系的运行，以及符合第 4 条款至第 7 条款的要求方面达到同样的结果。

注：如同 GB/T 19001 和其他管理体系标准，文件、数据和记录是成文信息的组成部分。8.3 条款规定文件控制。8.4 条款和 7.5 条款规定了记录控制。7.11 条款规定了有关实验室活动的数据控制。

B.5 图 B.1 给出了一种可能展示第 7 条款所描述的实验室运作过程的示意图。

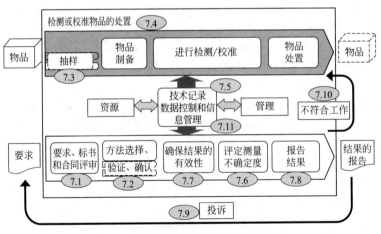

图 B.1 代表实验室运作过程的示意图

参 考 文 献

[1] ISO 5725-1，Accuracy（trueness and precision）of measurement methods and results—Part 1：General principles and definitions

[2]　ISO 5725-2，Accuracy（trueness and precision）of measurement methods and results—Part 2：Basic method for the determination of repeatability and reproducibility of a standard measurement method

[3]　ISO 5725-3，Accuracy（trueness and precision）of measurement methods and results—Part 3：Intermediate measures of the precision of a standard measurement method

[4]　ISO 5725-4，Accuracy（trueness and precision）of measurement methods and results—Part 4：Basic methods for the determination of the trueness of a standard measurement method

[5]　ISO 5725-6，Accuracy（trueness and precision）of measurement methods and results—Part 6：Use in practice of accuracy values

[6]　GB/T 19000—2016，质量管理体系基础和术语（ISO 9000，IDT）

[7]　GB/T 19001—2016，质量管理体系要求（ISO 9001，IDT）

[8]　ISO 10012，Measurement management systems—Requirements for measurement processes and measuring equipment

[9]　ISO/IEC 12207，Systems and software engineering—Software life cycle processes

[10]　GB/T 22576—2008，医学实验室质量和能力的专用要求（ISO 15189，IDT）

[11]　ISO 15194，In vitro diagnostic medical devices—Measurement of quantities in samples of biological origin—Requirements for certified reference materials and the content of supporting documentation

[12]　ISO/IEC 17011，Conformity assessment—Requirements for accreditation bodies accrediting conformity assessment bodies

[13]　GB/T 27020—2016，合格评定各类检验机构的运作要求（ISO/IEC 17020，IDT）

[14]　ISO/IEC 17021-1，Conformity assessment—Requirements for bodies providing audit and certification of management systems—Part 1：Requirements

[15]　ISO 17034，General requirements for the competence of reference material producers

[16]　GB/T 27043—2012，合格评定能力验证的通用要求（ISO/IEC 17043，IDT）

[17]　GB/T 27065—2015，合格评定产品、过程和服务认证机构要求（ISO/IEC 17065，IDT）

[18]　ISO 17511，In vitro diagnostic medical devices—Measurement of quantities in biological samples—Metrological traceability of values assigned to calibrators and control materials

［19］ GB/T 19011—2013，管理体系审核指南（ISO 19011，IDT）

［20］ ISO 21748，Guidancefor the use of repeatability，reproducibility and trueness estimates in measurement uncertainty evaluation

［21］ ISO 31000，Risk management—Guidelines

［22］ ISO Guide 30，Reference materials—Selected terms and definitions

［23］ ISO Guide 31，Reference materials—Contents of certificates，labels and accompanying documentation

［24］ ISO Guide 33，Reference materials—Good practice in using reference materials

［25］ ISO Guide 35，Reference materials—Guidance for characterization and assessment of homogeneityand stability

［26］ ISO Guide 80，Guidance for the in-house preparation of quality control materials（QCMs）

［27］ ISO/IEC Guide 98-3，Uncertainty of measurement—Part 3：Guide to the expression of uncertainty in measurement（GUM：1995）

［28］ ISO/IEC Guide 98-4，Uncertainty of measurement—Part 4：Role of measurement uncertainty in conformity assessment

［29］ IEC Guide 115，Application of uncertainty of measurement to conformity assessment activities in the electrotechnical sector

［30］ Joint BIPM，OIML，ILAC and ISO declaration on metrological traceability，2011[①]

［31］ International Laboratory Accreditation Cooperation（ILAC）[②]

［32］ International vocabulary of terms in legal metrology（VIML），OIML V1：2013

［33］ JCGM 106：2012，Evaluation of measurement data—The role of measurement uncertainty in conformity assessment

［34］ The Selection and Use of Reference Materials，EEE/RM/062rev3，Eurachem[③]

［35］ SI Brochure：The International System of Units（SI），BIPM[④]

① http：//www. bipm. org/utils/common/pdf/BIPM-OIML-ILAC-ISO _ joint _ declaration _ 2011. pdf

② http：//ilac. org/

③ https：//www. eurachem. org/images/stories/Guides/pdf/EEE-RM-062rev3. pdf

④ http：//www. bipm. org/en/publications/si-brochure/

参 考 文 献

[1]   洪生伟 . 计量管理 . 第 3 版 . 北京：中国计量出版社，1998.

[2]   李才广等 . 分析测试质量控制 . 北京：医药科技出版社，1991.

[3]   杨沛霆等 . 中国科协管理科学研究中心调查报告系列书 . 北京：中国科技出版社，1991.

[4]   张仲梁等 . 中国科学技术界概观 . 北京：中国科技出版社，1991.

[5]   何凤生等 . 中华职业医学 . 北京：人民卫生出版社，1999.

[6]   宁工红等 . 常见毒物急性中毒的简易检验与急救 . 北京：军事医学科学出版社，2001.

[7]   武维恒等 . 急性中毒诊疗手册 . 北京：人民卫生出版社，1998.

[8]   [美] 菲利普·克劳斯比（Philip. Crosby）. 零缺点的质量管理 . 北京：三联书店，1991.

[9]   [澳] 琳达·格拉索普（Glassop. Linda）. 质量之路——变努力为回报 . 北京：中央编译出版社，2000.

[10] 吴振顺等 . 工业企业管理学 . 北京：机械工业出版社，1997.

[11] 那日苏等 . 现代科学技术与社会发展概论 . 北京：经济科学出版社，2000.

[12] 夏玉宇等 . 化验员实用手册 . 北京：化学工业出版社，1999.

[13] 国家质量技术监督局发布 . 质量管理体系标准 GB/T 19000/ISO 9000 系列标准 .

[14] 中国认证人员国家注册委员会 . 质量体系内部审核员国家通用教程（修订版）. 北京：中国人事出版社，1997.

[15] CNACL.《中国实验室注册评审员培训教程》（修订版）. 北京：中国计量出版社，1999.

[16] 赵丽芬等 . 管理学概论 . 北京：立信会计出版社，2001.

[17] CNAS-CL 01：2018《检测和标准实验室能力认可准则》(ISO/JEC 17025：2017)

[18] 刘珍等 . 化验员读本 . 第 4 版 . 北京：化学工业出版社，2004.

[19] 刘世纯等 . 实用分析化验工读本 . 第 2 版 . 北京：化学工业出版社，2005.

[20] 中国质量管理全书编委会 . 中国质量管理全书 . 北京：中国经济出版社，1998.

[21] 国家质量技术监督局监督司综合处 . 化学危险品法规与标准实用手册 . 北京：中国计量出版社，2001.

[22] 甘华鸣等 . 最新企业质量管理实务指南 . 北京：企业管理出版社，1996.

[23]　陈志田等 . 2000 版 ISO 9000 族标准理解与运作指南 . 北京：中国计量出版社，2001.

[24]　田武 . 质量管理体系内部审核及文件编写 . 北京：中国计量出版社，2001.

[25]　国家技术监督局标准化司，全国环境管理标准化技术委员会 . GB/T 24000-ISO 14000 环境管理系列国家标准宣贯教材 . 北京：中国标准出版社，1997.

[26]　孟宪国等 . 质量环境一体化管理体系 . 北京：发中国标准出版社，1999.

[27]　国家质量技术监督局政策法规宣传教育司 . 最新产品质量法解析与适用 . 北京：中国计量出版社，2000.

[28]　叶云岳 . 科学发明与新产品开发 . 北京：机械工业出版社，2000.

[29]　国家质量技术监督局职业资格制度工作领导小组办公室 . 质量技术监督法律基础知识 . 北京：中国标准出版社，2001.

[30]　骆巨新等 . 分析实验室装备手册 . 北京：化学工业出版社 . 2003.

[31]　CNAS-CL 01：2018《检测和校准实验室能力认可准则》

[32]　CNAS-RL 01：2018《实验室认可规则》